大学计算机基础实验教程

主　编　周立军　吕海燕
副主编　赵　媛　王丽娜
　　　　方　霞　宦　婧
主　审　李　瑛

国防工业出版社

·北京·

内 容 简 介

本书是与"大学计算机基础"课程配套使用的实验教材,根据新时期军队院校教学改革"向实战聚焦,向部队靠拢"要求进行编写。全书共分七章,每章由理论部分、实验部分、习题部分组成。涉及的理论和实验内容包括计算机系统的安装与排故、操作系统的使用、文字处理软件 Word 2010、演示文稿设计软件 PowerPoint 2010、电子表格处理软件 Excel 2010、计算机网络应用基础、数据库设计基础。每个实验分为目的、内容、步骤、思考题,大部分实验内容突出了军事应用背景。习题部分针对全国计算机等级考试的新要求编写,覆盖了本教材的关键知识点。

本书内容丰富,语言简洁,概念清晰,重点突出,章节安排由浅入深。可作为军队院校"大学计算机基础实验"课程的教材,也可作为教员、学员学习计算机基础的参考书。

图书在版编目(CIP)数据

大学计算机基础实验教程/周立军,吕海燕主编.
—北京:国防工业出版社,2020.9
ISBN 978-7-118-12127-8

Ⅰ.①大…　Ⅱ.①周…　②吕…　Ⅲ.①电子计算机—
军队院校—教材　Ⅳ.①TP33

中国版本图书馆 CIP 数据核字(2020)第 123010 号

※

国防工业出版社出版发行
(北京市海淀区紫竹院南路 23 号　邮政编码 100048)
三河市腾飞印务有限公司印刷
新华书店经售

*

开本 787×1092　1/16　印张 16¾　字数 399 千字
2020 年 9 月第 1 版第 1 次印刷　印数 1—4000 册　定价 45.00 元

(本书如有印装错误,我社负责调换)

国防书店:(010)88540777　　书店传真:(010)88540776
发行业务:(010)88540717　　发行传真:(010)88540762

前　言

随着计算机技术的飞速发展,计算机已经广泛应用到社会的各个领域,尤其在军事领域,以计算机和信息技术为支撑的军事体系转型正成为新军事变革的趋势。近年来,为了适应社会对信息化人才的需求,各高等院校普遍改革了"大学计算机基础"课程,突出了对学员计算思维和计算机应用能力的培养。计算机基础实验作为大学计算机基础课程的重要组成部分,在构建学员计算思维与计算机应用能力的教学中尤显重要。为此,根据教育部计算机基础教学指导委员会编制的《关于进一步加强高等学校计算机基础教学的意见》和全国计算机等级考试(NCRE)对计算机基础知识的要求,结合部队院校"向实战聚焦,向部队靠拢"教学改革的实际,编写了本教材,以满足军队院校计算机基础实验教学的需求。

本书依据"任务驱动,案例教学,突出军味"的要求进行编写,每章均由理论部分、实验部分和习题部分组成。理论部分注重向较深层次的计算机技术渗透,使得学员可以从更广阔的角度进一步理解计算机技术及实现原理,建立宏观的思维体系;实验部分强调操作技能的深入和强化,并尽可能地选用军事应用场景作为案例,重点提高学员解决具体问题的能力;习题部分针对全国计算机等级考试的新要求而编写,是对理论知识的检验与归纳。全书内容丰富,实践性强,涵盖了计算机系统、文字处理软件 Word 2010,演示文稿设计软件 PowerPoint 2010,电子表格处理软件 Excel 2010,计算机网络应用,数据库设计及全国计算机等级考试相关知识基础。

本书由海军航空大学周立军副教授、吕海燕副教授担任主编。第 1 章和第 6 章由周立军编写,第 2 章由宦婧编写,第 3 章由赵媛编写,第 4 章由王丽娜编写,第 5 章由吕海燕编写,第 7 章由方霞编写。全书由周立军编写大纲,由吕海燕统稿,由任颖和张杰校对,由李瑛主审。

由于本书涉及的知识面较广,知识点多,形成一个完整体系难度较大,不足之处在所难免。为便于以后教材的再版修订,恳请读者提出宝贵意见。

编　者
2020 年 2 月

目　录

第1章　计算机系统的安装与排故

计算机(Computer)俗称电脑,是一种能够按照事先存储的程序,自动、高速地进行大量数值计算和各种信息处理的现代化智能电子设备,而军用计算机则指的是应用于军事设备计算测量的计算机。军用计算机由于其应用环境的特殊性,在加固形式和使用环境方面与普通计算机不同,但其核心组件和工作原理与普通计算机并无差异。通常所说的计算机实际上指的是计算机系统,它包括硬件系统和软件系统两大部分。

1.1　计算机硬件系统

1.1.1　计算机硬件系统结构

目前占主流地位的计算机硬件系统结构是冯·诺依曼体系结构。在该体系结构中,计算机由存储器、运算器、控制器、输入和输出设备构成,见图1-1。在该体系结构中,需要执行的程序及其要处理的数据保存于存储器中,控制器根据程序指令发出各种命令,控制运算器对数据进行操作、控制输入设备读入数据、控制输出设备输出数据。

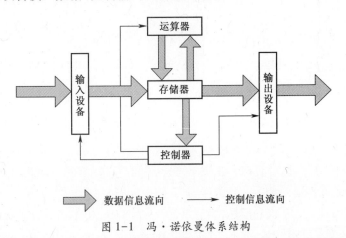

图 1-1　冯·诺依曼体系结构

可以进一步将图1-1所示的冯·诺依曼体系结构细化,就得到了典型的计算机硬件系统结构,见图1-2。该图中,冯·诺依曼体系结构中的控制器和处理单元被集中于中央处理器(Central Processing Unit,CPU)中,分别对应控制器和算术逻辑单元,主存对应存储器,各种输入/输出设备分别对应体系结构中的输入设备和输出设备,各种总线(图中以空心箭头表示)对应于冯·诺依曼体系结构图中的互连线,用于传输命令和数据。

在图1-2中,CPU主要由控制器、程序计数器、算术逻辑单元和寄存器组(分为通用寄存器和专用寄存器)构成。从计算机加电开始,CPU一直在重复执行相同的任务:从主存读取指令、解释指令的操作码和操作数、在操作数上执行指令指示的操作,然后取下一条指令执行。

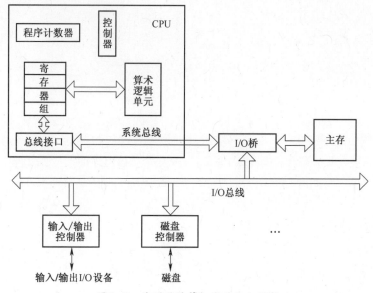

图 1-2 典型的计算机硬件组织结构

主存即内存,是一个临时存储设备,在计算机执行程序过程中,用于存放程序和程序所处理的数据。逻辑上来说,主存是一个线性编组的单元格序列,每个单元格的长度是 1B(字节)。每个单元格都有一个唯一的编号,即主存地址,地址是从零开始编号的。

总线是连接计算机各部件的一组电子管道,它负责在各个部件之间传递信息。

输入/输出设备是计算机与外界的联系通道,如用于用户输入的鼠标和键盘,用于输出的显示器,以及用于长期存储数据和程序的磁盘。每个输入/输出设备通过一个控制器或适配器与输入/输出总线连接。

1.1.2 计算机硬件设备

计算机硬件是指计算机系统中由电子、机械和光电元件等组成的各种物理装置的总称。这些物理装置按系统结构的要求构成一个有机整体为计算机软件运行提供物质基础。

军用计算机由于应用环境的多样性,决定了其在硬件结构上有多种形式,例如,按装载方式分,就有车载、机载、舰载、弹载计算机。在我国,根据 GJB 322A《军用计算机通用规范》的划分,军用计算机按其加固形式和适用环境又分为普通型、初级加固型、加固型、全加固型。图 1-3 为典型的军用计算机设备外观。为不失一般性,本节以普通型计算机为例,讲解计算机硬件设备组成。

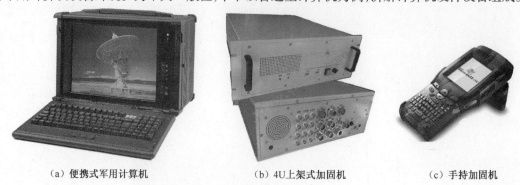

(a) 便携式军用计算机　　　　(b) 4U上架式加固机　　　　(c) 手持加固机

图 1-3　典型的军用计算机设备外观

1. 主板

主板（Motherboard，Mainboard），又称主机板、系统板、逻辑板、母板等，是构成计算机的中心或主电路板。典型的主板能提供一系列接合点，供中央处理器、显卡、声效卡、硬盘、存储器、对外设备等设备接合。它们通常直接插入有关插槽，或用线路连接。

主板结构是根据主板上各元器件的布局排列方式、尺寸大小、形状和所使用的电源规格等设计的，所有主板厂商都必须遵循通用标准。

主板结构分为 AT、Baby-AT、ATX、Micro ATX、LPX、NLX、Flex ATX、EATX、WATX 以及 BTX 等结构。ATX 是市场上最常见的主板结构，扩展插槽较多，PCI 插槽数量为 4~6 个，大多数主板都采用此结构。图 1-4 为典型的 ATX 主板结构图。

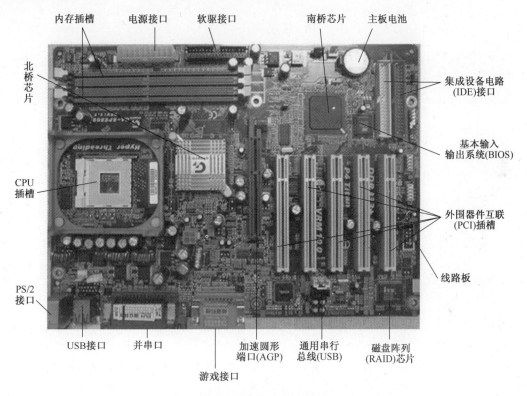

图 1-4　ATX 主板结构图

2. CPU

CPU 是一块超大规模的集成电路，它负责计算机系统中最重要的数值运算及逻辑判断工作，是计算机的核心部件。CPU 的实物图及安装位置分别见图 1-5 和图 1-6。

3. 内存

内存（Memory）也称为内存储器，其作用是暂时存放 CPU 中的运算数据，以及与硬盘等外部存储器交换的数据。只要计算机在运行中，CPU 就会把需要运算的数据调到内存中进行运算，当运算完成后 CPU 再将结果传送出来。计算机中所有程序的运行都是在内存中进行的，因此内存的性能对计算机的影响非常大。内存是由内存芯片、电路板、金手指等部分组成的。为确保运行稳定性，军用加固机的内存插槽都安装有接地金属护甲。内存条和内存条插槽见图 1-7 和图 1-8。

图 1-5　CPU 背面和金属触点面

图 1-6　CPU 插座

图 1-7　内存条

（a）普通型计算机内存插槽

（b）军用加固型计算机内存插槽(金属护甲)

图 1-8　内存条插槽

4. 硬盘

硬盘（Hard Disc Drive,HDD)是计算机主要的存储媒介之一,由一个或多个铝制或玻璃制的碟片组成。这些碟片外覆盖有铁磁性材料。绝大多数硬盘都是固定硬盘,被永久性地密封固定在硬盘驱动器中。图 1-9 是 IDE 接口的硬盘实物图。

5. 光驱

光驱是计算机用来读写光碟内容的设备。光驱可分为 CD-ROM、DVD-ROM、COMBO、BD-ROM（蓝光光驱)和刻录机等。光驱内部结构包括激光头组件、主轴电机、光盘托架和启动机构。光驱工作时,激光头中的激光二极管可以产生波长约 $0.54\sim0.68\mu m$ 的光束,经过处理后光束更集中且能精确控制,光束首先打在光盘上,再由光盘反射回来,经过光检测器捕捉信号。光盘是以光信息作为存储载体并用来存储数据的一种介质。光盘上存在两种状态:凹点和空白,它们的反射信号相反,很容易经过光检测器识别。常见光驱见图 1-10 和图 1-11。

电源接口
硬盘控制芯片
控制电路板
跳线口
硬盘顶盖
IDE接口
缓存
螺丝固定孔
硬盘产品标签

图 1-9　硬盘

图 1-10　台式机光驱

图 1-11　笔记本光驱

6. 显示设备

显示设备包括显卡和显示器,显示器是属于计算机的输入/输出设备(I/O 设备)。它可以分为 CRT、LCD 等多种。它是一种将一定的电子文件通过特定的传输设备显示到屏幕上再反射到人眼的显示工具。显卡全称显示接口卡(Video Card,Graphics Card),又称为显示适配器(Video Adapter)。显卡的用途是将计算机系统所需要的显示信息进行转换驱动,并向显示器提供行扫描信号,控制显示器的正确显示。

目前,主流显卡有两种显示接口:VGA 接口(模拟信号接口)、DVI 接口(数字视频接口),分别对应显示器上的 D-Sub 接口和 DVI 接口。显卡接口见图 1-12。

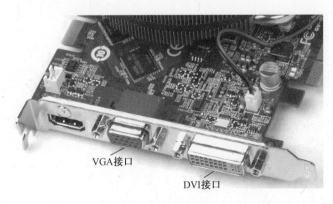

VGA接口

DVI接口

图 1-12　显卡接口

7. 声卡

声卡（Sound Card）也叫音频卡，声卡是多媒体技术中最基本的组成部分，是实现声波-数字信号相互转换的一种硬件。声卡的基本功能是把来自话筒、光盘的原始声音信号加以转换，输出到耳机、扬声器等音响设备，或通过音乐设备数字接口（MIDI）使乐器发出美妙的声音。目前，大部分声卡出厂时都集成在主板上，也有独立声卡，见图1-13。

图1-13　声卡

8. 输入设备与输出设备

输入设备（Input Device）是向计算机输入数据和信息的设备。输入设备是用户和计算机系统之间进行信息交换的主要装置之一。键盘、鼠标、摄像头、扫描仪、光笔、手写输入板、游戏杆、语音输入装置等都属于输入设备。

输出设备（Output Device）是计算机硬件系统的终端设备，用于接收计算机数据的输出显示、打印、声音、控制外围设备操作等，能将各种计算结果数据或信息以数字、字符、图像、声音等形式表现出来。常见的输出设备有显示器、打印机、绘图仪、影像输出系统、语音输出系统、磁记录设备等。

9. 电源

电源（Power Supply）是计算机的供电装置。计算机电源是一种安装在主机箱内的封闭式独立部件，它的作用是将交流电通过一个开关电源变压器转换为±5V、±12V、3.3V等稳定的直流电，以供应主机箱内系统板、硬盘及各种适配器扩展卡等系统部件使用。计算机电源主要分为AT电源、ATX电源、Micro ATX电源。从286时代到586时代，计算机由AT电源一统江湖，随着ATX电源的普及，AT电源如今渐渐淡出市场。图1-14为ATX电源。

图1-14　ATX电源

10. 外设接口

由于计算机中的外设都是通过主板进行连接的，所以在一块主板中会存在各种各样的外设接口，如键盘接口、鼠标接口、打印机接口、USB接口、1394接口、网线接口等，见图1-15。军用计算机接口一般设计有锁紧结构,外设插头一旦连接,不易脱落或松动,见图1-16。

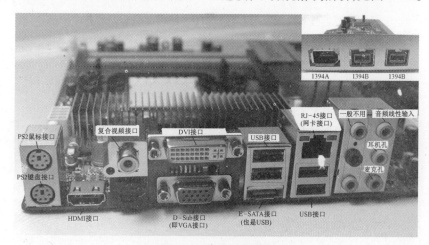

图 1-15　常见外设接口

图 1-16　军用加固机外设接口

1.1.3　计算机组装基础

计算机组装是根据个性需要,选择计算机所需要的兼容配件,然后把各种互不冲突的配件安装在一起,组成一台在硬件上完整的计算机。组装电脑的配件一般有 CPU、主板、内存、硬盘、光驱、显示器、机箱、电源、显卡、键盘和鼠标。组装电脑也称兼容机或 DIY 电脑。通常情况下,组装电脑指的是台式机组装,笔记本电脑一般没有组装一说。而军用计算机则由于类型各异、装载平台不同,没有固定的组装流程。

计算机组装的步骤如图 1-17 所示,图 1-18 展示的是某车载加固机的组装流程。

本节以普通计算机组装为例,进行计算机组装步骤讲解。

1. 安装前的准备工作

主要有以下几个:

(1)阅读各个部件的用户使用说明书,并对照实物熟悉部件。

(2)准备好安装工具。

(3)释放身体静电。

2. 安装 CPU 及散热器

CPU 需要通过某个接口与主板连接才能进行工作。CPU 经过多年发展,采用的接口方式有引脚式、卡式、触点式、针脚式等。CPU 接口类型不同,在插孔数、体积、形状都有变化,所以不能互

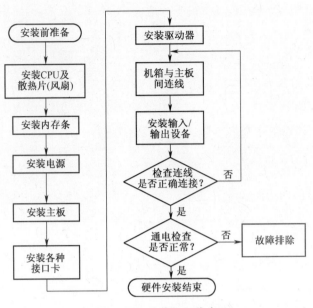

图 1-17　计算机组装步骤

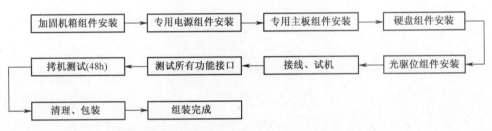

图 1-18　某军用车载加固计算机组装步骤

相接插。目前,市场上主流的处理器是英特尔公司的酷睿(Core)处理器,以 Core 2 为例,它采用 LGA775 接口,该接口的英特尔处理器全部采用了触点式设计,图 1-19 为 LGA775 插座。

在安装 CPU 之前,先要打开插座,方法是:用适当的力向下微压固定 CPU 的压杆,同时用力往外推压杆,使其脱离固定卡扣,见图 1-20。

图 1-19　LGA775 插座

图 1-20　拉起 CPU 插座压杆

接下来,将固定处理器的盖子与压杆反方向提起,见图 1-21。在安装时,处理器上印有三角标识的角要与主板上印有三角标识的角对齐,然后慢慢地将处理器轻压到位。该方法不仅适用于英特尔的处理器,而且适用于目前所有的处理器,特别是对于采用针脚设计的处理器而言,如果方向不对则无法将 CPU 安装到位,用户在安装时要特别注意,见图 1-22。

图 1-21 提起 CPU 固定盖

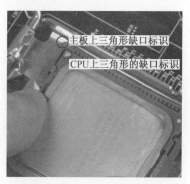

主板上三角形缺口标识

CPU上三角形的缺口标识

图 1-22 CPU 安装方向

将 CPU 安放到位以后,盖好扣盖,并反方向微用力扣下处理器的压杆。由于 CPU 发热量较大,选择一款散热性能出色的散热器特别关键,但如果散热器安装不当,对散热的效果也会大打折扣。安装时,将散热器的四角对准主板相应的位置,然后用力压下四角扣具即可,见图 1-23。有些散热器采用了螺丝设计,因此在安装时还要在主板背面相应的位置安放螺母。固定好散热器后,还要将散热风扇接到主板的供电接口上。找到主板上安装风扇的接口(主板上的标识字符为 CPU_FAN),将风扇插头插放即可,见图 1-24。

图 1-23 安装散热风扇

图 1-24 安装散热风扇供电插头

3. 安装内存条

安装好 CPU 后,接下来就要开始安装内存条了。在安装内存条之前,可以在主板说明书上查阅可支持的内存类型、可以安装内存的插槽数据、支持的最大容量等。提供英特尔 64 位处理器支持的主板目前均提供双通道功能,因此建议用户在选购内存时尽量选择两根同规格的内存来搭建双通道。

安装内存时,先用手将内存插槽两端的扣具打开,然后将内存平行放入内存插槽中(内存插槽使用了防呆设计,反方向无法插入,在安装时可以对应一下内存与插槽上的缺口),用两拇指按住内存两端轻微向下压,听到"啪"的一声响后,即说明内存安装到位了,见图 1-25。

4. 安装电源

选择先在机箱里安装电源有一个好处就是可防止如果后面安装电源不小心而碰坏主板。另外,现在越来越多的电源开始采用如图 1-26 中所示的侧面大台风式散热电源,在安装的时候要将风扇一面对向机箱空侧,而不是对向机箱顶部导致散热不均。

图 1-25　安装内存条

图 1-26　主流电源

5. 安装主板

目前,大部分主板板型为 ATX 或 MATX 结构,因此机箱的设计一般都符合这种标准。首先,在安装主板之前,先装机箱提供的主板定位螺柱,安装到机箱主板托架的对应位置(有些机箱购买时就已经安装),见图 1-27。然后,双手平行托住主板,将主板放入机箱。可以通过机箱背部的主板挡板来确定主板是否安放到位。最后,拧紧螺丝,固定好主板,见图 1-28。在装螺丝时,注意不要一次性拧紧,等全部螺丝安装到位后,再将每粒螺丝拧紧,这样做的好处是随时可以对主板的位置进行调整。

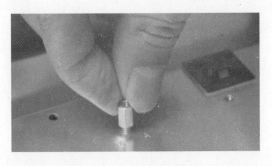

图 1-27　安装主板定位螺柱

图 1-28 固定主板螺丝

6. 安装各种接口卡

目前,ATX 主板采用的 I/O 总线插槽主要是 PCI 插槽,以往的 ISA、AGP 插槽已逐渐被淘汰。流行的接口卡(扩展卡)也都转移到 PCI 上,如显卡、声卡、网卡等。

以安装显卡为例,主板上 PCI 插槽和显卡金手指部位都设有防呆口,用户用手轻握显卡两端,垂直对准主板上的显卡插槽(防呆口),向下轻压到位,见图 1-29。机箱后面板处有一个竖直条形窗口,可把接口卡尾部的金属接口挡板用螺丝固定在条形窗口顶部的螺丝孔上,通过挡板上的接口与外部设备相连。这样就完成了显卡的安装。

图 1-29 安装显卡

其他接口卡的安装方法与显卡安装方法类似。

7. 安装驱动器

驱动器主要包括光盘驱动器和硬盘驱动器。

安装光驱时,把机箱前面板的挡板抠下来,然后把准备好的光驱推放进去,把光驱推进去后,记住要把扣具扣好,才能固定住光驱,见图 1-30 和图 1-31。

硬盘的安装和光驱一样,不同的是从机箱内部推进,把硬盘固定在托盘架上,上紧螺丝即可。

8. 机箱与主板间连线

在组装计算机的过程中,最难的是机箱电源接线与插针的设置方法,如果各种接线连接不正确,计算机轻则无法工作,重则烧坏主板。一般来说,机箱里的连接线上都采用了文字来对每组连接线的定义进行了标注,这些标注都是相关英文的缩写,并不难记。图1-32为部分连接线示意图。

图1-30　安装光驱

图1-31　固定光驱

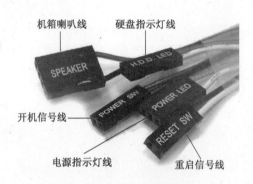

图1-32　连接线示意图

先连接主板电源接口。现在的主板的电源插座上都有防呆设置,插错是插不进去的。主板供电接口分为两部分:先插最重要的24PIN供电接口,一般在主板的外侧(图1-33~图1-35);除了主供电的20/24PIN电源接口之外,主板还有一个辅助的4/8PIN电源接口供电,主板的4/8PIN电源在CPU插座附近(图1-36)。

为了给CPU提供更强更稳定的电压,主板上均提供一个给CPU单独供12V电的接口(有4针、6针、8针三种),见图1-37和图1-38。

图1-33　主板上24PIN的供电接口

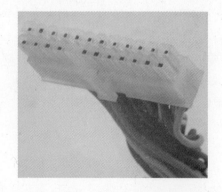

图1-34　电源上的24PIN接头

图 1-35　接好的 24PIN 电源线

图 1-36　接好的 4PIN 电源线

图 1-37　4PIN 的 CPU 供电接口

图 1-38　电源上的 CPU 供电接头

CPU 供电接口同样采用了防呆设计,安装方法简单,不再赘述。

目前,大部分硬盘均采用了 SATA 串口设计,见图 1-39。SATA 接口(图 1-40)也采用防呆设计,方向反了无法插入。另外需要说明的是,SATA 硬盘的供电接口与以往普通 PATA 并口硬盘的四针梯形供电接口(图 1-41)有所不同。PATA 并口目前并没有在主板上消失,这是因为目前大部分的光驱依旧采用 PATA 接口,见图 1-42。

图 1-39　主板 SATA 接口

图 1-40　SATA 硬盘供电接口

目前,USB 成为日常使用范围最广的接口,大部分主板提供了高达 8 个 USB 接口,但一般在背部的面板中仅提供 4 个,剩余的 4 个需要安装到机箱前置的 USB 接口上,以方便使用。目前,主板上均提供前置 USB 接口,见图 1-43。图 1-44 是机箱前置 USB 接线端子(注:图中左侧是散线接头;右侧是标准组合接头,可防止错接),其中 VCC/+用来供电,PORT+与 PORT-分别是同一 USB 的正负极接口,GND/-为接地线。

图 1-41 普通四针梯形供电接口

图 1-42 PATA 并口

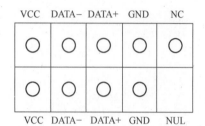

图 1-43 主板上的前置 USB 接口及信号含义

图 1-44 机箱前置 USB 接线端子

一般情况下,机箱使用的 USB 接头都使用 4 种不同颜色的线来区别,其中黑色线为地线(GND),红色线为电源正极(VCC 或+5V),白色线为数据负线(USBPort-或 Data-),绿色线为数据正线(USBPort+或 Data+)。

连接机箱上的电源(开机)键、重启键等是组装计算机的最后一步。下面以某款主板为例进行介绍,见图 1-45 和图 1-46。其中,PWRSW 是电源接口(开机信号线),对应主板上的 PWRSW 接口;RESET 为重启键的接口,对应主板上的 RESET 插孔;SPEAKER 为机箱的前置报警喇叭口,是四针的结构,其中的红色线为+5V 供电线,与主板上的+5V 接口相对应,其他的三针也就很容易插入了。IDE_LED 为机箱面板上硬盘工作指示灯,对应主板上的 IDE_LED,PLED 为计算机工作指示灯,对应插入主板即可。需要注意的是,硬盘工作指示灯与电源指示灯分为

图 1-45 电源(开机)键、重启键接线插槽

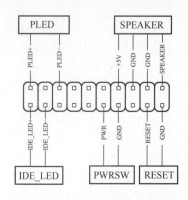

图 1-46 接线插槽示意图

正负极,在安装时需要注意,一般情况下红色代表正极。

9. 安装输入、输出设备

输入、输出设备的安装需要根据其接口类型确定在机箱上对接的位置。随着产品更新换代,外部设备的接口也在逐渐优化,因此,出现了新的外部设备的接口无法与机箱插口直接对接的问题,转接器较好地解决了这一问题。

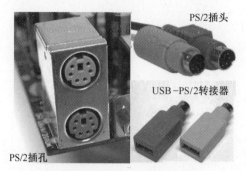

图 1-47　PS/2 键鼠接口及插头

图 1-48　DVI-VGA 转接器

图 1-47 左侧为 PS/2 插孔,是一种较老的接口,广泛用于键盘和鼠标的连接,图 1-47 右侧为 PS/2 插头及 USB-PS/2 转接器。现在的 PS/2 接口一般都带有颜色标示,紫色用于连接键盘,绿色用于连接鼠标。图 1-48 为 DVI-VGA 转接器,VGA 接口是旧款显卡和显示器的通用接口,至今仍保留在大部分显示器上。而新款显示设备采用了 DVI 接口,新款显卡一般都提供 2 个 DVI 接口,可使用一种 DVI-VGA 转接器来在两种接口之间转换。

10. 检查连线

此步骤是在前述工作全部完成的情况下进行的核查,主要应检查机箱内部电源线与信号线是否按主板及接线头的文字标识进行连接的,此步骤一定要严格仔细,尽可能排除隐患。

11. 通电检查

进一步检查连线无误之后,可以通电测试基本系统。连接主机电源,若一切正常,系统将进行自检并向用户报告显示卡型号、CPU 型号、内存数量和系统初始情况等。如果开机之后不能正常显示、死机,说明基本系统不能正常工作,不能进行下一步安装。应根据故障现象查找故障原因:

(1)电源风扇不转,电源指示灯不亮,可能是电源开关未打开或电源线未接通。

(2)电源指示灯亮,但是无声无显示,说明主板电源接通,自检初始化未通过。需检查各连线是否连接正确,显示卡、内存条是否接触良好。

(3)电源指示灯亮、喇叭鸣声,可能出现的故障有键盘错误、显示卡错误、内存错误、主板错误等,若有显示可根据提示处理,若无显示则主要检查内存和显示卡。

(4)电源风扇一转即停,说明机内有短路现象,应立即关闭电源,拔去电源插头。可能造成的原因有:

① 主板电源线插接错误。

② 主板和机箱短路。

③ 主板、内存质量不佳。

④ 显示卡安装不当等。

此类故障属严重故障,一定要小心、仔细地检查,查到故障原因并排除后方能继续通电,否则会损坏设备。

以上步骤全部执行完毕,计算机通电正常的情况下,一台计算机裸机就组装完成了,接下来需要进行 CMOS 设置与安装操作系统,计算机才能正常工作。

1.2 计算机软件系统

软件系统(Software Systems)是指由系统软件、支撑软件和应用软件组成的计算机软件系统,它是计算机系统中由软件组成的部分。它包括操作系统、语言处理系统、数据库系统、分布式软件系统和人机交互系统等。

(1) 操作系统(Operating System,OS)是管理和控制计算机硬件与软件资源的计算机程序,是直接运行在"裸机"上的最基本的系统软件,任何其他软件都必须在操作系统的支持下才能运行。

(2) 语言处理系统是各种软件语言的处理程序,它把用户用软件语言书写的各种源程序转换成可为计算机识别和运行的目标程序,从而获得预期结果。其主要研究内容包括语言的翻译技术和翻译程序的构造方法与工具,此外,它还涉及正文编辑技术、连接编辑技术和装入技术等。

(3) 数据库系统的主要功能包括数据库的定义和操纵、共享数据的并发控制、数据安全和保密等。按数据定义模块划分,数据库系统可分为关系数据库、层次数据库和网状数据库。按控制方式划分,可分为集中式数据库系统、分布式数据库系统和并行数据库系统。数据库系统研究的主要内容包括数据库设计、数据模式、数据定义和操作语言、关系数据库理论、数据完整性和相容性、数据库恢复与容错、死锁控制和防止、数据安全性等。

(4) 分布式软件系统的功能是管理分布式计算机系统资源和控制分布式程序的运行,提供分布式程序设计语言和工具,提供分布式文件系统管理和分布式数据库管理关系等。分布式软件系统的主要研究内容包括分布式操作系统和网络操作系统、分布式程序设计、分布式文件系统和分布式数据库系统。

(5) 人机交互系统的主要功能是在人和计算机之间提供一个友善的人机接口。其主要研究内容包括人机交互原理、人机接口分析及规约、认知复杂性理论、数据输入、显示和检索接口、计算机控制接口等。

1.2.1 计算机操作系统的安装

操作系统是用户和计算机的接口,同时也是计算机硬件和其他软件的接口。操作系统的功能包括管理计算机系统的硬件、软件及数据资源,控制程序运行,改善人机界面,为其他应用软件提供支持,让计算机系统所有资源最大限度地发挥作用,提供各种形式的用户界面,使用户有一个好的工作环境,为其他软件的开发提供必要的服务和相应的接口等。实际上,用户是不用接触操作系统的,操作系统管理着计算机硬件资源,同时按照应用程序的资源请求,分配资源,如:划分 CPU 时间,内存空间的开辟,调用打印机等。

操作系统按应用领域划分主要有三种:桌面操作系统、服务器操作系统和嵌入式操作系统。

桌面操作系统主要用于个人计算机上。个人计算机市场从硬件架构上来说主要分为两大类:PC 机和 Mac 机;从软件上主要分为两大类:Unix 操作系统和 Windows 操作系统。服务器操作系统一般指的是安装在大型计算机上的操作系统,比如 Web 服务器、应用服务器和数据库服务器等。嵌入式操作系统是应用在嵌入式系统（如：ARM 单片机）的操作系统（如：Android、IOS、Symbian）。

下面以 Windows 7 操作系统为例,介绍操作系统的安装方法。

1. 准备系统安装光盘

光盘中的系统可以大体分为两类:安装版和 GHOST 版。

安装版就是运用光盘上的文件来安装系统,这种光盘安装系统整个过程中都不要将光盘拿出,一旦拿出就容易产生错误。而 GHOST 版是系统制作人员将已安装但未完成的系统打包,用户在安装光盘时,自动将镜像还原到硬盘的分区上,而后机器启动系统,在已启动的系统中将剩余安装工作完成。对于这种安装情况,一旦镜像已还原到硬盘上,光盘就可以取出,不影响系统的安装。

本节介绍 Windows 7 Ultimate 安装版(图 1-49)的安装过程。

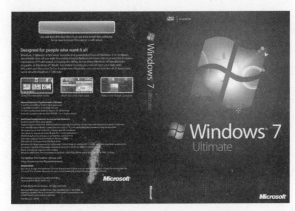

图 1-49　Windows 7 Ultimate 安装版

2. BIOS 中设置启动顺序

要安装系统,必定要将计算机设为从光盘启动,这需要在 BIOS 中进行设置,将启动顺序中光驱调到硬盘的前面。首先要进入 BIOS 设置环境中,不同型号的 BIOS 进入的方式不同,最常见的是开机按 Delete 键进入,也有的是按 F1、F2、Esc、F11、F12 等。按的方法是:一打开主机电源,就不断按 Delete 键,快速按一下松一下。如果等屏幕提示可能来不及,有时候屏幕还没亮,提示就已经过去了。不同的 BIOS 设置方法不同,下面给出两种常见的 BIOS 设置方法。

方法一:进入 BIOS 后,选择"Advanced BIOS Features"选项,按回车键进入下一界面,在新界面中通过移动上下键,找到"First Boot Device"选项,见图 1-50。按回车键,接下来出现选择设备第一启动设备的窗口,见图 1-51。将"CDROM"或其他光驱设备选择为第一启动设备即可。按 Esc 键回到主界面,用上下左右方向键移动到"Save&Exit Setup"项,按回车键。出现是否保存的提示"SAVE to CMOS and EXIT（Y/N）？Y",默认是保存"Y",直接按回车键,设置完成,计算机重启。

方法二:进入 BIOS 后(图 1-52),用左右方向键移动到"BOOT"项,见图 1-53。上下方向键移动到 CD-ROM Drive 上,再用键盘上的"+"键,就可以将光驱的启动顺序往前调(用键盘上的"-"键往后调),如果还有其他设备同样是用"+"或"-"调整顺序。调整完毕,接下来保存。用左右方向键,移动到"Exit"项。选择第一项"Exit Saving Changes",然后选择"Yes"(图 1-54)。设置完成,重启计算机。

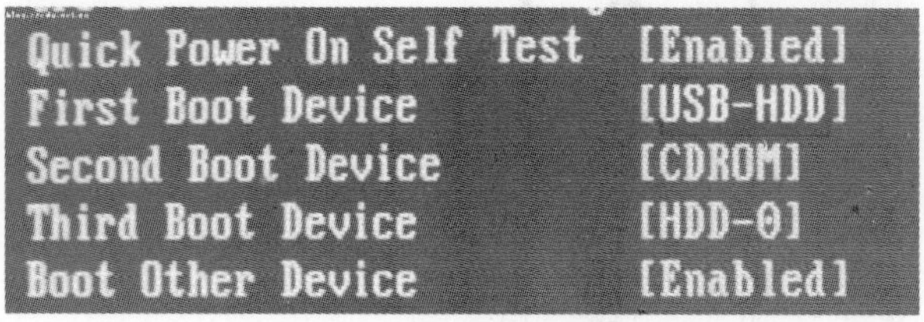

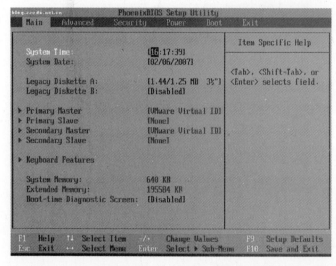

Quick Power On Self Test   [Enabled]
First Boot Device   [USB-HDD]
Second Boot Device   [CDROM]
Third Boot Device   [HDD-0]
Boot Other Device   [Enabled]

图 1-50 计算机启动顺序设置

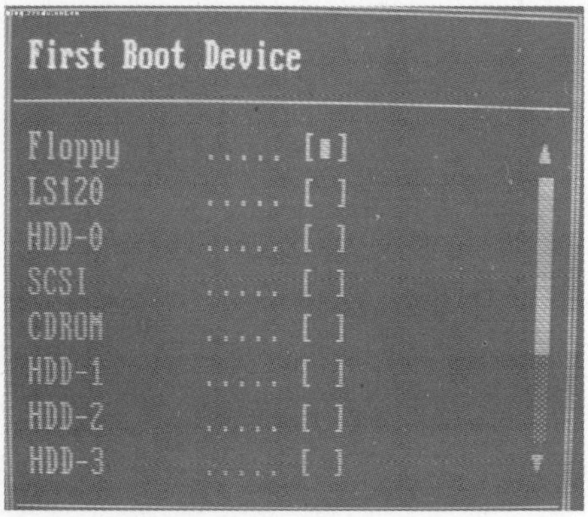

First Boot Device

Floppy   ..... [■]
LS120   ..... [ ]
HDD-0   ..... [ ]
SCSI   ..... [ ]
CDROM   ..... [ ]
HDD-1   ..... [ ]
HDD-2   ..... [ ]
HDD-3   ..... [ ]

图 1-51 选择第一启动设备

图 1-52 某 BIOS 主界面

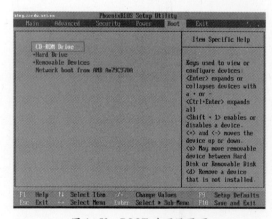

图 1-53 BOOT 选项设置页

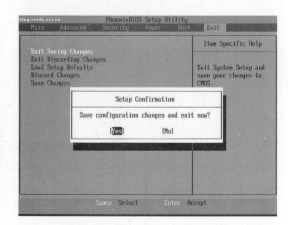

图 1-54 保存 BIOS 设置并退出

3. 安装系统

将系统安装光盘插入光驱并启动计算机后,进入 Windows 7 安装界面,单图 1-55。单击

"现在安装"，在新界面中勾选"我接受许可条款"，继续下一步。在新界面选择安装类型中选择"自定义（高级）"安装。在新界面选择需要安装系统到哪个磁盘（默认 C 盘）。然后进入图 1-56 所示的界面。

安装过程中，系统自动重启、自动更新注册表设置、启动服务、继续安装……

系统安装初步完成后，需要用户创建用户名及密码、输入密钥、设置时间日期、设置网络环境，最后进入系统启动后的界面。

用户初次进入系统后，主界面只有"回收站"的图标，此时，可以通过图 1-57 的方式进行设置。

图 1-55　安装界面 1

图 1-56　安装界面 2

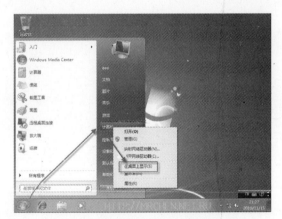

图 1-57　在桌面上显示"计算机"图标

Windows 7 系统的其他设置请参考本教材第 2 章内容。

1.2.2　系统备份与还原工具——GHOST

GHOST 是一款优秀的数据备份、恢复工具。其最主要的特点是可以把整个分区或者整个硬盘所有的文件备份生成一个 GHO 文件，利用生成的 GHO 文件，可以恢复整个分区或者是整个硬盘的数据，可以实现：硬盘分区到分区，或者是硬盘到硬盘的数据映像复制。

GHOST 最实用的功能有：

（1）系统备份恢复：备份系统所在分区为一个 GHO 文件，在系统被破坏的情况下，在很短的时间内恢复系统到备份时的状态。

（2）分区数据复制：把一个分区的数据全部复制到另一个分区上面，并且覆盖另一个分区的数据。

（3）整盘复制:把整个硬盘的数据复制到另一个硬盘上面。整盘复制时,目标硬盘的容量必须大于要复制的源盘的数据总的容量。

下面以 GHOST 8.3 为例,介绍如何操作 GHOST。

在 DOS 系统下,运行 DIR 命令,可以看到 D 盘根目录下存在 GHOST.EXE 这个程序,输入 GHOST,然后回车,就可以运行 GHOST 了,见图 1-58。

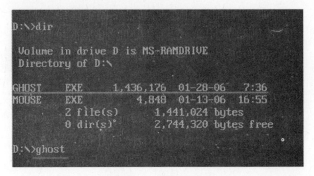

图 1-58　GHOST 目录

图 1-59 是 GHOST 8.3 运行后的界面,一开始弹出来的是一个软件信息界面,单击"OK",就可以进入 GHOST 的操作界面了。图 1-59 和图 1-60 是 GHOST 的操作界面。"Local"是本地的意思,"Options"是选项的意思,"Help"是帮助的意思,"Quit"是退出的意思。如果想要退出 GHOST,单击"Quit"。

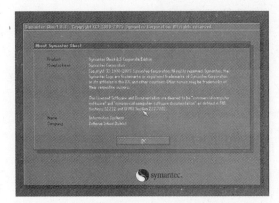

图 1-59　GHOST 8.3 运行后的界面

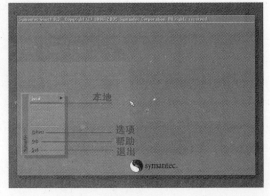

图 1-60　装载 GHOST 文件的页面

图 1-61 中,Local 包括 Disk(磁盘)、Partition(分区)和 Check(检查)三个菜单项。Check 菜单项包括 Image File 和 Disk 两个选项,用来对映像文件和磁盘进行检查。

选择 Check→Image File,用来检查 GHOST 生成的 GHO 映像文件有没有问题,Check→Disk 用来检查磁盘有没有错误。

与分区选项(Partition)有关的操作见图 1-62。Partition 包括三个菜单项,分别是 To Partition(到分区)、To Image(到映像)和 From Image(从映像),分别表示:从分区到分区复制数据、备份分区数据到映像文件、从映像文件恢复分区数据。

Disk 也包括三个菜单项,分别是 To Disk(到磁盘)、To Image(到映像)和 From Image(从映像),分别表示:从磁盘到磁盘复制数据、备份整个磁盘的数据到一个映像文件、从映像文件恢复磁盘数据。

20

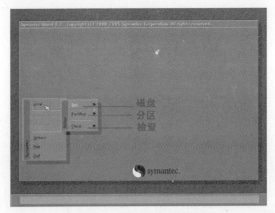

图 1-61　本地(Local)选项

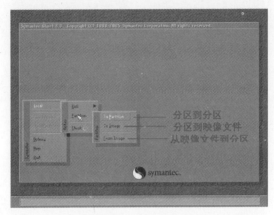

图 1-62　Partition 选项

恢复分区操作步骤如下:

第一步:选择 Local→Partition→From Image。

第二步:选择映像文件。先找到映像文件存放的位置,见图 1-63。单击箭头,可以选择映像文件存放的位置,见图 1-64,如果把映像文件刻录到了光盘中,就可以从光盘上读取映像文件来恢复分区。注意:在 DOS 下面要加载光驱的驱动才能访问光盘。

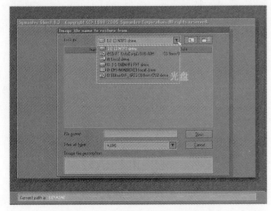

图 1-63　选择映像文件存放位置

图 1-64　选择映像文件

第三步:选择源分区。GHOST 不但可以把一个分区的数据生成映像文件,还可以把整个硬盘的数据生成映像文件,在从映像文件来恢复数据时,可以指定要恢复的分区,假设用户备份了整个硬盘的数据,生成一个映像文件,在从这个映像文件恢复数据时,用户可以只恢复一个分区的数据。在图 1-65 中,因为要恢复的映像文件中只包含一个分区的数据,所以直接单击"OK"就可以了。

第四步:选择目标磁盘。即要恢复数据的磁盘,见图 1-66。

图 1-65 选择源分区 　　　　　　　图 1-66 选择目标磁盘

第五步:选择目标分区。在图 1-67 中,有两个分区可供选择,一个 FAT32 格式的主分区,一个 NTFS 格式的逻辑分区。选定恢复主分区的数据。

第六步:确认操作。图 1-68 中,要恢复的目标分区上的数据将会全部被覆盖! 选择 Reset Computer 后,按回车键,计算机将重新启动。至此,系统就恢复到之前备份的状态。

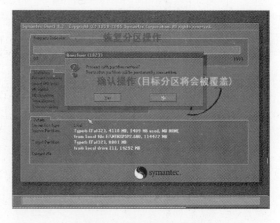

图 1-67 选择目标分区 　　　　　　　图 1-68 确认恢复分区操作

图 1-69 所示,恢复分区操作正在进行。备份的镜像恢复完成后,显示见图 1-70。

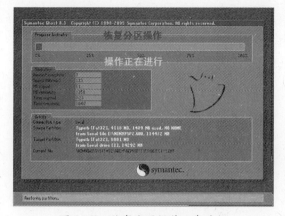

| 图 1-69 恢复分区操作正在进行 | 图 1-70 备份的镜像恢复完成 |

1.3 计算机常见故障检测与排除

使用计算机时,养成良好的使用习惯,可以延长计算机的使用寿命。此外,作为计算机组装和维修的专业人员,还要了解计算机维护的重要性和维护常识,而且要掌握常见的死机情况和一般计算机故障的处理。计算机的故障种类很多,在处理故障时,需要判断是软件故障还是硬件故障。

1.3.1 计算机维护常识

为了延长计算机的使用寿命,减少故障的发生,在使用计算机的过程中,要注意以下事项:

(1) 在执行可能造成文件破坏或丢失的操作时,一定要格外小心。

(2) 系统非正常退出或意外断电后,应尽快进行硬盘扫描,及时修复错误。

(3) 计算机开机时,要注意对病毒的防御,尽量使用病毒防火墙。

(4) 开机时先开启显示器、打印机等外部设备,最后开启主机。关机先关主机,后关显示器。

(5) 如果长时间不使用计算机,要关闭总电源开关。

(6) 条件许可时,计算机机房一定要安装空调,相对湿度应为 30%~80%。

(7) 计算机主机/显示器最好不要长时间(如 1~3 个月)不通电使用。

(8) 不可以频繁开、关计算机。两次开机时间间隔至少应为 10s,最好不小于 60s。

(9) 正在对硬盘读/写时不能关掉电源(可以根据硬盘的红灯是否发光来判断),关机后等待约 30s 后才可移动计算机。

(10) 不能在使用时搬动计算机。

(11) 注意防尘,保持机器的密封性,保持使用环境的清洁卫生。

(12) 要避免强光直接照射到显示器屏幕上,而且不要靠近强磁场。

(13) 要保持显示器屏幕的洁净,擦屏幕时尽量使用干的软布。

(14) 不要将水、食物等流体弄到键盘、屏幕上,击键要轻而快。

(15) 不要用力拉鼠标线、键盘线。

(16) 合理组织磁盘的目录结构,经常备份硬盘上的重要数据。

23

计算机的最佳使用环境如下:

(1) 配备灭火器,控制温度和湿度。

(2) 防静电、电磁及噪声干扰。

(3) 保证供电连续、电压稳定。

(4) 避免计算机设备受到污染或损坏。

(5) 避免灰尘。

常见软件故障产生的原因归结为如下几种:

(1) 软件的版本与系统的要求不符。

(2) 病毒感染。

(3) 系统文件丢失。

(4) 注册表损坏。

(5) 软件本身存在漏洞或者使用测试版的软件。

常见的硬件故障类型有:机械故障、电路故障、接触不良、介质故障。

硬件故障产生的原因有:灰尘太多、温度过高、静电太高、操作不当。

计算机维修应把握的基本原则有:

(1) 再三观察。观察周围环境、硬件环境和软件环境。有些计算机故障,往往是由于机器内灰尘较多引起的,所以在维修过程中,注意观察故障机内、外部是否有较多的灰尘,如果是,应该先进行除尘,再做后续的判断维修。

(2) 先想后做。从简单的事情做起,进行故障的判断与定位。

(3) 先软后硬。先判断是否为软件故障,再从硬件方面着手检查。

(4) 分清主次。有的机器故障现象不止一个,而是有两个或两个以上,此时,应该先判断维修主要的故障,再维修次要故障,有时主要故障排除了,次要故障现象也消失。

1.3.2 常见故障处理

1. 启动故障

1) 开机后黑屏,显示器和机器都没有响应

开机后一点动静都没有,首先检查供电是否正常。注意计算机电源指示灯是否亮,如果不亮,关闭电源,按照下面的步骤检查:

(1) 各种电源连线是否正确,是否接牢。

(2) 检查每个插座是否开启。

(3) 计算机设备上其他多通道开关是否打开。例如:很多显示器是使用一个开关的。

(4) 电源熔断丝是否烧断。

2) 开机后黑屏,机箱内有风扇的转动声

这样的故障是 CIH 病毒发作时的典型表现。当排除了病毒的因素后,要注意以下硬件的工作情况:供电系统、芯片、显卡、主板和灰尘、温度因素。供电系统是指计算机电源,这时可以将光驱的出仓键按一下,如果光驱托盘能弹出来,那么外围电源基本没有问题。

首先,拆开机箱,检查一下开机后主芯片上的散热风扇是否旋转,一般芯片风扇是由主板直接供电的,如果芯片风扇没有旋转,那么主板供电系统就有问题,可以把主板电源插头拔出来,再重新插回去看看。

然后就是开关的故障,有些杂牌机箱上的电源开关用久了就会损坏,可以拆下机箱前面板,

检查开关上的电源信号线连接到主板的某两个跳线上,然后拔下跳线帽,用螺丝刀短接主板上的两个跳线接头,这样机器应该能够启动。

如果此时系统还是无法启动,那么就检查显示卡和芯片的接触,把这两个部件拆下来,再重新安装回去。如果条件允许,还可以使用同样型号的部件替换一下试试。通常这样的故障是因为显卡和芯片的接触不良造成的。

3) 开机后系统报警

开机后显示器上没有反应,但是主板 BIOS 系统报警,这时,可以参考一下主板 BIOS 报警汽笛声的相关资料,因为不同的主板 BIOS 报警声是不同的,报警声有长有短,一般遇到的是 PC 喇叭长鸣,这样的故障是因为内存条没有正确装好,请重新插好内存条。还有像汽笛一声一声的报警,这是因为显示器不能接收到显卡的信号,请检查显示器的连接和重新插拔显卡。有时候因为键盘、鼠标、主板电池的问题,系统也会报警,这时已经可以看到显示器上的提示信息了,如果是 KEYBOARD 错误,那么就是键盘没有接好。

PC 喇叭鸣叫的含义:计算机开机时都会进行一次自检,然后发出声音信号报告自检结果,这种声音信号叫加电自检(Power on Self Test, POST)信号。计算机硬件如果发生了故障,开机后机内喇叭声会响个不停。不同的声响信号含义不同。表1-1 给出了 AWARD BIOS 信号的含义供参考。

表1-1　计算机自检声音提示及故障分析

声音特征	状态原因	解决办法
1声短鸣	自检通过,系统进入正常运行	—
2声短鸣	设置不当	按 Del 或 F1 键,进入 CMOS SETUP,重新进行设置
1长1短	RAM 或主板出错	更换内存或更换主板
1长2短	显示器或显示卡错误	更换显示器或更换显示卡
1长3短	键盘控制器错误	检查键盘及主板
1长9短	主板 Flash RAM 或 EPROM 错误,BIOS 损坏	检查主板,必要时更换 Flash RAM
长声不停	内存条未插紧或损坏	插紧或更换内存条
短声不停	电源不正常	检查电源
无声音无显示	电源未接通	检查电源

4) 开机后无法找到硬盘

(1) 现象1:屏幕上出现"Disk Boot Failure , Insert System Disk and Press Enter"。

故障诊断:具体的操作是进入 CMOS 设置后,选择"IDE HDD Auto Detection"项目,看是否可以检测到硬盘的存在。系统自检过程中全部选择按"Y",如果还不能找到硬盘,则有可能是硬盘连接不正确。若没有检测到硬盘,可以通过听硬盘的运转声音或者把硬盘接到其他计算机上来判断硬盘是否有问题。如果硬盘有问题,硬盘上高价值的数据可以找专门的数据恢复公司来恢复;如果可以正确地检测到硬盘的话,请先确认一下检测到的硬盘容量和其他参数是否和实际的硬盘参数相同。如果相同,说明系统应该是正常的,可能只是 CMOS 中的硬盘参数的设置信息丢失了而已;如果不同,说明系统一定出现了故障,有可能是主板的故障,也有可能是硬盘数据线故障。

(2) 现象 2:屏幕上出现"Not Found any [active partition] in HDD Disk Boot Failure, Insert System Disk and Press Enter"。

故障诊断:a. 硬盘还没有被分区,处理方法:用 GHOST 盘启动计算机,运行分区程序 FDISK,对硬盘进行分区即可;b. 硬盘上没有活动的分区,处理方法同上,运行程序 FDISK 设置活动分区。

2. 计算机系统死机故障

死机是一种常见故障。死机时的表现多为蓝屏、无法启动系统、画面"定格"无反应、用鼠标键盘无法输入等。造成死机的原因是多方面的。

对于病毒造成的死机现象,解决办法是用杀毒软件杀毒。如果病毒破坏了文件结构,甚至破坏了 BIOS,那么唯一的解决办法只能是杀毒后重装系统或重写 BIOS。由于病毒防不胜防,因此在计算机出现死机现象时,最好先检查一下是否因为病毒感染所致。

1) 由硬件故障引起的死机

(1) 开机后黑屏,听不到硬盘自检的声音,有时能听到喇叭的鸣叫。

① 首先考虑是否是硬件接触不良。可以打开机箱检查设备连线、电源插座以及插接卡是否松动,最好是把各个插接卡拔下再重新插一遍。如果有空闲插槽,可以把插接卡换一个插槽。多检查一下各个插接卡的插脚是否有氧化迹象,若有,要及时处理。

② 一般来说,主板、CPU、内存、显卡、显示器是计算机显示信息的基本要素,缺一不可。可以通过替换法逐一检查排除,确定问题出在哪。

③ 如果计算机是超频使用,那么一定要把频率降下来,因为超频使用极易引起死机故障。

(2) 开机有显示,能听到机器自检声,但不能正常启动。

这种现象大多是因为 BIOS 设置不当造成的。例如内存的类别设置(快页式、EDO、SDRAM 等)与实际不符,内存的存取速度(如:DRAM Read Burst Timing 及 DRAM Write Burst Timing 等)设置过快。如果用户的内存性能无法达到要求而强行设置,容易发生死机,不同品牌的内存混用以及 Cache 的设置失误也会造成死机。

2) 由软件故障引起的死机

(1) 启动或关闭操作系统时死机。

① 启动时的死机原因可能是操作系统的支持文件损坏。遇到这种情况最好的办法是重装系统。

② 关闭系统时的死机多数是与某些操作设定和某些驱动程序的设置不当有关。系统在退出前,会关闭正在使用的程序及驱动程序,而这些驱动程序会根据当时情况进行一次数据回写的操作或搜索设备的动作,其设定不当就可能造成无用搜索,形成死机。解决方法是在下次开机时进入"控制面板"-"系统"-"设备管理器"标签,找到出错的设备(前面有一个黄色的惊叹号)删除它之后重新安装驱动程序一般可以解决问题。

(2) 运行应用程序时出现死机。

这种情况是最常见的,可能由如下原因引起:

① 程序本身的问题,或是应用软件与操作系统兼容性不好,存在冲突。

② 不适当的删除操作。这里的不适当指的是没有使用应用软件自身的反安装程序卸载。应用软件在安装时会在操作系统安装目录下建立一些系统的链接文件,用删除目录的方式是无法去除这些文件的。把它们留在系统中,一则增加注册表容量,降低系统速度,二则容易引起一

些不可预知的故障出现,进而造成系统死机。

③ 有时使用正确的方法卸载软件,也可能造成死机隐患。这是因为应用软件有时要与操作系统共享一些文件,如果在删除时全删去,操作系统可能失去了这些文件,造成系统稳定性降低。

④ 有时运行各种软件都正常,但是忽然莫名其妙死机,重启后运行这些应用程序又正常,这是一种假死机现象,原因多是系统内存资源冲突。解决办法是尽量养成良好的卸载习惯,对于自己不能确定是否能删除的选项不要贸然去做。可以借助一些专业的删除程序辅助删除。平时使用时不要开太多窗口,以免应用程序占用资源。必要时即使计算机没有出现故障,也要重启一下系统。

1.4 实战训练一:计算机组装实验

1.4.1 实验目的

熟悉计算机硬件系统的构成,掌握微型计算机的硬件组装技术。

1.4.2 实验工具

计算机配件、十字螺丝刀(2#×75mm)、软胶垫或海绵垫、万用表(可选)。

1.4.3 实验内容

微型计算机硬件组装。

注意事项:

(1)安装机器前清除身体上的静电。

(2)对各个配件要轻拿轻放。

(3)安装主板一定要稳固,防止主板变形。

(4)禁止带电操作。

1.4.4 实验步骤

(1)微型计算机的部件准备。

准备好主板、CPU、风扇、内存条、显卡、硬盘、光驱、网卡、数据电缆、主机电源、显示器、键盘、鼠标、音箱、打印机等。

(2)微型计算机硬件组装步骤。

按照图1-17计算机组装步骤进行设备的组装。

(3)实验结果与结论。

根据教员演示及装配要领,总结微型计算机硬件组装过程中的要点及实践体会。

1.4.5 思考题

(1)某计算机组装完成后通电检查,发现按下电源键时,CPU风扇转动一会就停,其他设备无任何启动征兆,机器无法启动。请思考可能的故障原因及如何排查故障。

(2)利用设备更替法进行排故时,应注意哪些问题?

1.5　实战训练二:操作系统安装实验

1.5.1　实验目的

（1）了解虚拟机的概念。

（2）熟练掌握虚拟机的安装及配置。

（3）熟悉不同操作系统的安装方法。

1.5.2　实验工具

虚拟机软件（VM Ware Workstation 10）、Windows 7 操作系统镜像文件、Linux 操作系统（Ubuntu/CentOS/Fedora 等）镜像文件。

1.5.3　实验内容

（1）下载并安装虚拟机软件。

虚拟机（Virtual Machine）指通过软件模拟的具有完整硬件系统功能的、运行在一个完全隔离环境中的完整计算机系统。

本实验参考使用 VM Ware Workstation（Virtual PC 或 Virtual Box 也可以）。

（2）安装不同操作系统。

尝试在虚拟机环境下安装 Windows、Linux 两种不同的操作系统。

操作系统参考如下：

Windows：Windows Server 服务器操作系统，或 Windows 7 操作系统。

Linux：Ubuntu/CentOS/Fedora 等，选择一个 Linux 发行版进行安装。

1.5.4　实验步骤

（1）安装虚拟机 VM Ware Workstation 10。安装好的虚拟机界面见图 1-71。

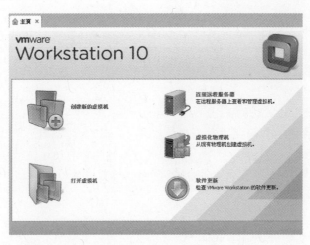

图 1-71　VM Ware Workstation 10 主界面

（2）在虚拟机上安装 Windows 7/Ubuntu 操作系统。使用自定义向导方式安装，见图1-72和图1-73。

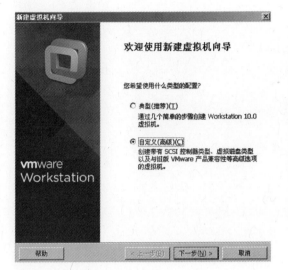
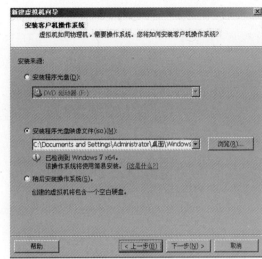

图1-72　新建虚拟机向导　　　　　　　图1-73　选择安装镜像文件

（3）按照操作系统的安装步骤完成系统安装设置。

1.5.5　思考题

通过查阅资料，请回答设置虚拟机与主机之间共享文件夹的方法与步骤。

1.6　习　　题

一、填空题

1. 在拆装微型计算机的器件前，应该释放掉手上的_____。

2. 系统总线是 CPU 与其他部件之间传送数据、地址等信息的公共通道。根据传送内容的不同，可分为_____、_____、_____。

3. BIOS 是计算机中最基础的而又最重要的程序，其中文名称是_____。

4. 目前在主流主板上的 BIOS 芯片通常为_____芯片。

5. _____是构成计算机系统的物质基础，_____是计算机系统的灵魂，两者相辅相成，缺一不可。

6. 电源向主机系统提供的电压一般为_____、_____、_____。

7. SATA 接口总线的数据传输方式为_____。

8. 给 CPU 加上散热片和风扇的主要目的是_____。

9. 主板上的一个 IDE 接口可以接 2 个 IDE 硬盘，一个称为_____，另一个称为_____。

10. 微型计算机故障的分析与判断方法有直接感觉法、观察法、_____、_____及程序测试法等。

11. 计算机的硬件主要由控制器,_____,_____,输入、输出设备以及_____等硬件组成。

12. 计算机软件是指为了_____、_____和维护计算机系统所编制的各种程序的总和。

13. 计算机软件可以分为_____和_____。

14. BIOS 是_____的简称,BIOS 控制着主板的一些最基本的_____和_____,另外BIOS 还要完成计算机开机时自检,通常称为_____。

15. 由硬盘生产厂商生产的硬盘必须经过_____、_____和_____三个处理步骤后,才能被计算机利用。

16. 我们通常将每块硬盘称为_____,而将在硬盘分区之后所建立的具有"C:"或"D:"等各类"Drive/驱动器"称为_____。

17. 计算机维修有两种:_____和_____。

18. 如果在开机后提示"CMOS Battery State Low",有时可以启动,使用一段时间后死机,这种现象大多数是_____引起的。

19. 目前杀毒软件一般都具备两种功能:一方面可以 _____;另一方面可以进行_____。

二、选择题

1. 硬盘的数据传输率是衡量硬盘速度的一个重要参数。它是指计算机从硬盘中准确找到相应数据并传送到内存的速率,它分为内部和外部传输率,其内部传输率是指(　　)。

    A. 硬盘的高速缓存到内存　　　　　　B. CPU 到 Cache

    C. 内存到 CPU　　　　　　　　　　　D. 硬盘的磁头到硬盘的高速缓存

2. 下列厂商中(　　)是 Celeron(赛扬)CPU 的生产厂商。

    A. AMD　　　　　B. INTEL　　　　　C. SIS　　　　　D. VIA

3. 开机后,计算机首先进行设备检测,称为(　　)。

    A. 启动系统　　　B. 设备检测　　　C. 开机　　　　　D. 系统自检

4. 导出的注册表文件的扩展名是(　　)。

    A. SYS　　　　　B. REG　　　　　C. TXT　　　　　D. BAT

5. 下列存储器中,属于高速缓存的是(　　)。

    A. EPROM　　　　B. Cache　　　　C. DRAM　　　　D. CD-ROM

6. 用硬盘 Cache 的目的是(　　)。

    A. 增加硬盘容量　　　　　　　　　　B. 提高硬盘读写信息的速度

    C. 实现动态信息存储　　　　　　　　D. 实现静态信息存储

7. 打开注册表编辑器,我们要在运行栏里输入(　　)。

    A. msconfig　　　B. winipcfg　　　C. regedit　　　D. cmd

8. 在常见的 BIOS 报警信息中,下列各项中哪一项表示硬盘没有格式化,需要对硬盘分区进行格式化。(　　)。

    A. Missing operation system　　　　B. No partition bootable

    C. Non-system disk or disk error　　D. No ROM BASIC

9. 现代操作系统的基本特征是(　　)、资源共享和操作的异步性。

    A. 多道程序设计　　　　　　　　　　B. 中断处理

C. 程序的并发执行   D. 实现分时与实时处理

10. 操作系统是一组(   )。

    A. 文件管理程序   B. 中断处理程序

    C. 资源管理程序   D. 设备管理程序

第2章　军用涉密操作系统的使用

操作系统是应用程序软件的支撑平台,所有的软件必须在操作系统的控制下安装并运行,它在用户和计算机之间搭起一座沟通的桥梁,它一方面提供给用户一个友好的界面并接受用户的各种命令,另一方面管理计算机,命令其做各种各样的操作。军用涉密操作系统是军队内部使用的处理相关涉密内容的操作系统,根据军队的保密条例,军用涉密操作系统需要进行相应的保密设置,在使用中需要遵循相应的保密规定。

2.1　军事相关操作系统

2.1.1　银河麒麟操作系统

银河麒麟(Kylin)操作系统是由国防科技大学、中标软件公司、联想公司、浪潮集团和民族恒星公司合作研制的开源服务器操作系统,如图2-1所示。此操作系统是863计划重大攻关科研项目,其目标是打破国外操作系统的垄断,形成具有中国自主知识产权的服务器操作系统。经过多年攻关,Kylin操作系统具有高性能、高可用性和高安全性等特色,并能与Linux应用二进制兼容。

图 2-1　Kylin 操作系统

1. Kylin 操作系统的特色

Kylin 操作系统是 863 计划的重大成果之一,在功能方面,通过了 OpenGroup 组织的 LSB 标准测试;在性能方面,进行了 Oracle、Kingbase、MySQL 等典型数据库系统的 TPC-C 和 TPC-W 基准测试;在安全方面,通过了公安部安全功能测试和军队系统相关单位的安全攻击测试,其具体的特色如下:

1)支持多操作系统启动

采用 GRUB 技术,支持从多种文件系统内进行内核加载,支持 Windows、Kylin、Linux 等多种系统的引导。

2)图形化安装界面和配置管理界面

提供简单快捷的中文化图形安装、配置界面,用户只需要很少的交互,就能够建立一个功能完备,性能优秀、安全的服务器系统。

3)多层次、多策略安全机制

在用户认证层次,系统实现了基于智能卡的强化用户身份认证机制,在访问控制层次,实现了细粒度的自主访问控制列表(ACL)和强制访问控制(MAC)机制。在强制访问控制框架下实现了基于改进的 BLP 模型的多级安全策略(MLS)和能力机制(CAP)。支持对主存和磁盘的客体重用,防止机密信息因客体重用而泄漏;实现了安全审计功能,管理员可以根据需求记录与客体、主体、事件类型等相关的信息;实现了角色定权策略,系统中用户与角色关联,角色与权限关联;提供了中文图形化的安全配置管理工具。

4)SMP 支持

支持 X86 体系结构 8 路 CPU 的 SMP 系统,IA-64 体系结构 4 路 CPU 的 SMP 系统。

5)ccNUMA 体系结构支持

实现了 ccNUMA 体系结构,支持大页面尺寸,内核数据结构的复制、局部化,内核级动态页迁移。

6)集群支撑环境

采用单系统映像技术,实现了基于 CIM 的全局资源管理,对计算资源(CPU、内存、网络、磁盘、文件系统等)进行统一的监控,提供统一的用户管理、软件管理、进程管理。支持单点登录、全局文件系统。实现了针对专用高速通信设备的高性能通信库,提供 MPI、OpemMP、PVM 等多种并行程序库以及支持多种并行程序模式的作业管理和调度系统。

7)应用服务支撑环境

支持 Oracle、Kingbase、MySQL 等国际、国内主流的数据库系统;支持 WebLogic、Tomcat、JBoss 等流行的 J2EE 应用支撑环境;支持 Apache、Sendmail、Postfix 等主流的 Web 和 eMail 服务;支持 StarBus 等国内主流的 CORBAR 中间件。

8)丰富的桌面应用

提供浏览器、文字处理、演示文稿编辑播放软件,视频、音频播放软件,游戏软件,满足用户办公、娱乐、上网的需求,同时支持大多数 Linux 应用,更加丰富了 Kylin 操作系统的应用领域。

9)应用开发支持

提供 C、C++、Fortran、Java、PHP、Perl 的开发调试环境,支持 Jbuilder、QT Design 等 IDE 开发环境,支持 GDB、DDD 等主流的调试工具。

2. Kylin 操作系统的应用

Kylin 操作系统作为中国自主研发的服务器操作系统,与 Windows、Unix、Linux 操作系统的各类产品竞争也不逊色,在操作性能、安全性、高可用性、实时性方面都有显著的优势。Kylin 操作系统研制成功后,国防科技大学先后与联想公司、中标软件公司等签署了"银河麒麟"操作系统的产业化合作协议,形成了一些满足行业用户需求的解决方案,成功应用于金融、政府、教育、证券等领域。

综上所述,具有自主知识产权的 Kylin 国产操作系统的研制成功,对于打破国外对我国信息化基础设施的垄断和控制,形成国产服务器及相关产业的核心竞争力,提高国家信息化基础设施的总体安全水平具有非常现实的意义。

2.1.2 VxWorks

VxWorks 操作系统是美国风河系统(Wind River System)公司于 1983 年设计开发的一种嵌入式实时操作系统,如图 2-2 所示。它以其良好的可靠性和卓越的实时性被广泛地应用在军事、航空、航天、通信等高精尖技术及实时性要求极高的领域中,如军事演习、弹道制导、卫星通信、飞机导航等。在美国的 F-16 战斗机、FA-18 战斗机、B-2 隐身轰炸机和爱国者导弹上,甚至连 1997 年 4 月在火星表面登陆的火星探测器、2008 年 5 月登陆的凤凰号火星探测器,和 2012 年 8 月登陆的好奇号爆车也都使用了 VxWorks 操作系统。

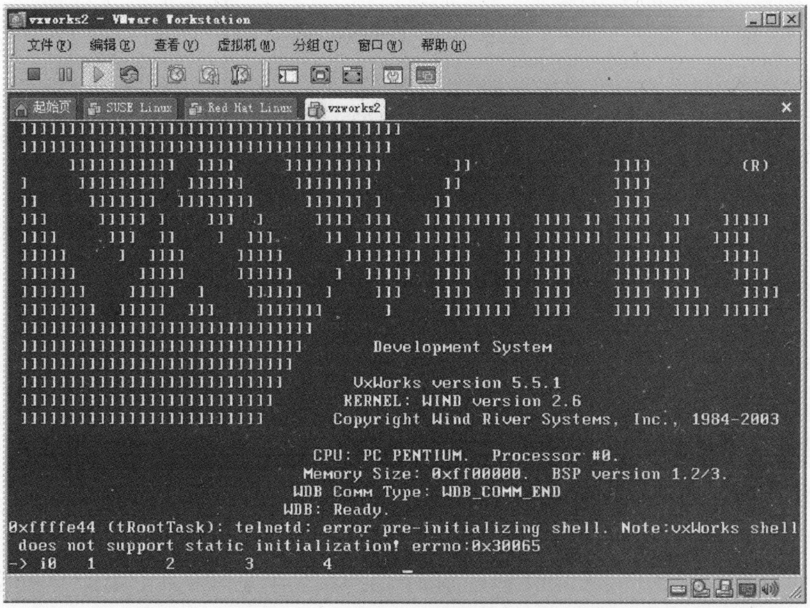

图 2-2 VxWorks 操作系统

VxWorks 操作系统由以下部件组成:

1) 内核

VxWorks 操作系统内核包含多任务调度(采用基于优先级抢占方式,同时支持同优先级任务间的分时间片调度),任务间的同步,进程间通信机制,中断处理,定时器和内存管理机制。

2) I/O 系统

VxWorks 操作系统提供了一个快速灵活的与 ANSI C 兼容的 I/O 系统,包括 UNIX 标准的 Basic I/O,Buffer I/O 以及 POSIX 标准的异步 I/O。VxWorks 包括以下驱动程序:网络驱动、管道驱动、RAM 盘驱动、SCSI 驱动、键盘驱动、显示驱动、磁盘驱动、并口驱动等。

3) 文件系统

VxWorks 支持四种文件系统:dosFs,rt11Fs,rawFs 和 tapeFs,并支持在单独的系统上同时并存几个不同的文件系统。

4）板级支持包（Board Support Package，BSP）

板级支持包向 VxWorks 操作系统提供了对各种板子的硬件功能操作的统一的软件接口，它是保证 VxWorks 操作系统可移植性的关键，它包括硬件初始化、中断的产生和处理、硬件时钟和计时器管理、局域和总线内存地址映射、内存分配等。每个板级支持包包括一个 ROM 启动（Boot ROM）或其他启动机制。

5）网络支持

VxWorks 提供了对其他 VxWorks 系统和 TCP/IP 网络系统的"透明"访问，包括与 BSD 套接字兼容的编程接口，远程过程调用（RPC），SNMP（可选项），远程文件访问（包括客户端和服务端的 NFS 机制以及使用 RSH、FTP 或 TFTP 的非 NFS 机制）以及 BOOTP 和代理 ARP、DHCP、DNS、OSPF、RIP。无论是松耦合的串行线路、标准的以太网连接还是紧耦合的利用共享内存的背板总线，所有的 VxWorks 网络机制都遵循标准的 Internet 协议。

6）虚拟内存（VxVMI）与共享内存（VxMP）

VxVMI 为带有 MMU 的目标板提供了虚拟内存机制。VxMP 提供了共享信号量、消息队列和在不同处理器之间的共享内存区域。

7）目标代理（Target Agent）

目标代理遵循 WBD（Wind Debug）协议，允许目标机与主机上的 Tornado 开发工具相连。Tornado 是风河系统公司推出的一套实时操作系统开发环境，类似 Microsoft Visual C，但是提供了更丰富的调试、仿真环境和工具。在目标代理的默认设置中，目标代理是以 VxWorks 的一个任务 tWdbTask 的形式运行的。

Tornado 目标服务器（Target Server）向目标代理发送调试请求。调试请求通常决定目标代理对系统中其他任务的控制和处理。默认状态下，目标服务器与目标代理通过网络进行通信，但是用户也可以改变通信方式。

8）实用库

VxWorks 提供了一个实用例程的扩展集，包括中断处理、看门狗定时器、消息登录、内存分配、字符扫描、线缓冲和环缓冲管理、链表管理和 ANSI C 标准。

9）基于目标机的工具

在 Tornado 开发系统中，开发工具是驻留在主机上的。但是也可以根据需要将基于目标机的 Shell 和装载卸载模块加入 VxWorks。

总之，VxWorks 的系统结构是一个微内核的层次结构，内核仅提供多任务环境、进程间通信和同步功能，这些功能模块足够支持 VxWorks 在较高层次所提供的丰富的性能要求。

2.2　Windows 7 操作系统

Windows 7 操作系统（以下简称 Windows 7）是目前主流的新一代操作系统，不仅继承了 Windows 家族的传统优点，而且给用户带来了全新的体验，让操作更加简单和快捷，为人们提供高效易行的工作环境。与以往 Windows 版本相比，Windows 7 在硬件性能要求、系统性能、可靠性等方面，是继 Windows 95 以来微软公司的另一个非常成功的产品。

2.2.1　Windows 7 系统特性

1. 硬件性能需求降低

Windows 7 硬件需求较低,可以在现有计算机平台上提供出色的性能体验,1.2GHz 双核心处理器、1.2GB 内存、支持 WDDM1.0 的 Direct X9 显卡就能够让 Windows 7 顺畅地运行,并满足用户日常使用需求,硬盘空间 16GB 以上即可满足要求。官方的"优化"伴随 Windows 7 的整个开发进程,最终在系统硬件需求和性能方面向用户交付了一份满意的答卷。

2. 应用程序兼容性

过去,基于测试版 Windows API 开发的软件无法在正式版 Windows 产品当中运行。而对于 Windows 7 来说,这种情况发生了很大变化。微软公司与合作伙伴、测试人员紧密合作,不断改进应用程序的兼容性体验,从而确保软件开发人员早期编写的应用程序可以很好地兼容 Windows 7 正式版,提升 Windows 7 平台整体的软件兼容性。

3. 设备兼容性

在设备驱动程序方面,微软公司采取了与应用程序类似的方式,确保用户过去的设备都能够在 Windows 7 当中良好地运行,使设备驱动程序实现完美兼容,并且新老设备都可以通过系统更新获取完整且符合微软公司认证的驱动程序,确保平台的稳定性,降低用户操作的复杂程度。另外,Windows 7 中还提供了一项全新的外部设备管理功能"设备和打印机"。对于符合微软公司认证的硬件设备来说,在"设备和打印机"界面中可以直观地看到设备图标,为用户带来了前所未有的外部设备管理体验。借助该机制,品牌计算机和设备厂商也可以定制属于自己产品的专有界面 Devices Stage,从而实现设备应用的无缝体验。

4. 易用性

让计算机使用更简单是微软公司开发 Windows 7 的另一项非常重要的核心工作,易用性体现于桌面功能的操作方式。在 Windows 7 中,一些沿用多年的基本操作方式得到了彻底改进,如任务栏、窗口控制方式的改进,半透明的 Windows Aero 外观也为用户带来了丰富实用的操作体验。

1)全新的桌面体验(图 2-3)

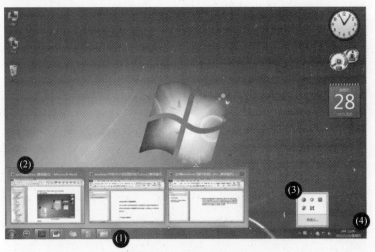

图 2-3　全新的桌面体验

（1）全新的任务栏：Windows 7 全新的任务栏融合了快速启动栏的特点，每个窗口对应按钮图标都能够根据用户需要随意排序。

（2）任务栏窗口动态缩略图：通过任务栏应用程序按钮对应的窗口动态缩略预览图标，可以轻松找到所需要的窗口。

（3）自定义任务栏通知区域：在 Windows 7 中自定义任务栏通知区域图标非常简单，只需要通过鼠标的简单拖曳即可隐藏、显示和对图标进行排序。

（4）快速显示桌面：固定在屏幕右下角的"显示桌面"按钮可以让用户轻松返回桌面。

2）日常工作更轻松（图 2-4）

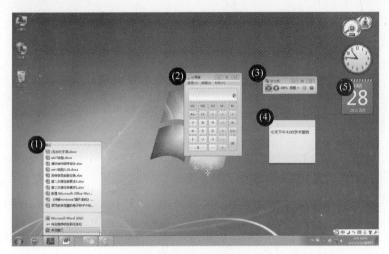

图 2-4　日常工作更轻松

（1）跳转列表：Windows 7 桌面中新增的"跳转列表"功能可以让用户通过任务栏和开始菜单中应用程序图标快速打开与之关联的文档。

（2）强大的计算器：Windows 7 中强大的计算器程序可以满足各类用户的计算工作。

（3）桌面放大镜：现在，无须借助第三方程序即可实现屏幕图像的局部放大，便于演示和教学操作。

（4）无限使用的便利贴：在 Windows 7 中用户可以借助内置的便笺程序轻松记录约会、会议等重要事件，无须进行额外的保存操作。

（5）桌面小工具：Windows 7 桌面中的小工具可以摆放在桌面的任意位置，用户可以通过各类小工具查看日历、时钟、系统性能、硬件温度以及电池电量等丰富功能。

3）个性化的外观和动态的桌面背景

（1）丰富的桌面主题：Windows 7 中内置了丰富的桌面主题供用户使用，满足各年龄段用户的爱好，与此同时用户还可以轻松搭配出符合用户个性的系统界面。

（2）动态的桌面背景：Windows 7 允许同时选择多张图片作为桌面背景，并定时自动以渐变效果切换，一切由用户决定。

2.2.2　Windows 7 系统界面

1. 桌面

Windows 7 不仅有着卓越的性能，还拥有绚丽的界面效果，启动桌面后，会出现如图 2-5 所示的 Windows 7 界面,这就是通常所说的桌面。

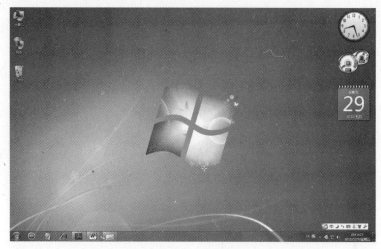

图 2-5 桌面

Windows 7 操作系统自带了很多个性化设置的选项,为桌面设置个性化图片背景,为桌面添加小工具,改变桌面分辨率,设置刷新频率等。

1)设置桌面背景

用户可以为桌面设置个性化图片背景,也可以将多张图片以幻灯片的形式在桌面显示。如需自定义桌面背景,右击桌面空白处,在弹出的快捷菜单中选择"个性化"命令,打开"个性化"窗口,单击"桌面背景"链接打开桌面背景窗口,在桌面背景面板中可以单选或多选系统内置的图片,多选时注意鼠标指针对准图片左上角的复选框,如图 2-6 所示,可以进行如下设置:

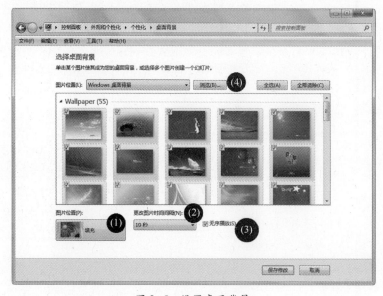

图 2-6 设置桌面背景

(1)设置图片位置,可以选择"填充""适应""拉伸"等效果。

(2)选择多张图片作为桌面背景后,图片会定时进行自动切换,在"更改图片时间间隔"的下拉菜单中可以设置切换间隔时间。

（3）设置"无序播放"选项。

（4）单击"浏览"按钮即可选择包含自定义图片的文件夹作为一组桌面背景。

单击"保存修改"按钮即可生效。返回"个性化"窗口，可以选择保存自定义的主题，以方便以后再次应用该主题。

2）设置分辨率

显示分辨率是显示器在显示图像时的分辨率，分辨率是用像素点来衡量的，显示分辨率的数值是指整个显示器所有可视面积上水平像素和垂直像素的数量。

具体操作步骤：右击桌面，选择快捷菜单中的"屏幕分辨率"命令，打开修改分辨率窗口。如图 2-7 所示，在"分辨率"选项中选择推荐的分辨率或根据用户需要进行设置，完成设置后，单击"确定"按钮。

图 2-7 设置桌面分辨率

3）设置刷新频率

刷新频率就是屏幕的刷新速度。刷新频率越低，图像闪烁和抖动的就越厉害，眼睛越容易疲劳。刷新频率越大，对眼睛的伤害就越小，一般达到 75~85Hz 就可以，不要超出显示器所能承受的最大刷新频率。

具体操作步骤：右击桌面，选择快捷菜单中的"屏幕分辨率"命令，打开修改分辨率窗口。单击"高级设置"命令按钮，打开"通用即插即用监视器"对话框。单击"监视器"选项卡，选择"刷新频率"的值，此处还可以设置"屏幕颜色"。单击"确定"按钮，完成设置。

4）定义用户界面的文本显示尺寸

以往，用户通常会通过降低显示器分辨率来增大文本的显示尺寸，但这并不是正确的方法，因为错误的分辨率会导致液晶显示器屏幕内界面的几何度错误呈现。Windows 7 中可以在使用显示器标准分辨率的同时，对显示的文本大小进行单独调节，具体方法如下：

在「开始」菜单搜索框中输入"DPI"，选择运行搜索结果"放大或缩小文本和其他项目"选项，打开如图 2-8 所示界面，默认"较小-100%"的字体大小为 96 像素，通过选择其余两项预设可以增大字体的显示像素，确定后单击"应用"按钮，并重启计算机即可。

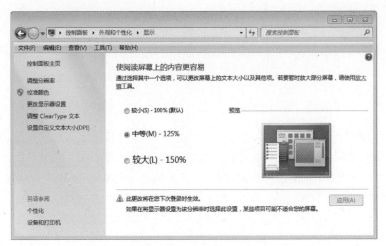

图 2-8　定义文本显示尺寸

通常情况下,大于100%的两项预设即可满足 24~30 英寸液晶显示器 1920×1200 像素和 2560×1600 像素的标准分辨率,显示足够清晰的系统界面字体。

2. 任务栏

任务栏是显示在桌面底部的水平长条,如图 2-9 所示,主要用于显示程序的快速启动和当前运行的所有任务。

图 2-9　任务栏

(1) 快速启动区:它可以把常用的应用程序启动图标拖到该栏中,直接单击就可以启动相应的应用程序。也可以在任一个程序上单击鼠标右键则会弹出一个菜单,用户可以将常用的程序锁定在任务栏上,以方便访问,同时可以根据需要通过单击和拖拽操作重新排列快速启动区的图标。

(2) 程序按钮区:它的主要功能是实现多个应用程序之间的切换,区域内主要放置的是已打开的窗口的最小化按钮,同时还具备窗口预览功能。

(3) Jump List:这是 Windows 7 中的新增功能,可以帮助用户快速访问常用的文档、图片、歌曲或网站。用户右键单击 Windows 7 任务栏上的程序图标即可打开 Jump List,在 Jump List 中看到的内容完全取决于程序本身,如 Internet Explorer 8 的 Jump List 显示经常查看的网站,用户还可以锁定要收藏或经常打开的文件。

(4) 工具栏:用户可以自定义选择系统提供的"地址""链接""语言栏"等工具,该区域位于任务栏通知区域的左侧。

40

（5）通知区域：它包含一组正在运行的程序图标和"显示桌面"按钮,将鼠标指针移向特定的图标,会看到该图标的名称或某个设置的状态。有时,通知区域中的图标会显示弹出通知窗口,向用户通知某些信息。同时,用户也可以根据自己的需要设置通知区域的显示内容。为了减少杂乱,如果程序图标不经常活动就会被自动隐藏在通知区域中,如图 2-9 所示。

1）任务栏属性设置

右击任务栏空白处,在弹出的快捷菜单中选择"属性"命令,弹出对话框如图 2-10 所示,在"任务栏"选项卡中,通过"屏幕上的任务栏位置"列表可以设置任务栏在屏幕上的位置,通过"任务栏按钮"列表可以设置运行任务在任务栏中的显示方式。通过对"通知区域"的自定义设置来选择任务栏上显示的图标和通知。

具体操作步骤：在任务栏选项卡中单击"自定义"按钮,打开"通知区域图标"窗口,如图 2-11 所示,每一个图标右侧下拉列表中有 3 种显示方式可供选择：显示图标和通知、仅显示通知、隐藏图标和通知。此时用户可以根据个人需要对每一个任务图标进行设置,并观察其效果。

图 2-10　设置任务栏属性

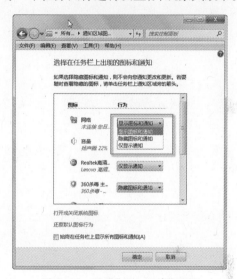

图 2-11　设置"通知区域"图标

2）调整任务栏大小

用户除了可以设置任务栏的以上属性之外,还可以根据任务栏显示任务的数量调整任务栏的大小。在任务栏处右击,将任务栏设置为非锁定状态,移动鼠标指针到任务栏上边处,当鼠标指针形状变成"↕"形状,按住鼠标左键将任务栏拖至合适大小释放即可。

3）设置任务栏中的跳转列表

跳转列表就是最近使用列表,通过跳转列表可以快速访问历史记录。这里以设置记事本的跳转列表为例。

（1）将记事本程序锁定到任务栏。打开「开始」菜单,在"附件"文件里右击"记事本",在弹出的快捷菜单中选择"锁定到任务栏"命令,如图 2-12 所示,"记事本"图标将附加到任务栏快速启动区。

（2）显示记事本历史记录。在任务栏的记事本程序上右击或按住鼠标往上拖拉,就会弹出记事本的最近使用记录,如图 2-13 所示。旧历史记录会随着新历史记录数量的增多而被隐藏,如果想将某历史记录一直留在任务栏的跳转菜单中,可以右击此历史记录,从弹出的快捷菜单中选择"锁定到此列表"命令。

图 2-12 将"记事本"程序锁定到任务栏

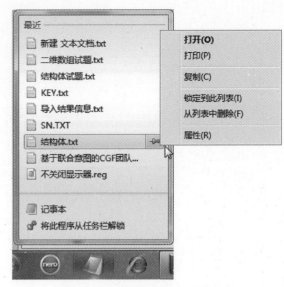

图 2-13 显示"记事本"历史记录

4) 时间格式设置

更改系统时钟的操作,如图 2-14 所示,右击任务栏右端时间区域,在弹出的快捷菜单中选择"调整日期/时间"命令以打开"日期和时间"对话框,单击"更改日期和时间"按钮,弹出"日期和时间设置"对话框,在对话框中单击"更改日历设置"链接,打开"自定义格式"对话框,如图 2-15 所示。此时就可以按照需求个性化时间格式。

图 2-14 设置系统日期和时间

(1) 改用 12 小时制,并且带上"上午"和"下午"字符,打开"自定义格式"对话框,切换到"时间"选项卡,将"短时间"格式改为"tt:h:mm","长时间"一栏改为"tt:h:mm:ss",如图 2-15 所示,然后单击"确定"按钮以保存设置。

(2) 显示"星期几"。打开"自定义格式"对话框,切换到"日期"选项卡,如图 2-16 所示,将"短日期"的日期格式改为"dddd/yyyy/m/d",然后单击"确定"按钮以保存设置。用户可以试

42

着把"dddd"改为"ddd",观察其效果,并总结日期时间格式"短"和"长"的区别。

图 2-15　自定义时间格式

图 2-16　自定义日期格式

3.「开始」菜单

通过「开始」菜单,可以启动已安装的应用程序或调出系统程序。通过单击「开始」按钮或按键盘上的 Windows 键,即可打开「开始」菜单。

「开始」菜单由"固定程序"列表、"常用程序"列表、"所有程序"列表、搜索框、"启动"菜单和"关闭选项"按钮区组成的,如图 2-17 所示。

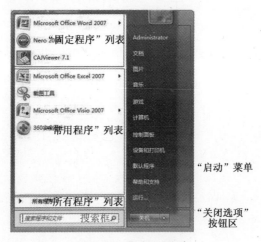

图 2-17　「开始」菜单

1)"固定程序"列表个性化

从"固定程序"列表中,用户可以快速地打开其中的应用程序,也可以将自己常用的程序添加到"固定程序"列表中。例如,将"计算器程序"添加到"固定程序"列表中,其操作方法如图 2-18 所示:选择「开始」菜单"所有程序"→"附件",在"附件"菜单中右击"计算器",从弹出的快捷菜单中选择"附到「开始」菜单"命令,就完成了固定程序的添加。

43

如果要把程序从"固定程序"列表中清除,可以在"固定程序"列表中选中程序并右击,在弹出的快捷菜单中选择"从「开始」菜单解锁"命令即可,如图2-19所示。

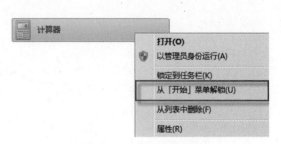

图 2-18 附加到「开始」菜单　　　　　　　　图 2-19 从「开始」菜单解锁

2)"常用程序"列表个性化

"常用程序"列表中列出了一些常用程序,系统默认列出 10 个最常用的程序,当然用户可以更改显示数目和删除列表中的程序。

(1)更改常用程序的显示数目。右击"「开始」"按钮,选择"属性"命令打开"任务栏和「开始」菜单属性"对话框,在"「开始」菜单"选项卡中,单击"自定义"按钮,在弹出的对话框中就可以对"要显示的最近打开过的程序的数目"进行设置。

(2)隐藏"常用程序"列表。可以通过下列两种方法实现:将"任务栏和「开始」菜单属性"对话框中的"要显示的最近打开过的程序的数目"设为"0";或在"「开始」菜单"选项卡中取消勾选"存储并显示最近在「开始」菜单中打开的程序"复选框。

(3)删除在"常用程序"列表中的程序。在"常用程序"列表中选中程序并右击,从弹出的快捷菜单中选择"从列表中删除"命令。

3)"启动"菜单个性化

在"启动"菜单中,用户可以单击"启动项"打开对应的窗口进行各项操作,也可以显示或隐藏某些链接并定义其外观。下面以更改"控制面板"为例,修改其显示方式。

右击「开始」按钮,选择"属性"命令打开"任务栏和「开始」菜单属性"对话框,在对话框的"「开始」菜单"选项卡中,单击"自定义"按钮,打开如图2-20所示的"自定义「开始」菜单"对话框。在该对话框中选中"控制面板"下方的"显示为菜单"单选框,单击"确定"按钮。

改变后的"启动"菜单如图2-21所示,可以看到"控制面板"出现了级联菜单,这是因为将"显示为链接"更改为"显示为菜单"的原因。如果在「开始」菜单中不想显示"控制面板"选项,只要在"自定义「开始」菜单"对话框中勾选"不显示此项目"单选框即可。

2.2.3　Windows 7 资源管理

在计算机系统中计算机的资源信息是以文件的形式保存的,用户所做的工作都是围绕文件展开的。这些资源包括操作系统文件、应用程序文件、文本文件等,它们根据不同的类别存储在磁盘上不同的文件夹中。因此,对这些类型繁多的资源的管理是非常重要的。

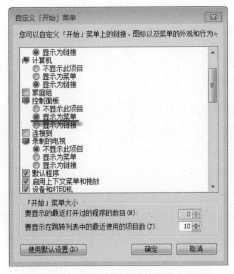

图 2-20 "自定义「开始」菜单"对话框

图 2-21 "控制面板"的变化

1. 资源管理器

资源管理器是 Windows 系统提供的资源管理工具,用户可以通过它查看本地计算机的所有资源,特别是它提供的树形文件系统结构,更清楚、更直观地认识计算机的文件和文件夹。打开资源管理器有几种方法:可以右击「开始」按钮,在弹出的快捷菜单中选择"打开 Windows 资源管理器"命令;也可以从"附件"打开;还可以单击"快速启动区"的"文件夹"按钮。

Windows 7 全新的资源管理器由控制按钮区、地址栏、搜索栏、菜单栏、工具栏、导航窗格、工作区、细节窗格等部分组成,如图 2-22 所示。

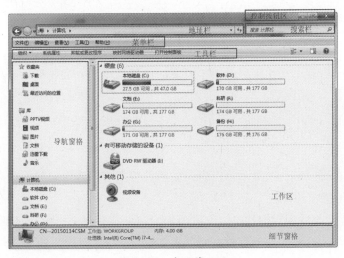

图 2-22 资源管理器

1)控制按钮区

控制按钮区包含"最小化""最大化\向下还原"和"关闭"三个窗口控制按钮。

2）地址栏

地址栏显示文件和文件夹所在的路径,通过它还可以访问互联网中的资源。

3）搜索栏

搜索栏用于搜索文件及文件夹,同时可以添加搜索筛选器,以便更精确、更快速地搜索到所需要的内容。

4）菜单栏

一般来说,菜单分为快捷菜单和下拉菜单两种。"菜单栏"中存放的是下拉菜单,每一项都是命令的集合。用户可以通过选择其中的菜单项进行操作。

在 Windows 7 菜单上有一些特殊的标志符号,代表了不同的意义。当菜单进行一些改动时,这些符号会相应地出现变化,表 2-1 为菜单常见标记含义。

表 2-1 菜单常见标记含义

标记	含 义
√	说明该菜单项正在被应用,再次选择该菜单项,标识就会消失,表明取消选中该菜单项。
●	表明菜单中某些项是作为一个组集合在一起的,同一时刻只能有一项被选中。
▶	表明这个菜单项还具有级联子菜单。
…	选择单击该菜单项会弹出一个对话框。

另外,菜单项呈灰色时,表示此菜单项当前不可用。

5）工具栏

工具栏位于菜单栏的下方,存放着常用的工具命令按钮。

6）导航窗格

导航窗格位于工作区的左边区域。Windows 7 中导航窗格一般包括收藏夹、库、计算机和网络 4 个部分。单击前面的"箭头"按钮既可以打开列表,还可以打开相应的窗口,方便用户随时准确地查找相应的内容。

7）工作区

工作区位于窗口的右侧,是整个窗口中最大的矩形区域,用于显示窗口中的操作对象和操作结果。

8）细节窗格

细节窗格位于窗口下方,用来显示选中对象的详细信息。例如要显示"本地磁盘 C"的详细信息,只需单击一下"本地磁盘 C",就会在窗口下方显示它的详细信息。当用户不需要显示详细信息时,可以将细节窗格隐藏进来:单击"工具栏"上的组织按钮,从弹出的下拉列表中选择"布局",然后点击"细节窗格"菜单项即可。

9）状态栏

状态栏位于窗口的最下方,显示当前窗口的相关信息和被选中对象的状态信息。

2. 文件及文件夹

在操作系统中大部分的数据都是以文件的形式存储在磁盘上,用户对计算机的操作实际上就是对文件的操作,而这些文件的存放场所就是各个文件夹,因此文件和文件夹在操作系统中是至关重要的。

1）文件及文件夹的创建和删除

（1）新建文件及文件夹。

当用户需要存储一些文件信息或者是将信息分类存放时,就需要新建文件或者文件夹。

新建文件的方法有两种：一种是通过右键快捷菜单新建文件；另一种是在应用程序中新建文件。新建一个文件夹，一般是采用右键快捷菜单的方式完成。

（2）删除文件及文件夹。

为了节省磁盘空间，可以将一些没有用处的文件或文件夹删除。

要删除某个文件，需要选中该文件，按 Delete 键，在弹出的快捷菜单中选择"删除"项。弹出"删除文件夹"对话框，单击"是"按钮，即可将文件或文件夹放入回收站中。也可以通过右键快捷菜单，在右键菜单中选择"删除"选项完成删除操作。删除文件夹的操作和删除文件基本相同。

删除的文件或文件夹，会被临时存放在"回收站"中，而如果在按 Delete 键的同时按住 Shift 键，将永久删除所选定的文件或文件夹而不是先删除到回收站。

2）文件及文件夹的复制和移动

在使用计算机的过程中，经常需要将文件或文件夹复制到其他位置，或者更改文件或文件夹在计算机中的存储位置。

可以通过下拉菜单、鼠标右键快捷菜单、快捷键等多种方式完成移动或复制操作。如果利用鼠标右键菜单的"复制"或"移动"选项进行复制或移动，首先选中要复制或移动的文件或文件夹，在该文件或文件夹上单击鼠标右键，在弹出的菜单中选中"复制"或"移动"选项，接着打开需要放置文件的位置，在窗口的空白处单击鼠标右键，在弹出的菜单中选择"粘贴"选项，此时所复制或移动的文件就会出现在相应的位置。

使用编辑菜单中的"复制"或"移动"选项和"粘贴"选项，基本过程和使用鼠标右键菜单基本一致。而前面所说的复制选项的功能，可以用 Ctrl+C 快捷键代替；移动选项的功能，可以用 Ctrl+X 快捷键代替；粘贴选项的功能，可以用 Ctrl+V 快捷键代替，这样操作起来会更加便捷。

3）设置文件的显示方式

灵活设置文件的显示方式，有利于文件的管理。

（1）更改文件的视图方式。

为了便于根据不同的需要对文件相关信息进行查询，在窗口中可以为文件及文件夹设置不同的显示方式。Windows 7 提供了 7 种视图方式：内容、平铺、详细信息、列表、小图标、中等图标、大图标和超大图标，在工具栏中单击"视图"按钮即可以打开。

打开"详细信息"视图方式，默认的详细信息为"名称""修改日期""类型"和"大小"。单击"名称"列表名，可以对文件按名称进行排序；单击"名称"右侧下拉按钮可以更改显示信息的内容；右击列表名栏的空白处，可添加其他的列表名，增加显示信息。

对于其他视图方式的设置，读者可自行操作体会，这里不再叙述。

（2）显示文件扩展名。

当计算机中的文件不显示扩展名时，单击窗口工具栏中的"组织"按钮，在下拉列表中选择"文件夹和搜索选项"命令，弹出"文件夹选项"对话框，切换到"查看"选项卡，在"高级设置"列表中取消勾选"隐藏已知文件类型的扩展名"复选框，单击"确定"按钮。如图 2-23 所示，显示扩展名之后，不要随意改变扩展名，更不能删除扩展名，否则文件无法打开，这是初学者要注意的。

（3）显示隐藏文件。

系统在默认情况下是不显示隐藏文件的，但要对隐藏文件进行操作时，一般选择将文件显示出来。

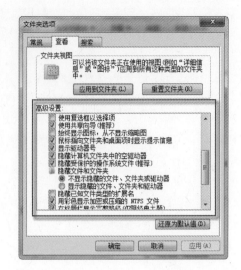

图 2-23　设置文件夹选项

打开"文件夹对话框",切换到"查看"选项卡,在"高级设置"列表中选择"显示隐藏的文件、文件夹或驱动器"单选按钮,单击"确定"按钮,如图 2-23 所示,返回窗口中即可看到原来隐藏的文件。

3. 搜索文件

在 Windows 7 中,搜索框遍布资源管理器各种视图的右上角,用户需要进行搜索时,直接在搜索框中输入关键字即可,对于系统预置的用户个人媒体文件夹和"库"中内容,搜索速度非常快,这是因为在 Windows 7 中加入了索引机制,对处于系统预置目录及"库"中的用户个人数据建立索引数据库,当用户进行文件搜索操作时,搜索实际上只是在数据库中进行,而非直接扫描硬盘上的实际位置,从而大幅提升搜索效率。

1) 通过资源管理器搜索文件

双击打开"计算机"窗口,在相应的磁盘或文件夹窗口的"搜索程序和文件"搜索框中输入想要查找的信息后,系统立即开始搜索,搜索完成后,搜索结果中数据名称与搜索关键词匹配的部分都会以黄色高亮显示,类似于 Web 搜索引擎,让用户更容易锁定所需要的项目,有些文件名中并没有输入的关键字,但也出现在搜索结果中,这是因为 Windows 7 中文件的标记和标题等属性也在搜索范围内。

在搜索文件或文件夹时可以使用通配符,"?"可以和一个任意字符匹配,"＊"可以和多个任意字符匹配。另外,在搜索时还可以添加搜索筛选器,指定搜索文件的大小、修改日期等。

2)「开始」菜单进行文件搜索

Windows 7 在「开始」菜单中设计了搜索框,同样可以用来搜索存储在计算机中的文件资源。单击「开始」按钮,从弹出的「开始」菜单中的"搜索程序和文件"文本框中输入想要查找的信息即可自动开始搜索,搜索结果会即时显示在搜索框上方的「开始」菜单中,并会按照项目种类进行分门别类。例如想要查找计算机中所有关于声音的信息,只要在文本框中输入"声音",输入完毕,与所输入文本相匹配的项都会显示在「开始」菜单上,如图 2-24 所示。

3) 管理索引

默认情况下,Windows 7 搜索机制只会对系统预置的用户媒体文件夹和"库"进行索引,如果用户需要添加其他索引路径,可以按照以下方法将项目加入索引数据库,提高搜索速度。

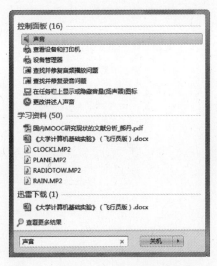

图 2-24　使用「开始」菜单搜索框搜索文件

　　具体操作：在「开始」菜单搜索框中输入"索引选项"，并按回车键，打开如图 2-25 所示的 "索引选项"对话框。单击"修改"按钮，在弹出的"索引位置"对话框中勾选需要添加的盘符和目录，单击"确定"按钮，如图 2-26 所示。

图 2-25　打开索引选项

图 2-26　选择需要添加的路径

4. 库

　　"库"是 Windows 7 系统最大的亮点之一，它彻底改变了文件管理方式，使得文件管理变得更为灵活和方便。Windows 7 中可以把本地或局域网中的文件添加到"库"中，只要单击库中的链接，就能快速打开添加到库中的文件，而不管它们原来所保存的位置，另外，它们会随着原始文件夹的变化而自动更新，并且能以同名的形式存在于文件库中。

　　默认的"库"共有 4 个，分别是"视频""图片""文档"和"音乐"。用户可以新建其他"库"，下面就从新建"库"开始，一起来学习"库"的基本应用。

　　1）新建库

　　打开 Windows 资源管理器，进入库文件夹，在右侧空白处右击，在弹出的快捷菜单中选择

"新建库"命令,或单击工具栏中的"新建"按钮。如图 2-27 所示,新建"学习资料"库。

图 2-27　新建库

2）为"库"添加文件夹

新创建的"库"是空的,用户可以将位于硬盘不同区域的文件或文件夹归纳到"学习资料"库中。

如需将位于 D 盘中的文件夹添加到"学习资料"库中。首先进入"学习资料"库界面,单击"2 个位置"(位置的数量由本库内已经关联的数量来决定),如图 2-28 所示。

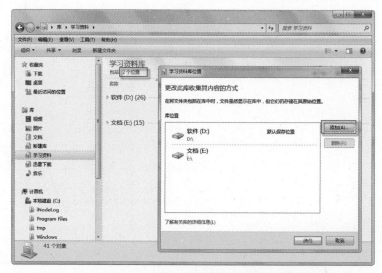

图 2-28　为"库"添加文件

此时会弹出一个新窗口,窗口中列出了目前该库中关联的文件夹及其路径,单击对话框右侧的"添加"按钮。然后选中 D 盘中需要关联的文件夹,单击"确定"按钮自动回到"库位置"窗口,可以发现文件夹已经被关联至"学习资料"库中。

在库中,可以更改"排列方式",使得库中的文件按所选的方式进行分类排列。

2.2.4　Windows 7 系统管理

计算机系统发展的主要动力源自用户的需求,随着桌面计算机的应用范围扩展到娱乐、互联网沟通,各类丰富的应用不断带给用户精彩的体验,然而各类应用也提升了对于计算机性能的要求,Windows 7 系统在性能方面带来了很大的提升和改进,本章将学习和了解 Windows 7 在系统性能方面的有效优化和常用性能检测工具的使用方法。

1. 账户管理

Windows 7 具有多用户管理功能,可以让用户共享一台计算机,每个用户都可以建立自己专用的运行环境,主要包括桌面、「开始」菜单、"收藏夹"等,不同的运行环境间各自独立,而且保存文件时默认路径也不相同。

在 Windows 7 中,账户类型分为管理员账户、标准账户和来宾账户3种类型。

(1) 管理员账户:账户可以存取所有文件、安装程序、改变系统设置、添加与删除账户,对计算机具有最大的操作权限。

(2) 标准账户:账户操作权限受到限制,只可完成执行程序等一般的计算机操作。

(3) 来宾账户(Guest):权限比标准用户账户更小,可提供给临时使用计算机的用户。

1) 创建新账户

任何用户都可以根据自己的需要创建新用户,但必须以管理员的身份进行操作。来宾用户是系统自带的,无须创建,只要启动即可。管理员账户和标准用户账户的创建过程基本相同。下面介绍标准用户的创建过程。

(1) 选择「开始」菜单中"控制面板"命令,打开"控制面板"窗口,在"用户账户"的查看方式下,单击"添加或删除用户账户"链接,打开"管理账户"窗口。

(2) 在"管理账户"窗口中单击"创建一个新账户"链接,打开"创建新账户"窗口,如图 2-29 所示。在窗口中输入新用户名并单击"创建账户"按钮,完成标准用户的创建。

图 2-29　创建新账户

2) 管理账户

在完成账户的创建后,在默认的情况下任何人都可以对该账户进行访问,所以下一步是对该账户进行设置,在"管理账户"窗口中单击新建的用户,打开"更改账户"窗口,如图 2-30 所示,可以对该账户进行如下设置:更改账户名称、创建密码、更改图片、设置家长控制、更改账户类型及删除账户。

图 2-30　管理账户

（1）更改用户类型及用户权限。

如果要更改创建账户的权限类型，必须登录一个具有管理员权限的账户进行操作。通常有两种途径可以定义账户的权限类型，可以是通过控制面板界面进行操作，还可以通过"本地用户和组"管理单元进行操作。

① 通过系统控制面板界面进行操作。打开"管理账户"面板，可以看到之前新建的用户账户，单击需要更改的账户，单击管理界面左侧任务列表中的"更改账户类型"链接，在如图 2-31 所示的界面中选择"标准用户"或"管理员"，单击"更改账户类型"按钮完成设置。

图 2-31　通过"控制面板"更改账户类型

② 通过"本地用户和组"管理单元进行操作。在「开始」菜单搜索框中输入"lusrmgr. msc"并按回车键，即可打开"本地用户和组"管理单元，单击左侧树形控制台中的"用户"节点，即可在窗口中央的详细信息区域看到当前系统中的用户账户，如图 2-32 所示。

• 双击详细信息区域列表中需要操作的用户，弹出该账户的属性对话框后切换到"隶属于"选项卡，可以看到账户隶属于 Users 组，也就是对应"标准用户"类型。

• 如果需要将当前账户的权限变更为管理员，单击对话框左下角的"添加"按钮，打开"选择组"对话框。

• 单击"选择组"对话框左下角的"高级"按钮。

• 单击弹出的对话框右侧的"立即查找"按钮，对话框底部列表即可显示当前系统中的所

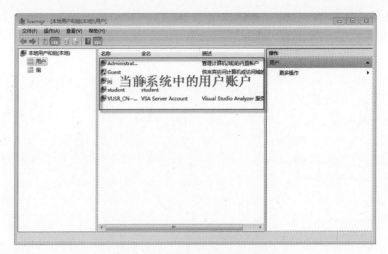

图 2-32　"本地用户和组"管理

有用户组,如图2-33所示。双击对话框底部列表中的"Administrators",最后依次单击对话框中的"确定"按钮,完成设置。

图 2-33　通过"本地用户和组"管理单元更改用户类型

(2)创建、更改或删除密码。

如果在创建账户阶段没有设置登录密码,可以通过控制面板进行添加,单击「开始」菜单头像打开"用户账户"控制面板界面(图2-31),单击"创建密码"链接,在弹出的界面中输入密码后,单击"创建密码"按钮。

如需更改或删除以前设置的账户密码,则可以在打开的"用户账户"控制面板界面单击"更改密码"或"删除密码"链接,完成相应的更改或删除操作。

(3)账户个性化设置。

① 更改账户的显示名称。如需更改显示在登录界面、「开始」菜单以及用户文档等这些系统界面上的用户名,单击如图2-31所示界面中的"更改账户名称"链接,在跳转的界面中键入新的用户名,单击界面右下角的"更改名称"按钮。

② 更改头像。单击"更改头像"链接打开更改头像界面,通过该界面可以自定义显示在登录界面和「开始」菜单中的用户头像图片,选择图中列出的系统预置图片后,单击界面右下角的"更改图片"按钮即可生效。除了使用系统提供的图片外,还可以使用自定义图片作为用户头像,单击界面左下角的"浏览更多图片",即可浏览并选定一张自定义图片作为用户头像。

(4) 删除账户。

若要删除指定用户账户,建议通过用户账户管理面板进行,这样可以避免由于其他删除方式所造成的垃圾文件残留。

首先需要一个管理员权限的账户登录 Windows 7,同时确保目标删除账户处于非登录状态。打开用户账户管理面板,选择需要删除的账户后会跳转到该账户的"更改账户"界面,单击"删除账户"链接,需要注意,如果单击"删除文件"按钮,系统在删除该账户时会连同目标账户的文档一起删除;如果希望删除账户而保留用户文档,则需要单击"保留文件"按钮,系统会以目标账户名命名存储相应文档的文件夹,置于当前执行删除操作的账户桌面上。

2. 系统性能优化管理

1) 常用性能检测工具

对于普通用户而言,在以往使用 Windows 过程中,任务管理器常用于查看当前系统运行对于内存的占用,以及结束某个停止响应的程序,而后者则是 Windows 7 中新增的一项比任务管理器更实用的功能。

(1) 任务管理器。

通常,当系统运行出现缓慢遇到停止响应的程序时,用户都会按下 Ctrl+Alt+Delete 快捷键打开任务管理器查看当前 CPU、内存运行情况以及结束某个停止响应的程序。但在 Windows 7 中,如果用户习惯性地使用这个快捷键,则会看到安全桌面,只有单击安全桌面中的"启动任务管理器"按钮后才能打开 Windows 任务管理器。在 Windows 7 中,需要同时按 Ctrl+Shift+Esc 键直接打开任务管理器。

用户可以通过"任务管理器"结束程序进程的方式关闭停止响应的应用程序,通过任务管理器"进程"列表找到需要的程序进程,只要先在任务管理器面"应用程序"选项卡列表找到"状态"标注为"未响应"的程序,然后在该项目上单击鼠标右键,并选择菜单中的"转到进程"命令,如图 2-34 所示,任务管理器会自动切换到"进程"选项卡,并定位目标进程,这时候只要单击"结束进程"按钮即可。

(2) 资源监视器。

与任务管理器相比,资源监视器提供了更全面、更详细的系统与计算机各种状态运行信息,可以在「开始」菜单搜索"资源监视器"并按回车键,打开"资源监视器"主界面,还可以单击"任务管理器"的"性能"选项卡下的"资源监视器"按钮。

打开如图 2-35 所示的"资源监视器"主界面后,可以在默认"概述"选项卡界面下的内容了解当前各项进程在 CPU、磁盘、网络及内存方面的运行情况,也可以通过右侧部分以"折线"视图形式了解各项运行状态。

如果需要查看 CPU、内存、磁盘或网络某项详细的信息,可以单击目标选项卡切换视图。例如单击"内存"选项卡,可以详细了解当前应用程序运行过程中的"硬错误""工作集"等信息。同时,通过视图下半部分还能以条形图显示当前物理内存中"正在使用""已修改"以及"可用内存空间"各项信息,让用户更直观地了解和分析物理内存数据结构。

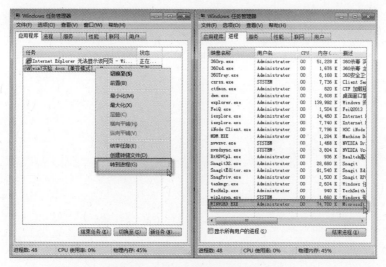

图 2-34 通过任务跳转到程序进程

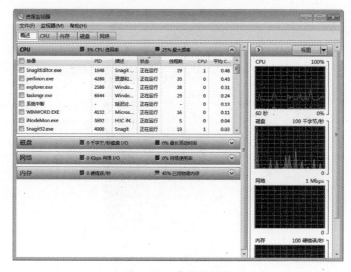

图 2-35 资源监视器

2）释放硬盘空间

在 Windows 使用过程中,有用户会遇到系统所在分区空间不足的情况。这一方面是由于在最初硬盘分区时没有进行合理的大小安排,另一方面则是由于在系统使用过程中安装应用程序、解压缩文件、浏览网页等产生不少临时数据,从而造成系统分区可用空间减少。其实,只要定期针对这些情况进行临时文件的删除,即可腾出可用的分区空间。

（1）删除系统分区无用的数据。

同样无需借助第三方优化工具,Windows 自身"磁盘清理"功能就可以做到垃圾文件的删除,并且更加安全,如图 2-36 所示,具体操作步骤如下:

①打开"计算机",在系统分区图标上单击鼠标右键,选择菜单中的"属性"打开属性面板,单击如图所示属性面板"常规"选项卡下的"磁盘清理"按钮。

②程序会对系统盘进行扫描。

③扫描完成后,在弹出的对话框内,选择要删除的文件分类。这里需要注意,建议保留"缩

55

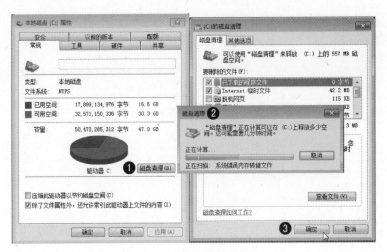

图 2-36　磁盘清理

略图"选项。确定需要删除的文件后,单击如图 2-36 所示对话框下侧"确定"按钮,程序会确认删除操作,单击"删除文件"按钮。

(2) 删除 Windows 更新文件。

除了用户使用因素产生的垃圾文件外,Windows 7 自身在更新补丁时也会由于保留安装文件而占用硬盘空间,删除这些安装文件即可释放一部分系统分区空间。

在资源管理器地址栏当中输入"C:\Windows\SoftwareDistribution\Download"进入该目录后,选中所有项目通过快捷键 Shift+Delete 进行彻底删除即可。

3) 定期整理碎片

很多用户在使用 Windows 时发现,系统随着使用周期的延长运行速度越来越慢,这是因为系统分区频繁的随机擦写操作让原本可以处于盘片高速读取位置的数据凌乱不堪,也就是磁盘碎片。Windows 7 中,磁盘碎片整理功能被纳入自动计划任务中,帮助用户定期对数据碎片进行整理。如果在 Windows 7 的使用过程中发现应用程序启动所需的时间越来越长,则应该手动执行磁盘碎片整理操作。

在「开始」菜单搜索框中输入"磁盘",单击"磁盘碎片整理程序"选项,即可打开"磁盘碎片整理程序"界面,如果需要手动执行磁盘碎片整理,可以在界面中选定目标盘符,然后单击"磁盘碎片整理"按钮,Windows 7 的磁盘碎片整理程序可以同时对多个盘符进行整理操作。

默认情况下,磁盘碎片整理程序会定期自动运行,但是默认的计划整理时间对于普通用户不是非常合理,因此需要根据自己使用计算机的时间段重新定制计划。同时,由于 Windows 运行通常只会让系统所在分区产生磁盘碎片,因此在定制计划时可以取消除系统磁盘之外的所有分区。具体操作步骤如下:

(1) 在打开的"磁盘碎片整理程序"界面中单击"配置计划"按钮,打开"修改计划"对话框,如图 2-37 所示。

(2) 在弹出的"修改计划"对话框中设置日期。

(3) 单击"选择磁盘"按钮,打开"选择计划整理的磁盘"对话框,取消除系统磁盘之外的所有分区。

4) 减少 Windows 启动加载项

在实际使用 Windows 7 的过程中,用户安装的应用程序难免会包含登录自动运行项,在登

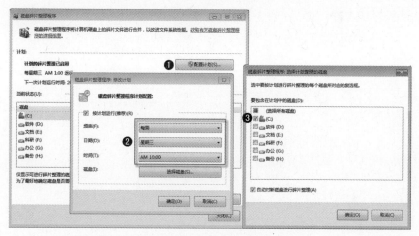

图 2-37 配置"磁盘碎片整理程序"实施计划

录环节出现更多的磁盘访问,造成登录桌面后用户操作响应缓慢。用户可以调用 Windows 自身的管理界面自定义 Windows 登录自动加载项,实际上,第三方优化工具的大部分功能都是调用 Windows 自身的管理界面实现的。

(1) 通过"系统配置"面板管理启动项。

在 Windows 7「开始」菜单搜索框中输入"系统配置"或"msconfig"并按回车键,即可打开"系统配置"界面。打开"系统配置"面板后,切换至"启动"选项卡,在这里取消不希望登录自动运行的项目即可,如图 2-38 所示。在选择过程中需要注意,避开关键的自动运行项目,如病毒防护软件和 IME(输入法)。

图 2-38 系统配置

(2) 通过注册表管理启动项。

通过修改注册表中对应项可以自定义更多的启动项,如果错误的修改注册表会带来严重系统故障,因此在更改完启动项后不要再进行更多的修改,具体操作方法如下:

① 在「开始」菜单搜索框中输入"regedit"并按回车键,打开注册表编辑器。将注册表编辑器窗口定位到如下位置:

HKEY_LOCAL_MACHINE\SOFTWARE\Microsoft\Windows\CurrentVersion\Run

② 在右侧详细列表中即可看到当前登录自动运行程序对应的项,直接删除不需要的项目即可,如图 2-39 所示。同时需要对以下注册表位置进行相同的操作:

HKEY_CURRENT_USER\SOFTWARE\Microsoft\Windows\CurrentVersion\Run

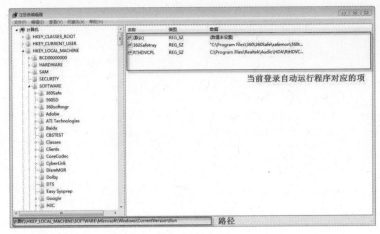

图 2-39　通过注册表修改启动项

5. 重定向容易生成碎片项目路径

下面以重定向 Internet Explorer 临时文件目录路径为例进行介绍。

无论用户对于 Windows 的应用有何差异，只要计算机接入网络，Internet Explorer 就一定是使用率较高的应用程序。在使用过程中，必须将网页涉及的文件下载到本地，Internet Explorer 才能对文件进行组织和渲染，进而显示页面，磁盘读取较频繁，更容易产生磁盘碎片。

由于 Internet Explorer 默认的临时文件路径位于系统分区，为了减轻系统分区的磁盘碎片压力，建议将 Internet 临时文件目录更改到其他分区，具体操作步骤如下：

（1）打开 Internet Explorer，单击工具栏中的"工具"按钮，选择"Internet 选项"，单击位于"Internet 选项"对话框"浏览历史记录"分类下的"设置"按钮，如图 2-40 所示。

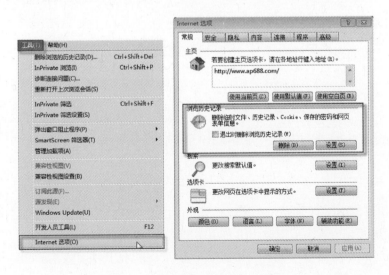

图 2-40　修改 Internet Explorer 选项

（2）单击"Internet 临时文件和历史记录设置"对话框中的"移动文件夹"按钮。重新指定一个非系统分区路径，单击"确定"按钮完成设置，如图 2-41 所示。

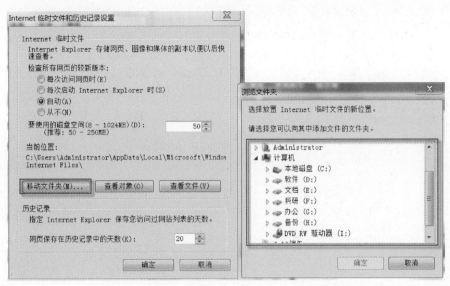

图 2-41　修改 Internet Explorer 临时文件目录路径

2.3　实战训练一:涉密操作系统基本设置实验

2.3.1　实验目的

（1）了解涉密操作系统使用相关规定和要求。

（2）掌握涉密操作系统个性化设置的基本方法步骤。

（3）掌握安全使用涉密操作系统相关设置。

2.3.2　实验内容

（1）涉密计算机口令设置。

为涉密计算机分别设置开机口令、操作系统登录口令和屏幕保护口令。

（2）涉密计算机界面设置。

为涉密计算机分别设置相应的主题、桌面背景、屏幕分辨率、任务栏、开始菜单等。

（3）安装保密系统、军综网客户端和杀毒软件。

2.3.3　实验步骤

1. 涉密计算机口令设置

分别设置开机口令、操作系统登录口令和屏幕保护口令。

【操作步骤】

① 置开机口令:开机根据开机提示进入 BIOS 设置界面,将光标移至"Advanced BIOS Fea-tures",按回车键开启 BIOS 进阶设置画面,并修改"Security Option"为 System。按回车键返回 BIOS 主界面,将光标移至"Set Supervisor Password",按回车键,设置 BIOS 开机密码。

② 设置操作系统登录口令:打开"控制面板"窗口,在"用户账户"的查看方式下,单击"添加或删除用户账户"链接,打开"管理账户"窗口,单击窗口中"创建一个新账户"链接,打开"创

建新账户"窗口,在窗口中输入新用户名 manager 并单击"创建账户"按钮,完成标准用户的创建。单击"管理账户"窗口中的 manager 账户,打开"更改账户"窗口,在其中为 manager 账户创建密码,同时可以修改其他相关信息。

③ 设置屏幕保护程序,内容设置为多张自定义的"严防网络泄密十条禁令"图片,等待 5min 启动屏保程序,且恢复时显示登录屏幕。

2. 涉密计算机桌面设置

【实验要求】

① 将桌面主题设置为"基本和高对比主题"里的"Windows 7 Basic";将 Windows 桌面背景设置为自定义的"严防网络泄密十条禁令"图片。

② 将屏幕分辨率调整为 1280×720,屏幕刷新频率设置为 60Hz,将屏幕字体大小调整至:较大(L)-150%。

③ 默认 Windows 7 桌面只有"回收站"图标,添加"计算机""网络"及"用户的文件"桌面图标。并依次在桌面添加"CPU 仪表盘""日历"和"时钟"小工具,然后删除小工具"CPU 仪表盘"。

④ 将任务栏放置屏幕的下方,并"锁定任务栏",设置属性为"自动隐藏任务栏"。分别将"画图"和"写字板"程序锁定到任务栏中,然后解锁"画图"程序。

⑤ 在通知区域,为不同的应用设置不同的通知方式,设置"音量"为"仅显示通知"。"网络"为"隐藏图标和通知"。

⑥ 设置时间格式为:12 小时制,同时带上"AM"和"PM"字符,并在显示日期时显示星期几。

⑦ 在「开始」菜单中设置"存储并显示最近在开始菜单和任务栏中打开的项目",设置电源按钮操作为"重新启动"。修改「开始」菜单启动菜单中"控制面板"的显示方式为"显示为菜单"。

操作提示:桌面背景的个性化设置都可以通过在桌面上右键单击鼠标,选择相应的项目以完成设置,如右击桌面空白处,在弹出的快捷菜单中选择"个性化"命令,在打开的"个性化"窗口中单击左侧窗格的"更改桌面图标"链接,即可为桌面添加或删除默认的系统桌面图标,如图 2-42 所示。

图 2-42 添加桌面图标

60

任务栏个性化设置:右击任务栏空白处,在弹出的快捷菜单中选择"属性"命令,可以进行相应的属性设置。如果在弹出的快捷菜单中选择"工具栏"命令,即可修改工具栏中的显示项目。

「开始」菜单个性化设置:右击「开始」菜单选择"属性"命令,在「开始」菜单选项卡中可以修改相应的「开始」菜单属性。如图 2-43 所示,在「开始」菜单中设置了"存储并显示最近在开始菜单和任务栏中打开的项目",并将"电源按钮操作"修改为"重新启动"。如果点击"自定义"按钮,即可修改项目在启动菜单中的显示方式。

图 2-43 「开始」菜单属性设置

小贴士:设置任务栏在屏幕上的位置,别忘了将任务栏设置为"非锁定"状态。

3. 安装杀毒软件、保密系统程序与标签水印系统(以安装保密系统为例)

在 C 盘根目录下安装保密系统。

【操作步骤】

① 在保密系统安装软件中找到 AUTORUN. exe 可执行文件,双击打开安装界面,开始安装。

② 在弹出的"安装向导"对话框输入相关计算机及单位个人信息,按照安装向导提示进行操作,即依次根据提示完成操作并单击"下一步"按钮。设置完成后,开始安装程序,完成后运行程序。

2.3.4 思考题

(1) 如何将"视频"项目以菜单的方式显示在"启动"菜单中?

(2) 如何在 Windows 7 中添加字体?

(3) 如何用快捷键实现多个窗口的切换,并以 Aero 三维样式切换?

2.4 实战训练二:涉密文件系统管理实验

2.4.1 实验目的

(1) 熟悉资源管理器的使用。

（2）熟练掌握文件、文件夹及库的管理。

（3）了解树形文件的组织结构。

（4）掌握涉密计算机文件输出的方法。

2.4.2　实验内容

（1）资源管理器的使用。

启动资源管理器，使用导航窗格导航至"C:\Windows"文件夹，将其窗口中的图标以"详细信息"的方式显示，并按"修改日期"和"递减"方式排序。

（2）文件及文件夹的操作。

在 D 盘中依次新建文件夹，新建文件，复制移动文件到相应的文件夹，删除文件，修改文件夹的相应选项，并为文件创建快捷方式。

（3）搜索文件操作。

① 在"C:\Windows\system32"文件夹中搜索包含 as 字符的文件和文件夹，接着在搜索结果中筛选出文件大小在 10KB 以内的文件。

② 在 C 盘中查找所有的后缀名为"jpg"的图片文件。

（4）涉密计算机中的文件输出。

使用刻录软件将涉密计算机中的"项目文件.doc"文件刻录到 CD 盘中（以 Nero 刻录软件为例）。

（5）创建图片库。

在"库"文件夹中创建一个名为"我的图片"的新库，并使其中包含桌面上的"图片 1"文件夹、C 盘下的"图片 2"文件夹、D 盘下的"图片 3"文件夹，然后将"图片 3"文件夹设置为默认保存位置。

2.4.3　实验步骤

1. 资源管理器的使用

启动资源管理器，使用导航窗格导航至"C:\Windows"文件夹，将其窗口中的图标以"详细信息"的方式显示，并按"修改日期"和"递减"方式排序。

【操作步骤】

① 启动 Windows 7 资源管理器，在导航窗格中，单击"计算机"左侧的"▶"符号展开各驱动器；如图 2-44 所示，直到找到"Windows"文件夹图标后，单击该图标，在右侧窗格即会显示出此文件夹中的所有内容。

② 通过"更改您的视图"按钮右侧的下拉三角按钮，可以选择文件不同的显示方式。通过"查看排序方式"命令，可以选择不同的排序方式。

2. 文件及文件夹的操作

在 D 盘中依次新建文件夹，新建文件，复制移动文件到相应的文件夹，删除文件，修改文件夹的相应选项，并为文件创建快捷方式。

【操作要求】

① 在 D 盘中建立名为"test"的文件夹，然后在"test"文件夹下依次创建名为"lx"和"ks"的子文件夹，以及名为"a.txt"的文本文档、名为"b.docx"的 Word 文档。

② 复制"ks"文件夹和"b.docx"文件至"lx"文件夹下。

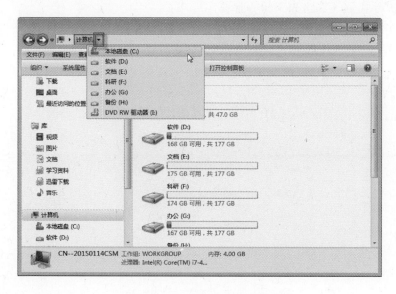

图 2-44　资源管理器导航窗格

③ 移动"a. txt"文件至"lx"文件夹下,并将"lx"文件夹下的"a. txt"文件更名为"aa. txt"。

操作提示:使用快捷键可以方便地实现文件复制、粘贴以及移动操作。

使用以下方法可以实现文件的更名(同样适用于文件夹的更名)。

方法一:右击文件名,选择"重命名"命令,将其更名。

方法二:连续单击两次文件名,中间间隔几秒钟,文件名变为可编辑状态后,将其更名。

小贴士:按住 Ctrl 键的同时拖曳文件或文件夹也可实现复制操作。按住 Ctrl 键可以选择多个不连续的文件或文件夹。

④ 打开"test"文件夹,将"b. docx"文件删除,将"ks"文件夹永久删除。

操作提示:按 Shift+Delete 组合键,文件夹将被永久删除。

⑤ 打开"回收站"窗口,查看内容,并将"b. docx"文件还原。

操作提示:还原文件可以通过打开"回收站"窗口,选中文件还原;或者右击文件图标,在弹出的快捷菜单中选择"还原"命令,也可以直接选择"文件还原"命令。

⑥ 将"test"文件夹下设置文件"b. docx"的文件属性为"只读",设置文件夹"lx"的文件夹属性为"隐藏"。在"文件夹选项"对话框中,设置"不显示隐藏的文件、文件夹或驱动器"和"隐藏已知文件类型的扩展名",观察"test"文件夹下内容的变化。

操作提示:a. 修改文件属性。右击文件图标,在弹出的快捷菜单中选择"属性"命令,在弹出的"属性"对话框中选中"只读"复选框即可。修改文件夹属性的方法类似。b. 修改文件夹选项。在"组织"按钮,选择"文件夹和搜索选项"命令,打开"工具文件夹选项"对话框。在"查看"选项卡中修改相应的设置即可,读者可以自行尝试各种设置后观察文件夹下内容的变化。

⑦ 查找本机上的"mspaint. exe"文件,并把它复制到"test"文件夹下。

操作提示:在「开始」菜单的"搜索程序和文件"文本框中输入"mspaint. exe",不用完全输入,即可自动搜索到"mspaint. exe"文件,另外,使用"计算机"窗口右上角的"搜索栏"同样可实现搜索功能。

⑧ 将当前屏幕画面保存在"test"文件夹下,命名为"a. bmp"。

操作提示：按 Print Screen 键截取全屏幕。

⑨ 在"test"文件夹下创建"mspaint. exe"文件的快捷方式，名称为"draw"，创建"a. bmp"文件的桌面快捷方式，然后在桌面上找到"a. bmp-快捷方式"图标，将其删除。

操作提示：创建桌面快捷方式。右击文件图标，在弹出的快捷菜单中选择"发送到桌面快捷方式"命令。

小贴士：记住一些常用的快捷键，可以让工作事半功倍，如表 2-2 所列。

表 2-2　常用快捷键

快捷键	说明	快捷键	说明
Ctrl+C	复制	Print Screen	截屏
Ctrl+V	粘贴	Alt+Print Screen	截取当前窗口
Ctrl+X	剪切	Win+D	显示桌面
Ctrl+Z	撤销	Win+↑	最大化窗口
Delete	删除	Alt+Tab	切换窗口
Shift+Delete	彻底删除	Win+Tab	3D 切换窗口

3. 搜索文件操作

（1）在"C:\Windows\system32"文件夹中搜索包含 as 字符的文件和文件夹，接着在搜索结果中筛选出文件大小在 10KB 以内的文件。

【操作步骤】

① 打开"资源管理器"窗口，导航至 C:\Windows\system32 目录，在搜索框中输入"as"回车，所有包含 as 字符的文件和文件夹将会显示在窗口中。

② 单击"搜索框"，在弹出的"添加搜索筛选器"中单击"大小"链接，如图 2-45 所示，选择"0~10KB"，将会搜索结果中筛选出文件大小在 10KB 以内的文件。

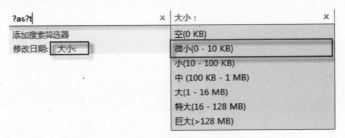

图 2-45　添加搜索筛选器

（2）在 C 盘中查找所有的后缀名为"jpg"的图片文件。

【操作步骤】

打开"资源管理器"窗口导航至 C 盘目录，在搜索框中输入"＊. jpg"回车，所有后缀名为"jpg"的图片文件将会显示在窗口中。

4. 涉密计算机中的文件输出

使用刻录软件将涉密计算机中的"项目文件 . doc"文件刻录到 CD 盘中（以 Nero 刻录软件为例）。

【操作步骤】

打开 Nero Express 软件,选择"数据光盘"选项,将需要刻录的文件拖到对话框中,或者选择"添加"在文件夹中找到要刻录文件,如图 2-46 所示,按照提示步骤完成文件刻录,刻录完成的 CD 光盘注意按照保密规定妥善保管。

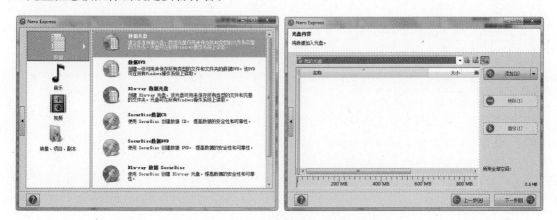

图 2-46 使用 Nero Express 软件刻录文件

小贴士:如果是 DVD 光盘,则在打开 Nero Express 软件后选择"数据 DVD"选项。

5. 创建图片库

准备工作:在桌面上新建"图片 1"文件夹,在 C 盘根目录下新建"图片 2"文件夹,在 D 盘根目录下新建"图片 3"文件夹。

在"库"文件夹中创建一个名为"我的图片"的新库,并使其中包含桌面上的"图片 1"文件夹、C 盘下的"图片 2"文件夹、D 盘下的"图片 3"文件夹,然后将"图片 3"文件夹设置为默认保存位置。

【操作步骤】

① 打开资源管理器,单击工具栏中的"新建库"按钮;或者右击右侧窗格的空白处,选择"新建库"命令,输入库名称"我的图片"。

② 双击新建的库图标,单击"我的图片"库窗口中"包括一个文件夹"按钮。在弹出的对话框中,依次选择想要添加的目标文件夹。

③ 打开"我的图片"库窗口,在需要设置的文件夹图标上右击,然后选择相应命令。

2.4.4 思考题

(1)如果某个文件夹需要经常使用或者某些网站需要经常访问,该如何设置?

(2)如何有效地提高 Windows 7 的搜索效率和速度?

2.5 实战训练三:操作系统管理实验

2.5.1 实验目的

(1)学会查看系统属性和性能。

(2)了解优化系统性能的方法。

2.5.2 实验内容

(1) 查看当前状态下系统性能。
(2) 删除系统分区中的无用数据。
(3) 修改浏览器临时文件目录。

2.5.3 实验步骤

1. 查看当前状态下系统性能

打开任务管理器和资源监视器查看当前状态下系统性能。

操作提示:使用快捷键 Windows 任务管理器,在"性能"选项卡下即可打开"资源管理器"。在默认"概述"选项卡中了解当前各项进程在 CPU、磁盘、网络及内存方面的运行情况。

2. 删除系统分区中的无用数据

使用磁盘清理工具清理磁盘,配置磁盘碎片整理程序实施计划,将其设置为:每周三上午 10:00 对 C 盘进行碎片整理。

操作提示:通过在「开始」菜单搜索框中输入"磁盘",查找"磁盘碎片整理程序",配置碎片整理计划。

3. 修改浏览器临时文件目录

将 Internet Explorer 临时文件目录路径修改为 D 盘。

操作提示:打开 Internet Explorer,在"工具"菜单中选择"Internet 选项",完成相关设置。

2.5.4 思考题

(1) 如何限制他人使用自己的计算机?
(2) 如何减少系统启动加载项?
(3) 如何使用系统自带刻录工具刻录文件?

2.6 习　题

1. Windows 将整个计算机显示屏幕看作是(　　)。
　　A. 背景　　　　　　B. 工作台　　　　　C. 桌面　　　　　　D. 窗口
2. 在 Windows 中,打开"开始"菜单的组合键是(　　)。
　　A. Alt+Ctrl　　　B. Alt+Esc　　　C. Shift+Esc　　　D. Ctrl+Esc
3. 在下列几个数中,用计算器算出最大的数是(　　)。
　　A. 二进制数 100000110　　　　　　B. 八进制数 411
　　C. 十进制数 263　　　　　　　　　D. 十六进制数 108
4. 在文件夹中,若要选定全部文件或文件夹,按(　　)键。
　　A. Ctrl+A　　　B. Shift+A　　　C. Alt+A　　　D. Tab+A
5. 在 Windows 中,文件夹名不能是(　　)。
　　A. 12MYM-4MYM　　　　　　　B. 11%+4%
　　C. 11 * 2!　　　　　　　　　　D. 2&3 = 0
6. 在 Windows 中,关于窗口和对话框,下列说法正确的是(　　)。

A. 窗口、对话框都可以改变大小

B. 窗口、对话框都不可以改变大小

C. 窗口可以改变大小，而对话框不能

D. 对话框可以改变大小，而窗口不能

7. 在 Windows 7 中，回收站是（   ）。

    A. 内存中的一块区域　　　　　　　B. 硬盘上的一块区域

    C. 软盘上的一块区域　　　　　　　D. 高速缓存中的一块区域

8. 删除 Windows 桌面上某个应用程序的图标，意味着（   ）。

    A. 该应用程序连同其图标一起被删除

    B. 只删除了该应用程序，对应的图标被隐藏

    C. 只删除了图标，对应的应用程序被保留

    D. 该应用程序连同其图标一起被隐藏

9. 下列关于 Windows 菜单的说法中，不正确的是（   ）。

    A. 用灰色字符显示的菜单选项表示相应的程序被破坏

    B. 命令前有"●"记号的菜单选项，表示该项已经选用

    C. 带省略号"…"的菜单选项执行后会打开一个对话框

    D. 当鼠标指向带有向右黑色等边三角形符号的菜单选项时，弹出一个子菜单

10. 在 Windows 中，错误的新建文件夹的操作是（   ）。

    A. 在"资源管理器"窗口中，单击"文件"菜单中的"新建"子菜单中的"文件夹"命令

    B. 在 Word 程序窗口中，单击"文件"菜单中的"新建"命令

    C. 右击资源管理器的"文件夹内容"窗口的任意空白处，选择快捷菜单中的"新建"子菜单中的"文件夹"命令

    D. 在"我的计算机"的某驱动器或用户文件夹窗口中，单击"文件"菜单中的"新建"子菜单中的"文件夹"命令

11. 在 Windows 中，下列不能进行文件夹重命名操作的是（   ）。

    A. 选定文件后再按 F4 键

    B. 选定文件后再单击文件名一次

    C. 右击文件，在弹出的快捷菜单中选择"重命名"命令

    D. 用"资源管理器"/"文件"下拉菜单中的"重命名"命令

12. 要把当前活动窗口的内容复制到剪贴板中，可按（   ）键。

    A. PrintScreen　　　　　　　　　　B. Alt+PrintScreen

    C. Shift+PrintScreen　　　　　　　D. Ctrl+PrintScreen

第3章 信息公文的处理

3.1 Word 2010的工作界面及基础操作

3.1.1 工作界面

Word工作界面是一个窗口,它提供了人机交互的环境,具有窗口的所有特点,如图3-1所示。

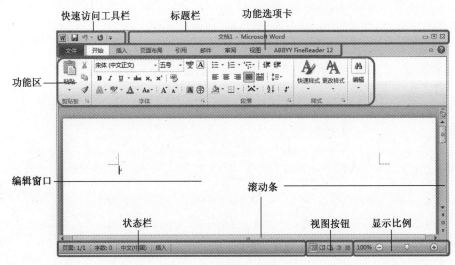

图 3-1 Word 工作界面

(1) 标题栏:显示正在编辑的文档文件名及所使用的软件名。

(2) 快速访问工具栏:常用命令位于此处,如"保存""撤销"和"恢复"。在快速访问栏的最后是一个下拉菜单,可以添加其他常用命令。

(3) 功能选项卡:它将各种命令分门别类地放在一起,是一组命令的集合。

(4) 功能区:在单击某个选项卡后,功能区出现相应的命令按钮图标,并以分组方式排列。功能区的外观会根据监视器的大小改变。Word可以通过更改控件的排列方式来压缩功能区,以便适应较小的监视器。

(5) 编辑窗口:显示正在编辑的文档的内容。

(6) 滚动条:可用于更改正在编辑的文档显示位置。

(7) 状态栏:显示正在编辑的文档相关信息。

(8) 视图按钮:可用于更改正在编辑的文档的显示模式,以符合用户的使用要求。

(9) 显示比例:可用于更改正在编辑的文档显示比例。

3.1.2 选择文档的编辑视图

视图模式是指用户在屏幕上浏览文档的方式,为了满足用户在不同情况下编辑、查看文档效果的需要,Word 2010为用户提供了5种不同的视图模式,包括"页面视图""阅读版式视图""Web版式视图""大纲视图"和"草图"。

1. 切换视图

编辑和浏览文档时,用户可以根据文档内容和视图模式的特点,为不同的文档选择一个最佳的视图模式,以便更方便地浏览和编辑文档。例如,将视图模式切换到"大纲视图",切换到其他视图的操作方法与此相似,操作方法如下。

(1)单击"视图"选项卡,在"文档视图"工具组中选择视图图标,如"大纲视图",如图3-2所示。

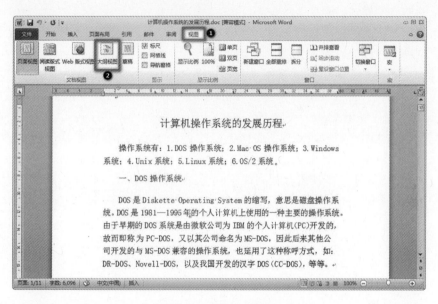

图3-2 选择大纲视图

(2)切换到"大纲视图"的文档效果,如图3-3所示。

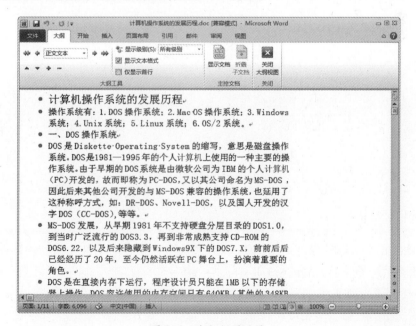

图3-3 大纲视图效果

69

2. 视图介绍

（1）页面视图。页面视图是 Word 2010 的默认视图，也是用户使用频率最高的视图。它直接按照用户设置的页面大小进行显示，此时的显示效果与打印效果完全一致，可以从中看到各种对象（包括页眉、页脚、水印和图形等）在页面中的实际打印位置，这对于编辑页眉和页脚、调整页边距以及处理边框与分栏、插入各种图形对象都是很有用的。

（2）草稿。草稿是文本编辑常用的一种视图模式。在草稿中可以输入、编辑和设置文本格式。草稿取消了页面边距、分栏、页眉、页脚和图片等元素，仅显示标题和正文，是最节省计算机系统硬件资源的视图模式。

（3）大纲视图。大纲视图以缩进文档标题的形式来显示文档结构的级别，并显示"大纲"选项卡。大纲视图可以处理主控文档和长文档。

（4）Web 版式视图。Web 版式视图是文档在 Web 浏览器中的显示外观，将显示为不带分页符的长页，并且文本、表格及图形将自动调整以适应窗口大小。另外，还可以把文档保存为 HTML 格式，方便用户联机阅读。

（5）阅读版式视图。阅读版式视图是便于在计算机屏幕上阅读文档的一种视图模式。该视图下文档页面在屏幕上充分显示，大多数工具栏都被隐藏，只保留导航、批注和查找等命令。另外，还可以通过"视图选项"按钮设置阅读版式视图的显示方式。打开阅读版式视图和设置阅读方式的效果如图 3-4 所示。

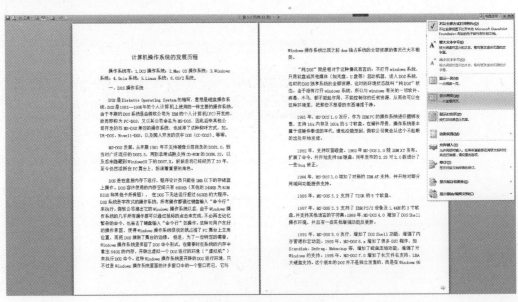

图 3-4　阅读版式视图

3.1.3　输入文本内容

输入文本是编辑文档的最基本操作之一，在文档窗口中有一个不断闪烁的光标，那就是字符插入点，随着字符的输入，光标不断向右移动。输入文本的时候可以使用"即点即输"功能，当使用 Web 版式视图或页面视图方式时，在页面的任意位置单击，光标就会自动定位到该位置，并智能地判断用户是需要左对齐、居中对齐还是右对齐。

新建文档或打开文档后，通过选择输入法输入中/英文字符。当输入字符满一行时，Word

会自动换到下一行的起始位置。当一段输入完成后,按 Enter 键,开始一个新的段落。

(1) 新建空白文档,单击任务栏右下角的输入法图标 S,在弹出的输入法中选择需要的输入法,如"中文(简体)-搜狗拼音输入法",如图 3-5 所示。

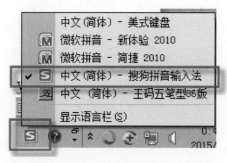

图 3-5　选择输入法

(2) 根据输入法输入需要的文字,输入的文字将出现在文档中插入点所在的位置,如图 3-6 所示。

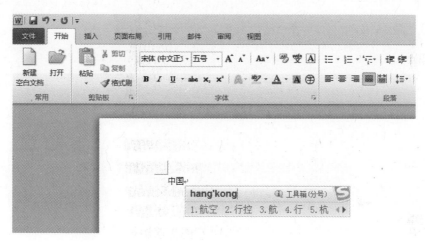

图 3-6　输入文字

3.1.4　插入特殊符号

利用键盘可以轻松地输入平时常用的标点符号,如逗号、顿号、感叹号、书名号、省略号等。在输入这些符号时,通常需要切换到中文输入法状态,再配合 Shift 键来输入。如果需要输入的符号键盘上无法直接输入,如❶、➔、❖等,则可以通过"插入符号"功能来完成,操作方法如下。

(1) 在文档中定位一个插入点,单击"插入"选项卡,在"符号"工具组中单击"符号"按钮,在弹出的列表中单击"其他符号"命令,如图 3-7 所示。

(2) 打开"符号"对话框,在"字体"下拉列表框中选择符号的字体,如 Wingdings,在"符号"列表中选择符号,单击"插入"按钮,如图 3-8 所示。

3.1.5　文字格式设置

选定文本后,单击"开始"选项卡,然后从"字体"组中可以选择大部分文字格式设置工具,如图 3-9 所示。

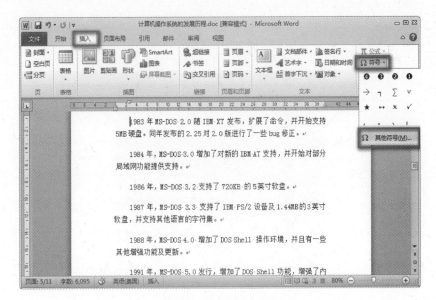

图 3-7　插入其他符号

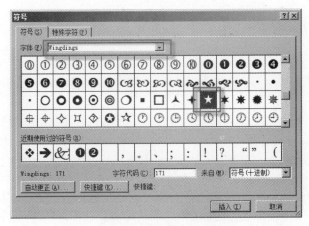

图 3-8　特殊符号界面

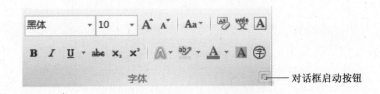

图 3-9　"开始"选项卡的"字体"组

有关"字体"组中常用按钮的名称和功能如表 3-1 所列。

表 3-1　"字体"组按钮列表

按　　钮	名　　称	功　　能
宋体	字体	更改字体的大小
五号	字号	更改文字的大小

按　　钮	名　　称	功　　能
A˄	增大字体	增加文字大小
A˅	缩小字体	缩小文字大小
Aa˅	更改大小写	将选中的所有文字更改为全部大写、全部小写或其他常见的大小写形式
Aa	清除格式	清除所选文字的所有格式设置，只留下纯文本
B	加粗	使选定文字加粗
I	倾斜	使选定文字倾斜
U˅	下划线	在选定文字的下方绘制一条线，单击倒三角按钮可选择下划线的类型
abc	删除线	绘制一条穿过选定文字中间的线
X₂	下标	设置下标字符
x²	上标	设置上标字符
A˅	文本效果	对选定文字应用视觉效果，例如阴影、发光或映像等
aby˅	以不同颜色突出显示文本	使文本看起来好像是用荧光笔标记的
A˅	字体颜色	更改文字颜色

　　另外一种方法是选定文本后，右键单击弹出快捷菜单，选择"字体"命令，或者在"开始"选项卡上单击图 3-9 中的对话框启动按钮，启动"字体"对话框，然后在"字体"或"高级"选项卡下进行字体格式、文字效果和字符间距的设置，如图 3-10 和图 3-11 所示。

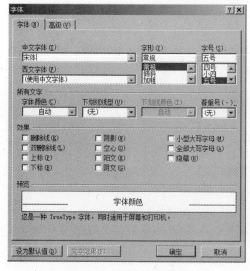

图 3-10 "字体"选项卡

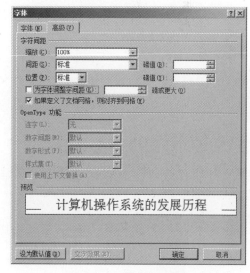

图 3-11 "高级"选项卡

　　小贴士：可以使用"开始"选项卡上的"格式刷"来应用文本格式。选择要复制其格式的文本,单击"开始"选项卡➜"剪贴板"组➜"格式刷"按钮。当指针变为刷子图标后,单击选择要设置格式的文本即可。如果要停止设置格式,可按 Esc 键或再次单击"格式刷"按钮。

3.1.6 段落格式设置

1. 行距、段落间距和缩进设定

在 Word 2010 中,大多数快速样式集的默认间距是:行距为 1.15 倍,段落间有一个空白行。选择要更改行距的段落,在"开始"选项卡上的"段落"组(图 3-12)中单击"行和段落间距"按钮 ,选择所需的行距对应的数字或单击"行距选项",然后在弹出的"段落"对话框内进行"间距"和"缩进"的设置。

图 3-12 "开始"选项卡"段落"组

另外在选定的段落上右击,弹出快捷菜单,选择"段落"命令,也可弹出"段落"对话框,如图 3-13 所示。在"缩进和间距"选项卡中的"特殊格式"下拉列表框中可选择对段落进行"首行缩进"或"悬挂缩进",并在其右侧的"磅值"微调框中设置缩进量。

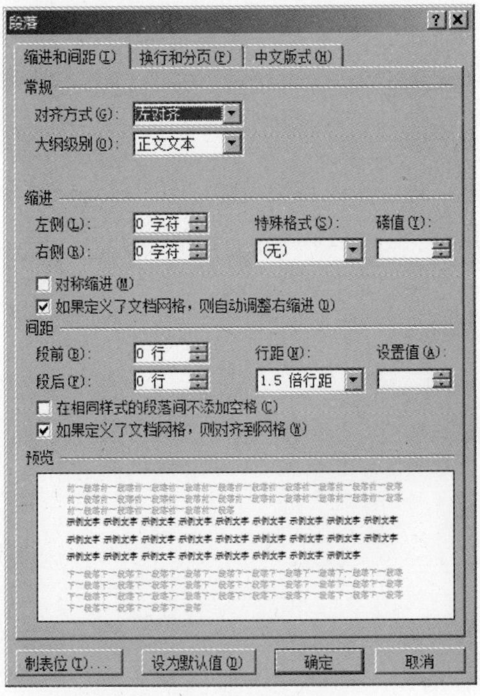

图 3-13 "段落"对话框

下面再介绍使用标尺设置段落缩进的方法,在图 3-14 所示的编辑窗口,单击"视图"➜"标尺"按钮,可以显示或隐藏水平和垂直标尺,在水平标尺上有 3 个游标,可分别用来设置 4 种段落缩进方式。

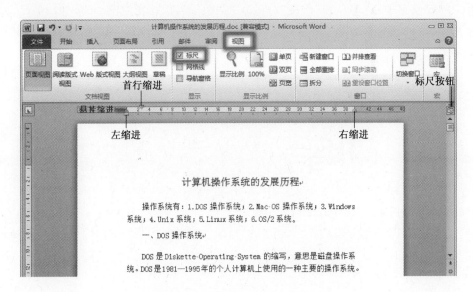

图 3-14　带有标尺的编辑窗口

2. 首字下沉

在报刊等出版物上经常看到为吸引读者而使用的"首字下沉"方式,首字下沉是将首行第一个字放大一定的倍数。

（1）将光标置于要产生首字下沉效果的段落的任何位置。

（2）单击"插入"选项卡中"文本"组的"首字下沉"命令,在下拉菜单中选择"首字下沉选项",打开图 3-15 所示的对话框,用户可根据需要在"位置"栏选择"下沉"或"悬挂",然后为首字选择字体、下沉行数和距正文的距离,最后单击"确定"按钮,设置后效果如图 3-16 所示。

图 3-15　"首字下沉"对话框

3. 边框和底纹

在 Word 中,边框和底纹是一种修饰文档的效果。为文档中的文字和段落添加边框和底纹,可起到突出和强调作用。

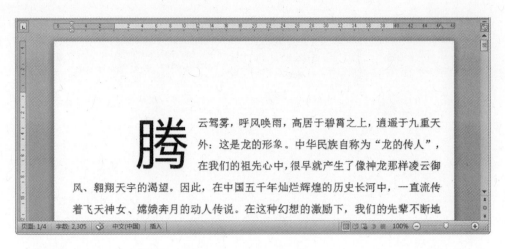

图 3-16　首字下沉实例

1）添加边框

（1）选择要添加边框的文本内容,单击"段落"工具组中"边框"按钮右侧的下三角按钮,在弹出的下拉列表中选择"边框和底纹"命令,如图 3-17 所示。

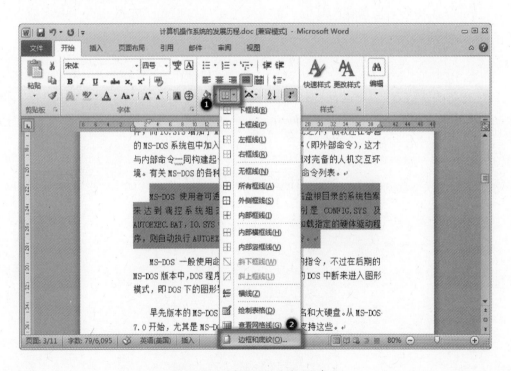

图 3-17　选择"边框和底纹"命令

（2）打开"边框和底纹"对话框,在设置下选择边框类型,如"阴影",设置边框样式、颜色和宽度,在"应用于"下拉列表中选择"文字",单击"确定"按钮,如图 3-18 所示。

2）添加底纹

为文档的文字或段落添加底纹,相当于给文字添加背景颜色,可起到修饰和强调的作用。

操作步骤:选择要添加底纹的文本,单击"段落"工具组中"底纹"按钮右侧的下三角按钮;

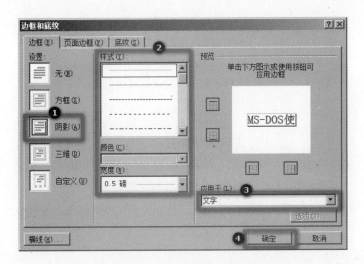

图 3-18 "边框和底纹"对话框

在弹出的颜色列表中选择需要的颜色,可为已选择内容添加彩色底纹,如图 3-19 所示。

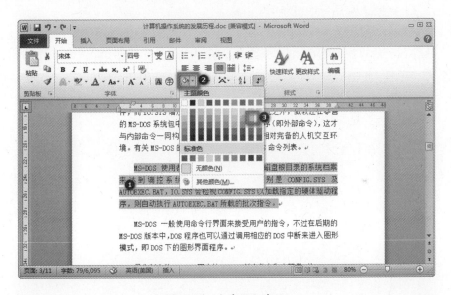

图 3-19 文字添加底纹

4. 项目符号和编号

1) 添加项目符号

项目符号是添加在段落前面的符号,如 ■、●、▶ 等符号,以达到项目清晰的效果。项目符号可以是字符,也可以是图片。

操作步骤:选择需要设置项目符号的多个段落,单击"开始"选项卡,单击"段落"工具组中"项目符号"按钮右侧的下三角按钮,在弹出的"项目符号库"中选择需要的符号,即可为选择的段落添加项目符号,如图 3-20 所示。

2) 添加编号

编号适用于按顺序排列的项目,如注意事项、操作步骤等,可使内容看起来更清晰,常用于制作规章制度、合同等类型的文档。在 Word 2010 中插入编号非常方便,可以在输入文本时直

图 3-20　添加项目符号

接输入,也可以直接插入编号库中的编号。

操作步骤:选择需要设置编号的多个段落,单击"开始"选项卡,单击"段落"工具组中"编号"按钮右侧的下三角按钮,在弹出的"编号库"中选择需要的符号,即可为选择的段落添加编号,如图 3-21 所示。

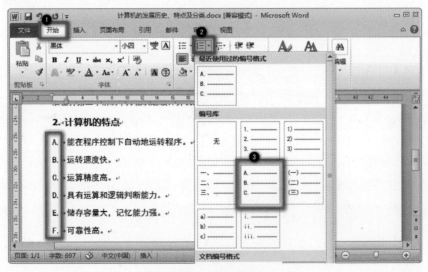

图 3-21　添加编号

3.2　文档的页面布局

文档的页面可以设置背景颜色,也可以对整个页面加边框和底纹,或在页面某处添加横线,对选定文本段落实现分栏,以增强页面的艺术效果。页面设置主要在"页面布局"选项卡中完成,如图 3-22 所示。

图 3-22 "页面布局"选项卡

3.2.1 设置页面背景

页面背景是指显示于 Word 文档最底层的颜色或图案,用于丰富 Word 文档的页面显示效果。在 Word 2010 中设置页面背景的操作步骤:

(1) 打开 Word 2010 文档窗口,切换到"页面布局"选项卡。

(2) 在"页面背景"组中单击"页面颜色"按钮,并在打开的页面颜色面板中选择"主题颜色"或"标准色"中的特定颜色,如图 3-23 所示。

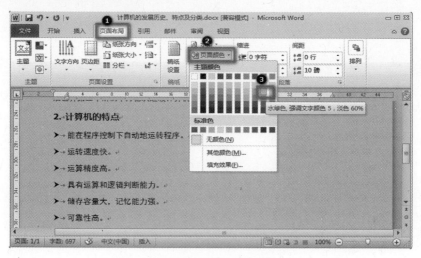

图 3-23 "页面颜色"面板

如果"主题颜色"和"标准色"中显示的颜色无法满足用户需要,可以单击"其他颜色"命令,在打开的"颜色"对话框中切换到"自定义"选项卡,并选择合适的颜色,如图 3-24 所示。设置完成后单击"确定"按钮即可。

如果希望对页面背景进行渐变、纹理、图案或图片的填充效果设置,可以单击图 3-23 中的"填充效果"命令,然后在弹出的图 3-25 所示的对话框中进行相应的设置。

3.2.2 设置页面水印

使用 Word 2010 编辑文档的过程中常常需要为页面添加水印。例如,在示例文档中添加"秘密文件"的文字水印效果,操作步骤如下。

(1) 打开 Word 2010 文档,单击"页面布局"选项卡。

(2) 在"页面背景"组中单击"水印"按钮,在水印下拉列表中选择合适的水印,如图 3-26 所示。此时页面中自动出现"严禁复制"的文字水印效果。

(3) 在"水印"下拉列表中选择"自定义水印"命令,在弹出的"水印"对话框中选中"文字水印"单选按钮。在"文字"编辑框中改变水印文字为"秘密文件",并根据需要设置字体、字号和颜色,选中"半透明"复选框,设置水印版式为"斜式"或"水平",如图 3-27 所示,最后单击"确定"按钮,设置好的水印效果如图 3-28 所示。

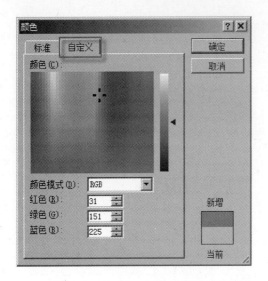

图 3-24　"自定义"颜色选项卡

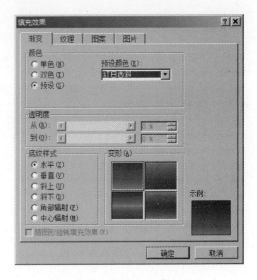

图 3-25　"填充效果"对话框

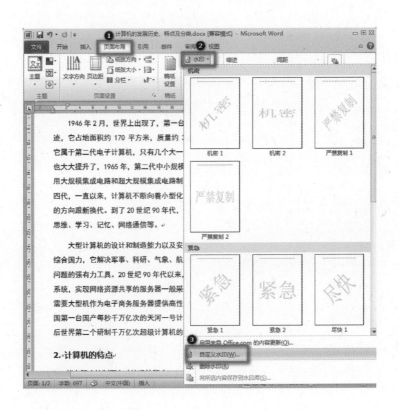

图 3-26　"水印"下拉列表

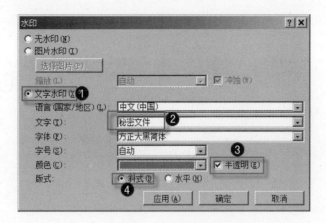

图 3-27 "水印"对话框

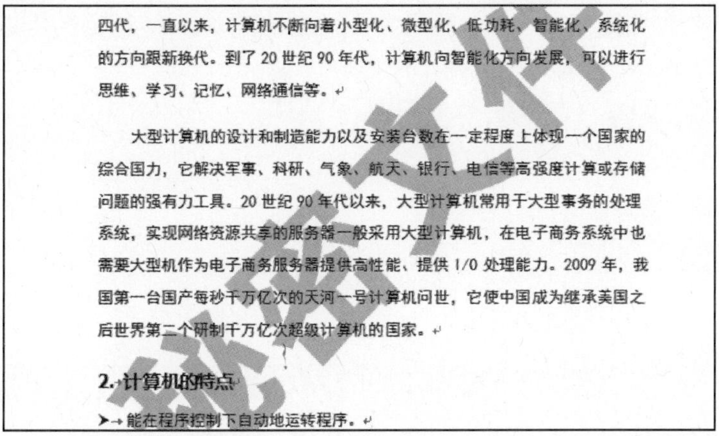

四代，一直以来，计算机不断向着小型化、微型化、低功耗、智能化、系统化的方向跟新换代。到了 20 世纪 90 年代，计算机向智能化方向发展，可以进行思维、学习、记忆、网络通信等。

大型计算机的设计和制造能力以及安装台数在一定程度上体现一个国家的综合国力，它解决军事、科研、气象、航天、银行、电信等高强度计算或存储问题的强有力工具。20 世纪 90 年代以来，大型计算机常用于大型事务的处理系统，实现网络资源共享的服务器一般采用大型计算机，在电子商务系统中也需要大型机作为电子商务服务器提供高性能、提供 I/O 处理能力。2009 年，我国第一台国产每秒千万亿次的天河一号计算机问世，它使中国成为继承美国之后世界第二个研制千万亿次超级计算机的国家。

2. 计算机的特点

➤→能在程序控制下自动地运转程序。

图 3-28 水印效果

提示：用户还可以在"水印"对话框中选择"图片水印"单选按钮，再单击"选择图片"按钮，为页面添加图片水印。

3.2.3 设置页面边框

用户可以在 Word 文档中设置普通的线型页面边框和各种图标样式的艺术型页面边框，使文档更富有表现力。在 Word 2010 文档中设置页面边框的操作步骤：

（1）打开 Word 2010 文档窗口，切换到"页面布局"选项卡。在"页面背景"组中单击"页面边框"按钮。

（2）在打开的"边框和底纹"对话框中切换到"页面边框"选项卡，然后在"样式"列表框中选择边框样式，并设置边框宽度，如图 3-29 所示。根据需要，用户还可展开"艺术型"下拉列表来选择边框线，如图 3-30 所示，设置完毕后单击"确定"按钮。

3.2.4 设置页面横线

在文档页面中添加横线的操作步骤为：

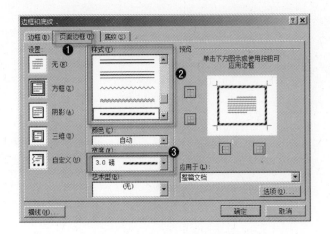
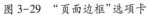

图 3-29 "页面边框"选项卡

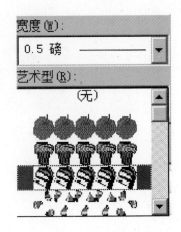

图 3-30 "艺术型"边框线

（1）打开"边框和底纹"对话框,切换到"页面边框"选项卡,单击左下角的"横线"按钮。

（2）在弹出的"横线"对话框中选择某一种横线的样式,如图 3-31 所示。默认情况下,会将其放置于回车符下方,与页面同宽,效果如图 3-32 所示。用户还可以单击选中该横线,来调节长短和位置。

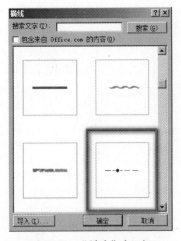

图 3-31 "横线"对话框

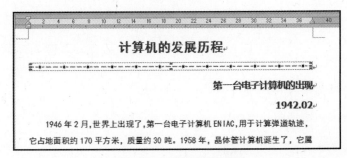

图 3-32 "横线"设置效果

3.2.5 分栏

分栏是指将文档中的文本分成两栏或者多栏,属于文档编辑中比较基本的方法,一般用于排版。具体操作步骤：

（1）选中所有文字或要分栏的段落,单击"页面布局"选项卡→"页面设置"组→"分栏"按钮,在展开的分栏下拉列表中可根据需要进行选择,如图 3-33 所示。

（2）如果需要更多的栏数,单击"更多分栏"按钮,在弹出的"分栏"对话框中的"栏数"数值框中设置需要的数目,上限为 11。如果要在分栏时加上分隔线,需选中"分隔线"复选框,如图 3-34 所示,最后单击"确定"按钮完成分栏设置,分栏结果如图 3-35 所示。

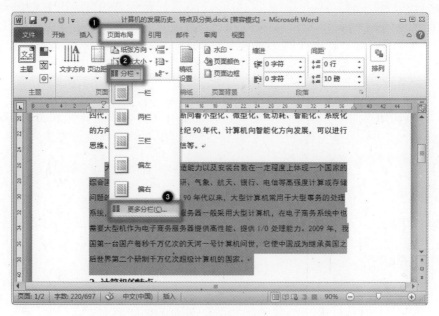

图 3-33 "分栏"下拉列表

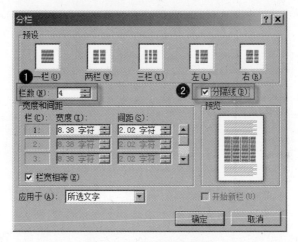

图 3-34 "分栏"对话框

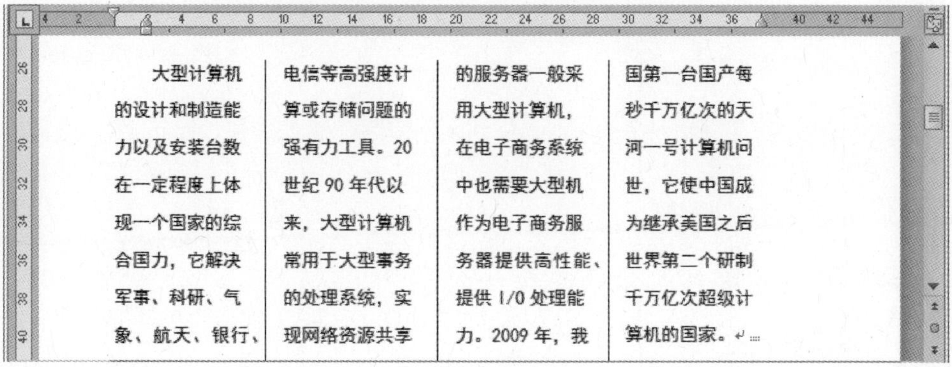

大型计算机的设计和制造能力以及安装台数在一定程度上体现一个国家的综合国力,它解决军事、科研、气象、航天、银行、	电信等高强度计算或存储问题的强有力工具。20世纪90年代以来,大型计算机常用于大型事务的处理系统,实现网络资源共享	的服务器一般采用大型计算机,在电子商务系统中也需要大型机作为电子商务服务器提供高性能、提供I/O处理能力。2009年,我	国第一台国产每秒千万亿次的天河一号计算机问世,它使中国成为继承美国之后世界第二个研制千万亿次超级计算机的国家。

图 3-35 分栏结果

小贴士:如果对文档最后一个段落进行分栏设置,应确保在该段落后已按 Enter 键,为该段落添加结束符。

3.3　Word 表格的制作

Word 2010 为用户提供了强大的表格工具,以帮助用户更方便、智能地在 Word 文档中完成相应的表格操作。表格以单元格形式组织信息,用户可以在单元格中输入文字、插入图片等。表格具有结构严谨、效果直观等特点。

3.3.1　插入表格

在 Word 2010 中,可以通过以下几种方式来插入表格:从一组预先设好格式的表格(包括示例数据)中选择,或选择需要的行数和列数;可以绘制表格插入到文档中,或将一个表格插入到其他表格中,创建更复杂的表格。下面介绍两种常用的插入表格的方法。

方法一:拖拉法。选择"插入"选项卡→"表格"组→"表格"按钮,在弹出的下拉列表中拖拉鼠标设置表格的行、列数目,如图 3-36 所示。此时可在文档中预览到表格,释放鼠标可在光标处插入一个空白表格。此种方法添加的表格最多为 10 列 8 行,而且插入表格的列宽度相同,表格总宽度为编辑区的宽度。

图 3-36　"表格"下拉列表

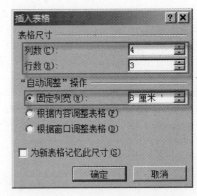

图 3-37　"插入表格"对话框

方法二:对话框法。选择"插入"选项卡→"表格"组→"插入表格"命令,在弹出的"插入表格"对话框中设定列数为 4,行数为 3,在"自动调整"操作中设定"固定列宽"为 3 厘米,如图 3-37 所示,单击"确定"按钮。

3.3.2　编辑表格

1. 表格及单元格的选定

首先要了解表格的行和列及单元格的表示,如图 3-38 所示,然后根据需要选定表格或单元格。

（1）选定单元格。将鼠标指针停留在要选中的单元格的左边框处，鼠标指针变为"➚"时单击，选择一个单元格。若要选择多个单元格，只要按住鼠标左键拖动到所需位置松开即可。

（2）选定行。将鼠标指针停留在要选中行的左边框外，鼠标指针变为"⬈"时单击选中一行。如果要选中多行，则按住鼠标左键拖动到需要的行数为止。此外还可以通过菜单命令来选择行。

（3）选定列。将鼠标指针停留在要选中列的边框顶端，鼠标指针变为"⬇"时单击选中一列。选中多列的方法同上。

（4）选定整张表格。选定整张表格最简单的方法是单击表格移动控点"⊞"，或者选定第一行或第一列，然后按住鼠标左键拖过整张表格。

另一种方法是将光标定位在表格的某个单元格内，选择"表格工具 | 布局"选项卡➡"表"组➡"选择"按钮，选择"选择"子菜单中的相应命令，完成表格及单元格的选定。

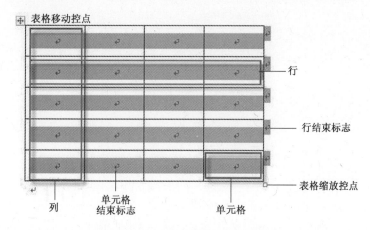

图 3-38 表格的行和列及单元格的表示

2. 表格的修改

当光标处于单元格编辑状态，或者选定表格及单元格后，Word 工作窗口中自动出现"表格工具"选项卡，单击"设计"或"布局"选项卡，出现如图 3-39 和图 3-40 所示的功能区。

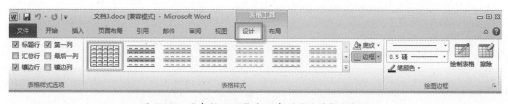

图 3-39 "表格工具"选项卡的"设计"功能区

图 3-40 "表格工具"选项卡的"布局"功能区

（1）添加、删除操作。在要添加行的上方或下方的单元格内右击，在弹出的快捷菜单中将

85

鼠标指向"插入"命令,然后根据需要进行选择。选定要删除的行或列,右键单击,在弹出的快捷菜单上选择"删除行"或"删除列"命令,还可以使用"表格工具丨布局"选项卡中的相应命令完成行、列的添加或删除。

删除表格时,不仅可以删除整个表格,也可以仅删除表格的内容,而保留其行列结构。在页面视图中,将鼠标指针停留在表格上,直至显示表格移动手柄"⊞",然后单击表格移动手柄,按Backspace键删除整张表格。当删除表格的内容时,文档中将保留表格的行和列。选择要清除的内容(整张表格、一行或多行、一列或多列、一个单元格),按 Delete 键,即可清除表格的相应内容。

(2)插入单元格。在单元格内右击,在弹出的快捷菜单中选择"插入"→"插入单元格"命令,或单击"表格工具→布局"选项卡的"行和列"组右下角的对话框启动按钮,弹出如图 3-41所示的对话框。根据需要选定相应的单选按钮,单击"确定",完成单元格的插入。

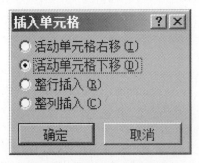

图 3-41 "插入单元格"对话框

(3)调整表格尺寸。在页面视图上,将鼠标指针停留于表格区域,直到表格缩放控点"□"出现在表格的右下角。将鼠标指针移动到该控点处,直到出现一个双向箭头"↖↘",按住鼠标左键将表格的边框拖放到合适尺寸。

在单元格内右击,在快捷菜单上选择"表格属性"(或单击"表格工具→布局"选项卡→"表"组→"属性"按钮)命令,在弹出的"表格属性"对话框(图 3-42)的"表格""行"或"列"选项卡下进行表格尺寸的调整。

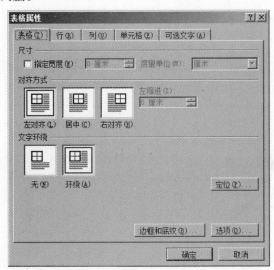

图 3-42 "表格属性"对话框

另外，在"表格工具→布局"选项卡下的"单元格大小"组中可直接调整或输入单元格的尺寸数值。

3. 合并和拆分表格

当 Word 中表格数目不能满足需求时，可以将表格进行拆分或合并处理，以适应文档编辑的需要。

（1）拆分单元格。选择将某个单元格拆分成两个或两个以上的单元格，可按以下步骤完成。首先，将光标定位在准备拆分的单元格，单击"表格工具→布局"选项卡→"合并"组→"拆分单元格"按钮，打开"拆分单元格"对话框，如图 3-43 所示，在"行数"和"列数"文本框中输入数值，单击"确定"按钮，完成单元格的拆分。

（2）合并单元格。拖动鼠标选中准备合并的单元格，单击"表格工具→布局"选项卡→"合并"组→"合并单元格"按钮，将所选单元格合并为一个单元格，合并前后的效果如图 3-44 和图3-45 所示。

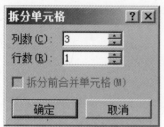

图 3-43 "拆分单元格"对话框

图 3-44 单元格合并前

图 3-45 单元格合并后

小贴士：在选定准备合并或拆分的单元格后，单击鼠标右键，在弹出的快捷菜单中选择"合并单元格"或"拆分单元格"命令，也可实现合并或拆分单元格的操作。

（3）拆分表格，即将一个表格拆分成两个表格。选定要成为第二个表格首行的行，或将光标定位在该行的任意一个单元格内，如图 3-46 所示，单击"表格工具→布局"选项卡→"合并"组→"拆分表格"按钮，得到如图 3-47 所示的表格拆分结果。

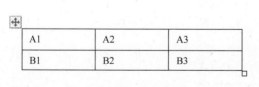

图 3-46 表格拆分前

A1	A2	A3
B1	B2	B3

图 3-47 表格拆分后

小贴士：当表格有多页时，Word 提供了依据分页符自动在新的一页上重复表格标题的功能，此时无需拆分表格，即可在每页表格中添加标题行。具体方法：选择一行或多行标题行（选定内容必须包括表格的第一行），单击"表格工具→布局"选项卡→"数据"组→"重复标题行"按钮。

3.3.3 设置表格格式

表格中的文字可在"开始"选项卡→"字体"组中设置。
表格的对齐方式可在"表格属性"对话框设置。

表格内文本的对齐方式有9种,可在"表格工具→布局"选项卡→"对齐方式"组设置,也可在"表格属性"对话框的"单元格"选项卡下设置,还可在右键快捷菜单中选择"单元格对齐方式"命令,在展开的级联菜单中设置一种对齐方式,如图3-48所示。

单击"表格工具→布局"选项卡→"对齐方式"组→"文字方向"按钮,可以修改单元格内的文字方向,多次单击"文字方向"按钮,可以在多个可用方向间进行切换。

在"表格工具→设计"选项卡→"表格样式"组中可以设置一种内置的表格边框和底纹样式,还可单击"底纹"和"边框"按钮设置表格的底纹和边框,如图3-49所示。

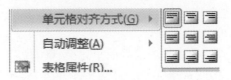

图 3-48 "单元格对齐方式"快捷菜单

图 3-49 "边框和底纹"对话框

小贴士: Word 2010 中没有"绘制斜线表头"命令,要制作斜线表格,需要在"边框和底纹"对话框的"边框"选项卡中选择"自定义"设置,在右侧的"应用于"下拉列表中选择"单元格",在"预览"区中单击所需的斜线按钮,即可在单元格内制作斜线。

3.3.4 表格计算

只要选择需要计算的单元格,然后在"表格工具→布局"选项卡中单击"公式"按钮,Word即可智能地插入一个 SUM 公式,还可以选择如绝对值、平均值、计数等其他函数进行计算。

类似的公式无需重复操作,可直接复制已创建完成的公式,将其粘贴到其他单元格中,选中所有的文档内容,然后右键单击,在快捷菜单中选择相应的命令进行域更新,所有的数据公式便创建完成。即使更改了相关数据,也只需更新单元格即可。

例如,在如图3-50所示的表格中计算每名学生的总成绩。

(1) 将光标停留在"总分"下方的单元格内,单击"表格工具|布局"选项卡→"公式"按钮,弹出"公式"对话框(图3-51),在此对话框中的"编号格式"下拉列表中可以设置计算结果的数

字格式。本例直接单击"确定"按钮,单元格内出现数值160。(Word 默认此单元格上方为非数值单元格,对其左方连续的数值单元格求和,否则对其上方连续的数值单元格求和。)

(2)选中该单元格并复制,在其下方三个单元格选择粘贴选项为"整个单元格"。此时"总分"列全部显示数值160。

(3)选中"总分"列最下方的三个单元格内的数值(或使用 Ctrl+A 组合键选中全部文档内容),然后右键单击,在弹出的快捷菜单中选择"更新域"命令,结果如图 3-52 所示。

课程 姓名	英语	高等数学	总分
陈思文	70	90	
王彤兵	80	60	
李明然	56	50	
王伟默	78	75	

图 3-50　原始表格

图 3-51　"公式"对话框

课程 姓名	英语	高等数学	总分
陈思文	70	90	160
王彤兵	80	60	140
李明然	56	50	106
王伟默	78	75	153

图 3-52　计算后的表格

3.4　Word 文档中图文混排

Word 2010 还具有功能强大的图文混排功能,可以在文档中插入图片、剪贴画、艺术字、文本框、自选图形及公式等对象,从而创建图文并茂的 Word 文档。

3.4.1　插入图片

1. 插入来自文件的图片

用户可以将多种格式的图片插入到 Word 文档中,操作步骤:

(1)打开 Word 2010 文档窗口,单击"插入"选项卡→"插图"组→"图片"按钮,如图 3-53 所示。

(2)打开"插入图片"对话框(图 3-54),在"文件类型"下拉列表中选择图片格式,在"地址"下拉列表框选择图片文件所在的文件夹位置,并选中需要插入到 Word 文档中的图片,然后单击"插入"按钮。

图 3-53 "插图"组

图 3-54 "插入图片"对话框

（3）插入图片后，通过调整其大小、位置，将图片放入文档的适当位置，效果如图 3-55
所示。

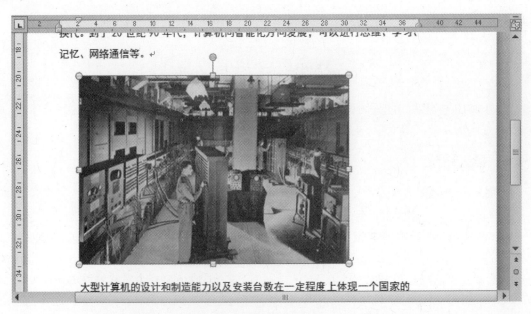

图 3-55 插入图片后的文档

2. 插入剪贴画

剪贴画是 Microsoft Office 提供的插图、照片和图像的通用名称。插入剪贴画的操作步骤如下：

（1）单击"插入"选项卡→"插图"组→"剪贴画"按钮。

（2）"剪贴画"任务窗格会显示在屏幕的右侧。在"搜索文字"文本框中键入描述所需剪贴画的单词或词组（如"人物"），或者键入剪贴画文件的全部或部分文件名。单击"搜索"按钮，在如图 3-56 所示的结果列表中单击所需的剪贴画，将其插入文档中。

3. 插入自选图形

用户可以在 Word 文档中添加一个形状或者合并多个形状，以生成一个绘图或一个更为复杂的形状。可用的形状包括线条、基本几何形状、箭头、公式形状、流程图形状、星形、旗帜和标注。添加一个或多个形状后，还可以在其中添加文字、项目符号、编号和快速样式。

（1）在文件中添加单个形状。单击"插入"选项卡→"插图"组→"形状"按钮，在如图 3-57 所示的下拉列表中单击所需形状，接着单击文档中的任意位置，然后拖动以放置该形状。要创建正方形或圆形（或限制其他形状的尺寸），在拖动的同时按住 Shift 键。

图 3-56 "剪贴画"任务窗格

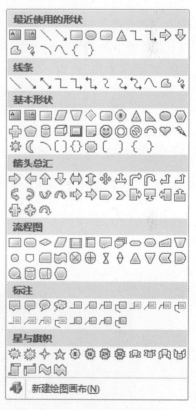

图 3-57 "形状"下拉列表

（2）在文件中添加多个形状。单击"插入"选项卡→"插图"组→"形状"按钮，右击要添加的形状，选择"锁定绘图模式"命令。单击文档中的任意位置，然后拖动以放置形状。对要添加的每个形状重复此操作，添加完所有需要的形状后，按 Esc 键结束多个形状的添加。

（3）向形状中添加文字。将鼠标指针移至形状，当光标变为"I"时单击该形状，然后键入文字。添加的文字将成为形状的一部分，如果旋转或翻转形状，文字也会随之旋转或翻转。

小贴士：不要在形状的边界光标变为"✛"时单击形状，此时为形状选定状态，可移动或调整形状，不能输入文字。但在形状选定状态时右击，在弹出的快捷菜单中选择"编辑文字"命令，也可输入或编辑文字。

（4）多个图形组合。可以将多个单独图形通过"组合"操作，形成一个新的独立的图形，以便于作为一个图形整体调整使用，组合方法如下：

方法1：选定某个图形后，单击"绘图工具|格式"选项卡→"排列"组→🖳选择窗格 按钮，在右侧弹出的"选择和可见性"任务窗格中按住 Ctrl 键选中要组合的各个图形，最后单击"排列"组→"组合"按钮。

方法2：在文档中直接按住 Ctrl 键，单击选中各个要组合的图形后，直接单击"排列"组→"组合"按钮或右击，在弹出的快捷菜单中选择"组合"命令，也可完成多个图形的组合。

要取消图形的组合，首先选定组合的图形，然后在"组合"按钮的下拉菜单中选择"取消组合"命令即可。

小贴士：单击图 3-57 中的"新建绘图画布"命令，在出现的绘图区中可添加多种图形、图片及文本框等对象。绘图区大小可通过拖放边框进行修改，绘图区还可作为一个整体移动，其中所有对象可不必组合。

4. 插入屏幕截图

在 Word 2010 中可以快速地添加屏幕截图，以捕获可用视窗并将其置于文档中。选择要插入屏幕截图的文档，单击"插入"选项卡→"插图"组→"屏幕截图"按钮。若要添加整个窗口，可单击"可用视窗"库中相应窗口的缩略图。若要添加窗口的一部分，则要单击"屏幕剪辑"命令，当鼠标指针变成十字时，按住鼠标左键以选择要捕获的屏幕区域。如果有多个窗口打开，单击要剪辑的窗口，然后再单击"屏幕剪辑"。如图 3-58 所示，当单击"屏幕剪辑"时，正在使用的程序将最小化，只显示它后面可剪辑的窗口。

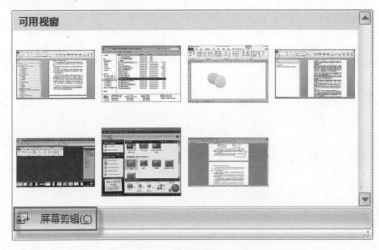

图 3-58　"屏幕剪辑"按钮菜单

需要注意的是，可用视窗只能捕获没有最小化到任务栏的窗口。在添加屏幕截图后，可以使用"图片工具"选项卡上的工具编辑该屏幕截图。在文档之间重复使用屏幕截图时，可以利用"粘贴预览"功能在放置屏幕截图之前查看效果。

小贴士：如果将当前屏幕全部内容作为图片使用，可按键盘的 PrintScreen 键，将当前屏幕截图复制到剪贴板,然后在需要添加该图的文档中选择"粘贴"命令即可。如果按 Alt+PrintScreen 组合键,则将当前活动窗口截图复制到剪贴板。

3.4.2 插入艺术字

艺术字是可添加到文档的装饰性文本。通过使用绘图工具选项(在文档中插入或选择艺术字后自动提供)可以在诸如字体大小和文本颜色等方面更改艺术字。插入如图 3-59 所示的艺术字的操作步骤:

(1) 将光标定位在文档中要插入艺术字的位置,单击"插入"选项卡→"文本"组→"艺术字"按钮,会弹出 6 行 5 列的艺术字列表,如图 3-60 所示。选择任意艺术字样式(如 4 行 4 列),然后键入文本"超级计算机",可以更改艺术字的字体设置。

图 3-59　艺术字

(2) 如果需要修改艺术字,可在"绘图工具→格式"选项卡上单击相应选项。例如通过单击"文本"组中的"文字方向"按钮并文本选择新方向,可以更改艺术字文本的方向,如图 3-61 所示。

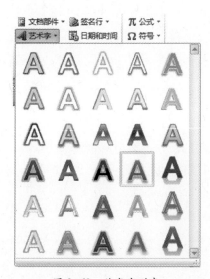

图 3-60　艺术字列表

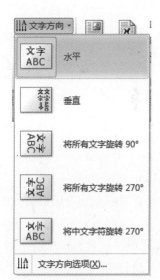

图 3-61　艺术字文本方向

3.4.3 插入文本框

文本框是一个对象,用户可在 Word 2010 文档中的任意位置放置和键入文本。单击"插入"选项卡→"文本"组→"文本框"按钮,在如图 3-62 所示的下拉列表中单击一种内置的文本框类型,然后通过拖动来绘制。若要向文本框中添加文本,可在文本框内单击,然后键入或粘贴文本。根据需要,用户还可对文本进行格式设置。若要改变文本框的位置,需单击选中该文本框,然后在鼠标指针变为"✛"时,按住鼠标左键将文本框拖动到新位置。

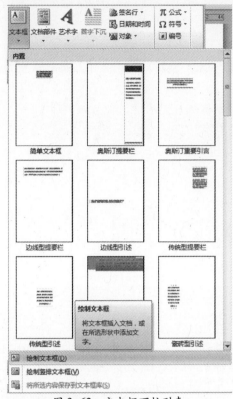

图 3-62　文本框下拉列表

尽管 Word 2010 内置了多种样式的文本框,但这些文本框有时可能并不适合用户的实际需求。用户可以在如图 3-62 所示的下拉列表中选择"绘制(竖排)文本框"命令,在文档中自行绘制文本框。

3.4.4　插入公式

Word 2010 包括编写和编辑公式的内置支持,而以前的版本需要使用 Microsoft Equation 3.0 加载项或 Math Type 加载项。当然在 Word 2010 中也可以使用此加载项。

1. 插入常用的或预先设好格式的公式

单击"插入"选项卡→"符号"组→"公式"旁边的下三角按钮,然后单击所需的公式。例如选择"勾股定理",可在光标处插入如图 3-63 所示的公式。

2. 插入新公式

如果系统的内置公式不能满足需要,用户可以单击"公式"右侧的下三角按钮,在内置列表下方单击"插入新公式"命令,在光标处插入一个空白公式框,输入如图 3-64 所示的公式。

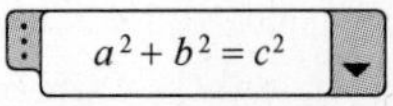

$$a^2 + b^2 = c^2$$

图 3-63　内置公式示例

$$v = \lim_{n \to \infty} \left(1 + \frac{1}{n}\right)^n + \int_0^{10} \sqrt[3]{y^2}\, \mathrm{d}x$$

图 3-64　数学公式

（1）选中空白公式框，Word 会自动展开如图 3-65 所示的"公式工具→设计"选项卡。

图 3-65 "公式工具|设计"选项卡

（2）输入"$v=$"，在"结构"组中选择所需的结构类型（如大型运算符、分数或根式），然后单击所需的结构。如果结构中包含占位符（公式中的小虚框），则在占位符内单击，然后键入所需的数字或符号。

单击公式框右侧的"公式选项"按钮（公式右侧的下三角按钮），在弹出的下拉列表中提供了方便设置公式框显示方式和对齐方式的功能，如图 3-66 所示。

3. 将公式添加到常用公式列表中

在文档中选择要添加的公式。单击"公式工具→设计"选项卡→"工具"组→"公式"按钮，然后单击"将所选内容保存到公式库"命令。在"新建构建基块"对话框中键入公式的名称，如图 3-67 所示。此外，还可以在"库"列表中选择所需其他选项。

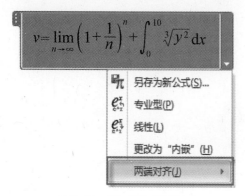

图 3-66 "公式选项"按钮

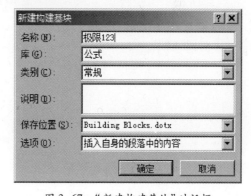

图 3-67 "新建构建基块"对话框

4. 插入外部公式

在 Windows 7 操作系统中增加了"数学输入面板"程序，利用该功能可手写公式并插入到 Word 文档中，步骤如下：

（1）定位光标在要输入公式的位置。

（2）单击"开始"→"所有程序"→"附件"→"数学输入面板"命令，启动该程序后，利用鼠标手写公式。

（3）单击右下角的"插入"按钮，即可将编辑好的公式插入到当前 Word 文档中。

3.4.5 插入 SmartArt 图形

SmartArt 图形是信息和观点的视觉表示形式。可以通过从多种不同的布局中进行选择来创建 SmartArt 图形，从而快速、轻松、有效地传达信息。借助 Word 2010 提供的 SmartArt 功能，用户可以在 Word 2010 文档中插入丰富多彩、表现力较强的 SmartArt 示意图，操作步骤如下：

（1）打开 Word 文档窗口，单击"插入"选项卡→"插图"组→SmartArt 按钮。

（2）在弹出的"选择 SmartArt 图形"对话框中单击左侧的类别名称，选择合适的类别，然后在对话框右侧单击选择需要的 SmartArt 图形，并单击"确定"按钮，如图 3-68 所示。

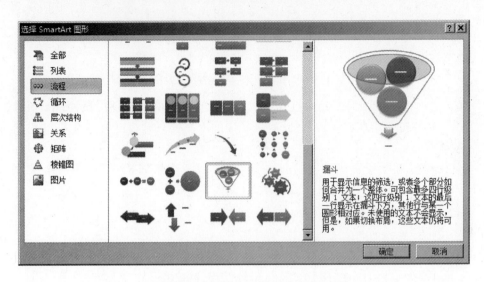

图 3-68 "选择 SmartArt 图形"对话框

（3）返回 Word 文档窗口，在插入的 SmartArt 图形中单击文本占位符，输入相应的文字即可，如图 3-69 所示。

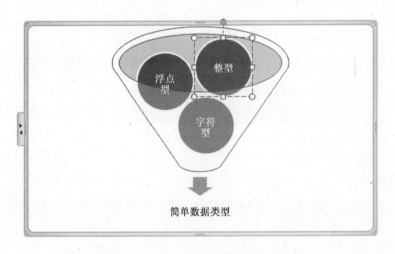

图 3-69 在 SmartArt 图形中输入文字

与文字相比，插图和图形更有助于理解和记忆信息。在 Word 2010 中，利用新增的 SmartArt 图形布局，可以使用图像来讲述问题，只需在图片布局图表的 SmartArt 形状中插入图片即可。每个形状还有一个标题，可以在其中添加说明性文本。

使用 SmartArt 图形和其他新功能（如主题），只需单击几下鼠标即可创建具有设计师水准的插图。更为便利的是，如果文档中已经包含图片，则可以像处理文本一样，将这些图片快速转换为 SmartArt 图形。

3.5 实战训练一:信息公文的简单编辑

3.5.1 实验目的

(1) 熟悉文档的新建、打开和保存。
(2) 掌握 Word 文档的页面设置。
(3) 掌握 Word 文档的文本编辑与格式化。
(4) 掌握 Word 文档的项目符号和编号的使用。

3.5.2 实验内容

(1) 启动 Word,熟悉窗口界面,创建并保存新文档。
(2) Word 文档的页面设置。
(3) Word 文档的文本编辑与格式化。
(4) Word 文档的首字下沉及段落格式化设置。
(5) Word 文档的项目符号和编号的设置。

3.5.3 实验步骤

1. 启动 Word,熟悉窗口界面,创建并保存新文档

【操作要求】
① 使用"开始"菜单或使用桌面快捷方式启动 Word。
② 切换到"视图"选项卡,在"显示"组中可通过选中或取消"标尺"复选框显示或隐藏标尺。单击窗口右上角的"^"按钮,可以最小化功能区,功能区被隐藏时仅显示各选项卡的名称,按 Ctrl+F1 组合键可恢复功能区。
③ 选择"文件"→"新建"命令,在"空白文档"区域单击"创建"按钮创建新文档。在文档中输入有关"人工降雨"的文本内容后,选择"文件"→"另存为"命令,在弹出的对话框中选择保存位置,输入文档名并选择保存类型(默认为 Word 文档),单击"保存"按钮。
④ 单击"开始"选项卡"编辑"组中的"查找"按钮右侧的三角形,选择"高级查找"命令,弹出"查找和替换"对话框,在"查找内容"文本中输入"雨",单击"查找下一处"按钮,则第一处"雨"被反白显示;继续单击"查找下一处"按钮,则光标顺序移动到其他"雨"字出现的位置。如需进行替换,在"查找和替换"对话框中切换到"替换"选项卡,在"替换为"文本框中输入"rain",单击"全部替换"按钮,则文档中所有的"雨"都会被"rain"替换。

2. Word 文档的页面设置

【操作要求】将 Word 文档纸张设置为 A4 纸,上、下页边距为"3 厘米",左、右页边距为"2 厘米",每页 39 行,每行 42 个字符。

3. Word 文档的文本编辑与格式化

素材文件:"中国海军发展变迁.docx"
【操作要求】给文章加标题"中国海军发展变迁",设置标题格式为隶书、一号、红色、加粗、倾斜、居中;将正文中所有的小标题设置为小四号、加粗。

4. Word 文档的首字下沉及段落格式化设置

【操作要求】设置标题文字的段前、段后间距为 0.5 行，左、右各缩进一个字符；设置正文第一段的首字下沉两行，首字字体为黑体、蓝色；其余各段落（除小标题外）设置为首行缩进两个字符。

5. Word 文档的项目符号和编号的设置

【操作要求】将原文各小标题加上实心圆项目符号。

操作提示：定位光标到任意小标题行中，单击"开始"选项卡的"段落"组中的"项目符号"按钮右侧的下拉三角按钮，在展开的项目符号库（图 3-70）中选择实心圆项目符号后，可以看到所有小标题的编号自动替换为该项目编号。

最后，单击"保存"按钮，并关闭 Word 文档窗口，完成该实验项目的操作。

图 3-70　项目符号库

3.5.4　思考题

依次单击各视图按钮，观察 Word 文档在不同视图方式下的变化。

3.6　实战训练二：利用图文混排对公文"海上翻译官"进行排版

3.6.1　实验目的

（1）掌握边框、底纹和分栏的设置方法。

（2）掌握图片、艺术字、自选图形和文本框的插入及设置方法。

（3）掌握公式编辑器的使用方法。

（4）掌握页眉和页脚的设置。

（5）掌握 Word 文档的打印预览。

3.6.2　实验内容

（1）边框、底纹和分栏的设置。

（2）图片的插入和设置。

（3）艺术字的插入和设置。

（4）自选图形的插入和设置。

（5）文本框的插入和设置。

（6）使用公式编辑器编辑公式。

（7）设置页眉和页脚。

（8）掌握 Word 文档的打印预览。

3.6.3　实验步骤

素材文件："海上翻译官 . docx"

1. 边框、底纹和分栏的设置

【操作要求】将正文第三段（不计小标题）设置成 1.5 磅、紫色、带阴影的边框,填充浅绿色底纹;为页面添加 10 磅、"苹果"艺术型的方框边框;将正文最后一段分为等宽两栏,并加分隔线。

2. 图片的插入和设置

【操作要求】在正文的适当位置插入素材文件夹中的"翻译官 . jpg "图片,并设置图片高度为"8 厘米"、宽度为"6 厘米"、环绕方式为四周型。

小贴士:单击"插入"选项卡的"插图"组中的"剪贴画"按钮,打开"剪贴画"任务窗格,在"搜索文字"文本框中输入关键词(本例为"飞船"),单击"搜索"按钮,并在搜索结果中选择合适的剪贴画插入。当鼠标指针指向某剪贴画后,在其右侧将出现下拉三角按钮,单击剪贴画右侧的下拉三角按钮,并在打开的菜单中单击"插入"即可将选中的剪贴画插入到文档中。如果文档不需要该剪贴画,可将其选中后,直接按 Delete 键删除。

3. 艺术字的插入和设置

【操作要求】在文档中的适当位置插入艺术字"酸甜苦辣",要求采用第三行、第四列样式;设置艺术字的字体为华文行楷、44 号,环绕方式设为衬于文字下方。

4. 自选图形的插入和设置

【操作要求】在文章结尾下方的空白处添加一个笑脸的自选形状,填充色为黄色,线条颜色为红色。

5. 文本框的插入和设置

【操作要求】在插入的"翻译官 . jpg"图片右侧插入内容为"翻译在舰艇前留影纪念"的竖排文本框,设置其字体格式为隶书、三号、红色,环绕方式为紧密型,填充为新闻纸文理。

操作提示:单击"插入"选项卡的"文本"组中的"文本框"按钮,在下拉列表中选择"绘制竖排文本框"命令,在图片的右侧拖出该文本框,在文本框中添加文字。适当调整文本框的大小,并移动到适当位置,然后右击该文本框,在弹出的快捷菜单中选择"设置形状格式"命令,按图 3-71设置使用"新闻纸"进行纹理填充。

6. 使用公式编辑器编辑公式

【操作要求】

$$P = \tan x_i^2 \pm \sqrt[3]{\frac{x_i}{2}} \times \int_1^5 x_i \mathrm{d}x$$

操作提示:将光标定位于文档结尾处,单击"插入"选项卡的"符号"组中的"公式"按钮,选择菜单中的"插入新公式"命令,利用"设计"选项卡中的"符号"组和"结构"组,如图 3-72 所示,逐一输入公式内容。

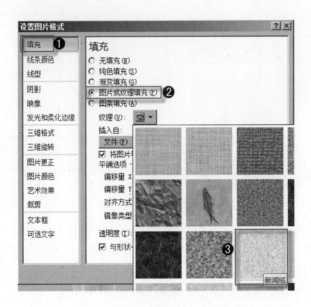

图 3-71　填充纹理

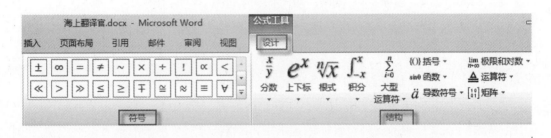

图 3-72　公式工具的"设计"选项卡中的"符号"组和"结构"组

7. 设置页眉和页脚

【操作要求】设置奇数页页眉为"海上翻译"、偶数页页眉为"海上经历",居中对齐,在奇、偶页页脚处插入页码,设置为"X/Y"中的"加粗显示的数字1",设置第一页的页脚文字为"没有最优秀的翻译,只有最优秀的军人",居中对齐。

操作提示:

① 单击"插入"选项卡→"页眉和页脚"组→"页眉"按钮,在下拉菜单中选择"编辑页眉"命令,在"页眉和页脚工具|设计"下选中"选项"组中的"奇偶页不同"复选框。

② 分别单击奇数和偶数页眉区,按照题目要求输入页眉内容。单击"页眉和页脚工具|设计"→"页眉和页脚"组→"页码"按钮,在"页面底端"级联菜单中单击"X/Y"中的"加粗显示的数组1",插入页码,右对齐,重复此操作完成另一页的页码插入。

③ 将光标定位于第一页页脚处,输入文字"没有最优秀的翻译,只有最优秀的军人",居中对齐。

8. 掌握 Word 文档的打印预览

编辑文档后调整页面视图的缩放比例为 50%,可看到编辑结果如图 3-73 所示。

选择"文件"菜单中的"打印"命令,在窗口右侧可以看到打印预览结果,如图 3-74 所示。

图 3-73　文档编辑结果

图 3-74　文档打印预览结果

3.6.4　思考题

（1）在编辑公式的过程中，如何实现数学符号的自动更正？

（2）公式编辑框的大小能否调整？

3.7　实战训练三：对"学员成绩表"进行优化处理

3.7.1　实验目的

（1）掌握表格的建立。
（2）掌握表格的布局和排版。
（3）掌握表格数据的计算。
（4）掌握表格和文本的转换。

3.7.2　实验内容

新建文档"学员成绩.docx"，根据以下内容创建表格。

————————————————

姓名	英语	数学	物理
丁一	95	75	82
张三	69	75	73

————————————————

（1）在文档中插入表格。
（2）添加表格内容和计算表格数据。
（3）将学生的成绩按总分升序排列。
（4）为表格文本添加批注。

3.7.3　实验步骤

1. 在文档中插入表格

【操作要求】

① 插入一个 3 行 4 列的表格，并居中，列宽为"3 厘米"。

② 设置表格第一行的高度为"1 厘米"，表格中的文字垂直、水平居中对齐。

③ 打开"边框和底纹"对话框，设置外边框样式为"双线型"，宽度为"1.5 磅"，设置内框线样式为"虚线"，宽度为"1 磅"。

④ 选中表格标题行，单击"表格工具｜设计"选项卡中的"底纹"按钮，设置颜色为"蓝色"。然后在第 1 行第 1 列单元格的"姓名"文字前输入"科目"，按回车键，并设置"科目"在单元格中右对齐，"姓名"左对齐，最后在"边框"按钮的下拉菜单中选择"斜下框线"命令，绘制斜线表头。

2. 添加表格内容和计算表格数据

【操作要求】在"张三"下侧新建一行，内容为"李四 80 82 85"；在"物理"列的右侧新建"总分"列，并用公式计算出每名学生的总分；插入新的一行，并用公式计算出每一门课程的平均分（总分保留小数点后 1 位，平均分保留小数点后 2 位）。

操作提示：

① 将光标定位在最后一行，单击"表格工具｜布局"选项卡的"行和列"组中的"在下方插入"按钮，新建一行。然后输入"李四 80 82 85"。

② 将光标定位在任意行的最后一列处,单击"表格工具|布局"选项卡的"行和列"组中的"在右侧插入"按钮,插入新的一列。然后在新建列的首行输入文字"总分"。

③ 将光标定位到"总分"下方的单元格中,单击"表格工具|布局"选项卡的"数据"组中的"fx"公式按钮,在"公式"对话框中输入"=SUM(LEFT)",设置编号格式为 0.0,如图 3-75 所示,单击"确定"按钮。用同样的方法可以计算其他两位同学的总分。

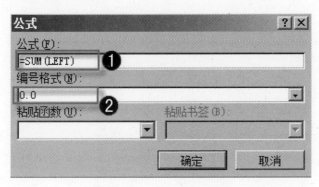

图 3-75 "公式"对话框

小贴士:利用复制功能,将第一位同学的成绩粘贴到其他同学对应"总分"单元格中,然后右击,在弹出的快捷菜单中选择"更新域"命令,可以更方便、快捷地应用同一公式完成某行或列的计算。

④ 参考步骤③利用公式"=AVERAGE(ABOVE)"求出各科平均分。

3. 将学生的成绩按总分升序排列

【操作要求】"平均分"行不参与排序。

操作提示:选中个表格前四行,单击"表格工具|布局"选项卡的"数据"组中的"排序"按钮,在弹出的"排序"对话框(图 3-76)中设置主排序关键字为"总分"、类型为"数字",且"降序",然后单击"确定"按钮。

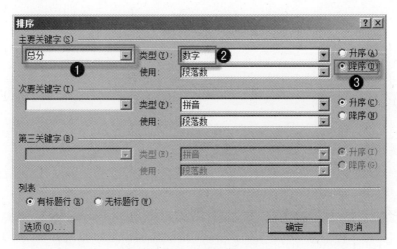

图 3-76 "排序"对话框

4. 为表格文本添加批注

【操作要求】为第二行第一列单元格中的文字添加批注"英语课代表"。

操作提示：选中第二行第一列的单元格文字，单击"审阅"选项卡的"批注"组中的"新建批注"按钮，显示批注编辑框，输入批注内容，效果如图 3-77 所示。

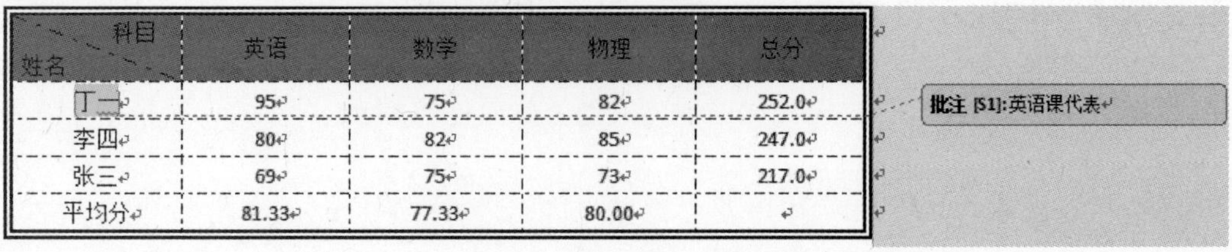

姿科目名	英语	数学	物理	总分	批注 [S1]：英语课代表
丁一	95	75	82	252.0	
李四	80	82	85	247.0	
张三	69	75	73	217.0	
平均分	81.33	77.33	80.00		

图 3-77　表格的最终效果

3.7.4　思考题

完成以上实验任务后，在表格下方增加一行，除保留第一列的边框外，如何去掉本行其他单元格间的分隔竖线？

3.8　实战训练四：学员毕业论文中的目录生成

3.8.1　实验目的

（1）学习样式的使用方法。
（2）了解文档中目录的生成方法。

3.8.2　实验内容

（1）建立新样式。
（2）应用样式。
（3）自动生成文档目录。
（4）更新目录。

3.8.3　实验步骤

素材文件："毕业设计论文.docx"。

1. 建立新样式

操作提示：

① 单击"开始"选项卡→"样式"组右下角的展开按钮，在"样式"任务窗格中单击"新建样式"按钮，弹出"根据格式设置创建新样式"对话框，在"名称"文本框中输入新建样式的名称，如"毕业设计标题样式"。

② 单击"样式类型"右侧的下拉三角按钮，选择一种样式类型，单击"样式基准"右侧的下拉三角按钮，选择 Word 2010 中的某一种内置样式作为新建样式的基准样式，单击"后续段落样式"下拉三角按钮，选择新建样式的后续样式，并在"格式"栏中根据实际需要设置字体、字号、颜色、段落间距、对齐方式等段落格式和字符格式。

小贴士：如果希望将该样式应用于所有文档，则需要选中"基于该模板的新文档"单选按钮。设置完毕后单击"确定"按钮即可。

2. 应用样式

操作提示：

① 选中需要应用样式的段落或者文本块，单击"开始"选项卡→"样式"组右下角的展开按钮，在打开的如图 3-78 所示的"样式"任务窗格中单击"选项"，弹出如图 3-79 所示的"样式窗格选项"对话框，在"选择要显示的样式"下拉列表中选择"所有样式"选项，并单击"确定"按钮。

② 返回"样式"任务窗格，可以看到已经显示出所有的样式，选中"显示预览"复选框可以显示所有样式的预览。

③ 在所有样式列表中选择需要应用的样式即可将该样式应用到被选中的文本块或段落中，如标题 1、标题 2、正文，可以看到文档中的不同部分已经应用了相应的样式。

图 3-78 "样式"任务窗格

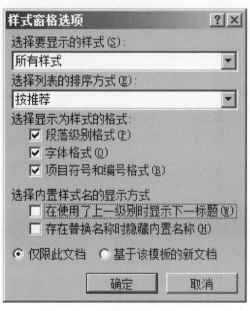

图 3-79 "样式窗格选项"对话框

3. 自动生成目录

操作提示：

① 将样式应用于文档标题。在素材文档中依次选择要作为目录的标题，单击"开始"选项卡，在"样式"组中选择需要的样式。生成目录时主要用到标题 1、标题 2、标题 3，用户可根据需要进行增减。

② 插入目录。把光标移动到需要放置目录的位置，单击"引用"选项卡→"目录"组→"目录"按钮，在下拉列表中既可以选择目录样式，也可以使用"插入目录"功能，在如图 3-80 所示的"目录"对话框中根据需要设置"显示级别"，然后单击"确定"按钮完成。

4. 更新目录

【操作要求】增加、修改素材的正文内容，并修改部分标题文字后，目录需要进行更新。

操作提示：

① 将指针移到目录区左侧，当其呈现"I"形状时单击，选定目录内容。

② 按 F9 键或者在"目录"组中单击"更新目录"按钮,弹出如图 3-81 所示的"更新目录"对话框,在"只更新页码"和"更新整个目录"两个单选按钮中选择一个。

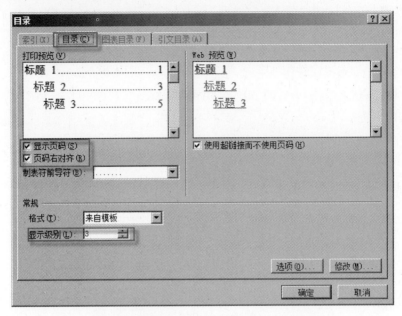

图 3-80 "目录"对话框

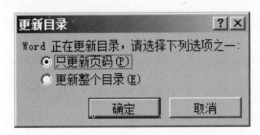

图 3-81 "更新目录"对话框

3.8.4 思考题

插入目录的方式有哪几种?

3.9 习 题

一、选择题

1. Word 文档默认的文件扩展名为( )。

　　A. txt　　　　　　　B. docx　　　　　　　C. dotx　　　　　　　D. ppt

2. 在退出 Word 时,如果有工作文档尚未存盘,系统的处理方法是( )。

　　A. 直接退出

　　B. 按系统默认路径保存文档,并退出 Word

　　C. 会弹出一个保存文档的对话框

　　D. 按系统默认路径和文件名保存文档,并退出 Word

3. 在 Word 中"打开文档"的作用是(　　　)。

　　A. 将指定的文档从内存中读入外存,并显示出来

　　B. 为指定的文档打开一个空白窗口

　　C. 将指定的文档从外存中读入内存,并显示出来

　　D. 显示并打印指定文档的内容

4. 在 Word 中,如果已存在一个名为 nol. docx 的文件,要想将它换名为 NEW. docx,可以选
择(　　)命令。

　　A. 另存为　　　　　　B. 保存　　　　　　C. 全部保存　　　　　D. 新建

5. 段落的标记是在输入(　　　)之后产生的。

　　A. 句号　　　　　　B. Enter 键　　　　C. Shift+Enter　　　　D. 分页符

6. 在 Word 中选定文本后,(　　)拖拽文本到目标位置即可实现文本的移动。

　　A. 按住 Ctrl 键的同时　　　　　　　　B. 按住 Esc 键的同时

　　C. 按住 Alt 键的同时　　　　　　　　D. 无须按键

7. 在 Word 的编辑状态,执行两次"复制"操作后,则剪贴板中(　　　)。

　　A. 仅第一次被复制的内容　　　　　B. 仅有第二次被复制的内容

　　C. 有两次被复制的内容　　　　　　D. 无内容

8. 在 Word 中,复制文本的快捷键是(　　　)。

　　A. Ctrl+C　　　　　　B. Ctrl+X　　　　　C. Ctrl+V　　　　　D. Ctrl+S

9. 在 Word 编辑时,文字下面有红色波浪线表示(　　　)。

　　A. 已修改过的文档　　B. 对输入的确认　　C. 可能是拼写错误　D. 可能是语法错误

10. Word 不可编辑(　　　)文件。

　　A. ＊. doc　　　　　　B. ＊. txt　　　　　C. ＊. wps　　　　　D. ＊. exe

11. 在 Word 中,如果要调整行距,可使用"开始"选项卡下的(　　　)功能区。

　　A. 字体　　　　　　B. 段落　　　　　　C. 制表位　　　　　D. 样式

12. 对于一段两端对齐的文字,只选其中的几个字符,单击"居中"按钮,则(　　　)。

　　A. 整个文档变为居中格式　　　　　B. 只有被选中的文字变为居中格式

　　C. 整个段落变为居中格式　　　　　D. 格式不变,操作无效

13. 如果文档中的内容在一页没满的情况下需要强制换页,(　　　)。

　　A. 不可以这样做　　　　　　　　　B. 插入分页符

　　C. 插入分节符　　　　　　　　　　D. 多按几次 Enter 键直到出现下一页

14. Word 中格式刷的用途是(　　　)。

　　A. 选定文字和段落　　　　　　　　B. 抹去不需要的文字和段落

　　C. 复制已选中的字符　　　　　　　D. 复制已选中的字符和段落的格式

15. 在 Word 中,下列关于模板的说法中,正确的是(　　　)。

　　A. 模板的扩展名是 txt

　　B. 用户不能修改系统预置的模板

　　C. 模板是一种特殊的文档,它决定文档的基本结构和样式,作为其他同类文档的模型

　　D. 用户不能自己创建专用模板

16. 确切地说,Word 的样式是一组(　　　)的集合。

　　A. 字符格式　　　　　B. 段落格式　　　　C. 控制符　　　　　D. 格式

17. 在 Word 中,若要对表格的一行数据求和,正确的公式是(　　)。

    A. =SUM(above)　　　　　　　　　B. =AVERAGE(left)

    C. =SUM(left)　　　　　　　　　　D. =AVERAGE(above)

18. 利用 Word 编辑文档时,插入剪贴画后其默认的环绕方式为(　　)。

    A. 紧密型　　　　　　　　　　　　B. 浮于文字上方

    C. 嵌入式　　　　　　　　　　　　D. 衬于文字下方

二、填空题

1. 在 Word 中,_____快捷键与快速访问工具栏上的保存按钮功能相同。

2. 在 Word 中,_____快捷键可以选定文档中的所有内容。

3. Word 中,Ctrl + Home 操作可以将插入光标移动到_____。

4. 如果要选定较长的文档内容,可先将光标定位于其起始位置,再按住_____键,单击其结束位置即可。

5. 在_____视图中,可以折叠文档,只查看主标题,也可扩展文档,以便查看整个文档。

6. 在 Word 中,要清除制表位,除使用制表位对话框外,一种简便的方法是使用水平标尺,其操作是_____。

7. Word 中除了使用样式外,还可使用_____进行字符和段落格式的复制。

8. 在 Word 中,为表格填写数据时,按_____可将插入点移向右边的单元格内。

三、判断题

1. 在 Word 中只能创建扩展名为.docx 的文件。(　　)

2. 使用 Word 进行文档编辑时,单击"关闭"按钮后,如有尚未保存的文档,Word 会自动保存它们后再退出。(　　)

3. 当打开 Word 文档后,插入点总是在上次最后存盘时的位置。(　　)

4. 用 Word 编辑文档时,输入的内容满一行时必须按 Enter 键开始下一行。(　　)

5. Word 编辑文档时,不能将其他 Word 文档导入。(　　)

6. 删除和剪切操作都能将选定的文本从文档中去掉。但是,剪切操作时,删除的内容会保存到剪贴板中;删除操作时,删除的内容则不进入剪贴板。(　　)

7. Word 中,可以利用标尺调整文字和段落缩进。(　　)

8. Word 中,设置段落格式为"左缩进 2 字符"同"首行缩进 2 字符"的效果一致。(　　)

9. 若要设置文档背景,应该选择"视图"选项卡。(　　)

10. Word 中,既可以设置页面背景颜色,也可以将图片作为页面的背景。(　　)

11. 单击"插入"选项卡"页眉和页脚"功能区的"页眉"按钮,在下拉列表中选择"删除页眉"命令可删除文档页眉。(　　)

12. Word 中,不能单独设置文档首页的页眉和页脚。(　　)

13. Word 中,用户可以将自己设置的字符或段落格式设置为新样式,并保存下来。(　　)

14. 使用样式不仅可以轻松快捷地编排具有统一格式的段落,而且可以使文档格式严格保持一致。(　　)

15. Word 中,利用模板可以快速建立具有相同结构的文件。(　　)

16. Word 表格中,可以设置表格或单元格的底纹。(　　)

17. 利用表格可以规划文档版面。(　　)

18. Word 中,选中整个表格,然后单击删除键就可以直接删除整个表格。(　　)

19. Word 中,选中表格中的一个单元格,单击 Delete 键,可以删除该单元格。( )

20. 公式" = SUM(A1:A4)"表示对单元格 A1 和 A4 中的数据求和。( )

21. 在 Word 表格中,如要计算表格中一行数据的平均值,所用的函数应是 INT。( )

22. 将表格转换为文本时,可以指定逗号、制表符、段落标记或其他字符作为转换时分隔文本的字符。( )

23. 在文本框中只能输入文字表格,不能插入图形对象。( )

24. 文本框内的文字可以单独进行格式化。( )

25. 使用"绘图"工具绘制的图形组合后就不能修改。( )

第4章　宣传演示文稿的设计

4.1　PowerPoint 2010 的基础知识

4.1.1　PowerPoint 2010 应用领域

通常,人们把用 PowerPoint 制作出来的各种演示材料统称为"演示文稿(英文名称为 Power-Point,简称 PPT)",这些材料包括文字、表格、图形、图像及声音等,将这些材料以页面的形式组织起来,再进行编排后向观众展示播放。因为这种播放形式像放映幻灯片,所以人们习惯上将这样的页面称为"幻灯片"。

演示文稿已经成为人们工作、生活的重要组成部分,被广泛应用于工作汇报、企业宣传、产品推介、项目竞标、教育培训等诸多领域。通过 PowerPoint 2010,用户可以使用文本、图形、照片、视频、动画以及多种手段,来设计具有视觉冲击力的演示文稿。当完成演示文稿的创建后,用户可以以幻灯片的形式通过投影仪进行讲解与放映,还可以将其转换为视频演示片,在展示场所或互联网上进行放映。

4.1.2　PowerPoint 2010 的新增功能

PowerPoint 2010 中新增并改进了多个工具,使用户的演示文稿更具感染力,如新增的视频和图片编辑功能及相关增强功能等,是 PowerPoint 2010 的新亮点。此外,效果切换与动画运行比以往更为平滑、丰富。新增的 SmartArt 图形版式可以轻松创建专业图形。

4.1.3　PowerPoint 2010 的元素组成

并不是懂得 PowerPoint 2010 的使用,将各种丰富的内容添加到演示文稿中就能制作出一个精美的演示文稿。一个好的演示文稿应该具备哪些元素呢?

1. 醒目的文字格式

1) 尽量使用较大字号

如果幻灯片要在会议室、教室、展台等场合展示,在选择字号时要尽量选择大的字号,要保证每一个观众都能清晰地看到幻灯片中的内容。选择字号时标题字号不要小于 32,正文字号不要小于 24。

2) 一个演示文稿不要超过三种字体

为了突出文字效果,在设置字体时,很多人往往选择多种字体,其实字体多了反而达不到突出文字的目的。一般一个完整的演示文稿最多使用三种字体就可以了,比如所有的标题使用一种字体,所有的正文使用一种字体。

3) 使用无花边字体

无花边字体是指边角方正圆滑的字体,而花边字体则在边角上带有装饰性图案。无花边字体在屏幕上显示清晰,而带花边字体虽然看起来美观,但不容易看清。

2. 简洁的内容

PPT 中的内容不是越多越好,而是越简洁越好,这样才能让观众看得一目了然。

1) 精简的文本内容

在 PPT 中最好不要使用大段的文字,这样导致观众的注意力就只集中在幻灯片上,而演讲者也只有照本宣科。幻灯片中的文字应该简而精,观众看了之后能明白大致提要即可,细节由演讲者展开,这样才能有效地抓住观众的注意力。

2) 准确使用图片

很多人在制作演示文稿时使用图片非常盲目,看到图片美观就统统放入,这样很可能导致图文不协调。所以,与文本内容无关的图片都不应该使用。

3. 专业化的主题与版式

PowerPoint 2010 为用户提供了多种优美的主题,用户也可以自己设置一些主题颜色或添加图片,但在使用幻灯片主题时应该注意以下事项。

1) 主题与内容相协调

在选择 PPT 模板时,要选择能突出幻灯片内容的模板,不要选择图案复杂、色彩鲜艳而杂乱、底色与文字颜色没有反差的模板,否则既不能突出幻灯片的内容,也容易让观众感觉视觉疲劳。一个完整的演示文稿模板的主题样式不要过多,有 1~3 个就可以了。

2) 主题颜色要统一

这里说的统一主题颜色并不是所有的 PPT 都使用同一种颜色,而是主题颜色不宜太花哨,否则会在视觉上有一种繁杂的感觉。如果长时间看 PPT,色彩杂乱会使人感到眼睛疲劳,一个完整的 PPT 所使用的颜色最好不要超过三种。

4. 使用动画丰富演讲

演示文稿的最大特色就是赋予静态的事物以动感,让静止的东西活动起来,以此来增强对人的视觉冲击力,让观众提起兴趣、强化记忆。演示文稿的动感从何而来呢? 来自各种类型的对象动画。因此,掌握好动画的相关知识,就能制作出令人惊喜的演示文稿。

1) 首页动画

首页动画非常重要,也是演示文稿能否瞬间抓住观众眼球的关键。因为演示开始时,观众需要一个适应期,这时候演讲者需要立即把观众的视线聚焦到演示中来。因此,精美和有创意的片头能立即给观众带来震撼,吸引观众的注意力。

2) 结束动画

添加结束动画是为演讲画上一个句号,与首页动画相呼应,做到有始有终,避免给人虎头蛇尾的感觉。此外,这也是一种礼貌的表现,提醒观众演示结束。

3) 逻辑动画

如果幻灯片上存在多个对象,观众会自上而下地浏览。如果对象之间缺乏逻辑引导,观众难以把握重点,这就浪费了精力和注意力;而如果给这些对象加上清晰的逻辑动画,就把观众自己找线索变成了帮助观众梳理线索。通过设置对象出现的先后位置变化等,引导观众按照演讲者的思路理解演示文稿的内容。

4) 强调动画

如果用颜色的深浅、字体的大小以及字体的不同来突出幻灯片上的重点文本,存在的一个弊端就是这些强调的内容会一直处于强调地位,在讲其他知识点时会分散观众的视线。而使用强调动画,当讲解该知识点时,可以通过对象的大小、缩放、闪烁、变色等动作实现强调效果,强调过后自动恢复原始状态,控制更加方便。

5. 链接互动效果

演讲不是朗诵,必须要和观众有互动。因为不同的观众关注的兴趣点不一样,通过在演示文稿中设置互动,使得演讲更具针对性与灵活性。在演示文稿中要实现与观众的互动很简单,可以通过超级链接和动作设置来完成。

1)依据思路设置链接

超级链接是演示文稿非常实用的功能,通过超级链接,将分散的幻灯片组合起来,按照演讲者的思路形成一定的逻辑关系。并且超级链接还可以将观众带到隐藏幻灯片、某个网站或数据文件等外部资源,极大地扩展了演讲的范围。

2)设置鼠标动作

演讲者演讲时,用得最多的就是鼠标,因此针对鼠标的动作设置一些互动将会非常实用。鼠标动作包括单击鼠标和鼠标移过,可以针对不同的操作设置超级链接、运行程序、运行宏、播放声音等。

4.1.4 幻灯片设计的色彩搭配

在幻灯片的设计中,可以添加颜色的对象包括背景、标题、正文、表格、图片、装饰图形等,它们被简单地分为背景对象和前景对象两大类。一般来说,幻灯片配色需要遵循一定的基本原则,比如宁可简洁、素雅,也不要花哨;前景对象的颜色一定要和它所在的背景区域的颜色形成某种对比,以突出前景信息;如果背景对象有不同的颜色,那么所有背景色都应该和谐、统一,最好能给予某个主色调,形成近似色的组合。

1. 根据演讲环境选择基准色

要制作一份演示文稿,首先要选择基准色,根据演讲环境的不同,选择如下:

在暗淡环境演示:深色背景搭配明亮文字,大多数的演讲环境都是在室内进行,为了达到最佳显示效果,用户还会关闭日光灯等发光设备。在这类环境中进行演示。推荐使用深色背景搭配明亮文字的组合,深色背景和环境比较协调,明亮文字使得演讲的内容更加醒目。

在明亮的环境演示:浅色背景搭配深色文字,如果在室外或者灯光明亮的房间进行演示,用深色背景搭配浅色文字的效果不佳,而白色背景配上深色文字会得到更好的效果。

2. 背景要单纯

幻灯片的背景要单纯。如果采用一些过于花哨而且又与演讲主题无关的背景图片,只会削弱制作者要传达的信息,如果信息不能有效传达,再漂亮的背景也毫无意义,很多幻灯片由于采用过于华丽的背景,反而影响了内容。一般来说,使用纯色背景,或者柔和的渐变色背景,或者低调的图案背景都可以产生良好的视觉效果,可以使文字信息清晰可见。

3. 使用主题统一风格

如果用户对颜色搭配不在行,可以使用主题快速创建具有专业水准、设计精美、美观时尚的文档。

主题是一套统一的设计元素和配色方案,是为文档提供的一套完整的格式集合,其中包括主题颜色(配色方案的集合)、主题文字(标题文字和正文文字的格式集合)和相关主题效果(如线条或填充效果的格式集合)。

4. 巧妙利用渐变效果

渐变是指逐渐的、有规律性的变化。渐变的形式在日常生活中随处可见,是一种很普遍的视觉形象,运用在视觉设计中能产生强烈的透视感和空间感,是一种有顺序、有节奏的变化。需要注意的是,渐变的程度在设计中非常重要,渐变的程度太大,速度太快,就容易失去渐变所特有的规律性的效果,给人以不连贯和视觉上的跃动感。反之,如果渐变的程度太慢,会产生重复感,但慢的渐变在设计中会显示出细致的效果。

在幻灯片中运用渐变效果能使对象的层次感、立体感更强烈,从而制作出更专业和精美的幻灯片。

4.1.5 幻灯片设计的版式布局

一个演示文稿成功与否,布局也是关键,所以我们必须要了解演示文稿布局方面的知识,下面介绍几种常见的幻灯片布局样式,在制作演示文稿时可以作为参考。

1. 标准型

标准型是最常见的、简单而规则的版面编排类型,一般从上到下的排列顺序为图片、图表、标题、说明文、标志图形。自上而下符合人们认识的心理顺序和思维活动的逻辑顺序,能够产生良好的阅读效果。

2. 左置型

左置型也是一种非常常见的版面编排类型,它往往将纵长型图片放在版面的左侧,使其与横向排列的文字形成有力对比。这种版面编排类型十分符合人们的视线流动顺序。

3. 斜置型

斜置型是指构图时全部构成要素向右边或左边作适当的倾斜,使视线上下流动,画面产生动感。

4. 圆图型

圆图型是指在安排版面时,以正圆或半圆构成版面的中心,在此基础上按照标准型顺序安排标题、说明文和标志图形,在视觉上非常引人注目。

5. 中轴型

中轴型是一种对称的构成形态。标题、图片、说明文与标题图形放在轴心线或图形的两边,具有良好的平衡感。根据视觉流程的规律,在设计时要把诉求重点放在左上方或右下方。

6. 棋盘型

棋盘型指在安排版面时,将版面全部或部分分割成若干等量的方块形态,互相明显区别,作棋盘式设计。

7. 文字型

在这种编排中,文字是版面的主体,图片仅仅是点缀。一定要加强文字本身的感染力,同时使文字便于阅读,并使图形起到锦上添花、画龙点睛的作用。

4.2 PowerPoint 2010 演示文稿的创建与编辑

4.2.1 PowerPoint 2010 的基本介绍

1. PowerPoint 2010 的工作界面

工作界面是用户编辑演示文稿的一个工作平台,学习演示文稿制作之前先要了解它的工作界面。PowerPoint 2010 启动后,进入 PowerPoint 2010 的工作界面,如图 4-1 所示。

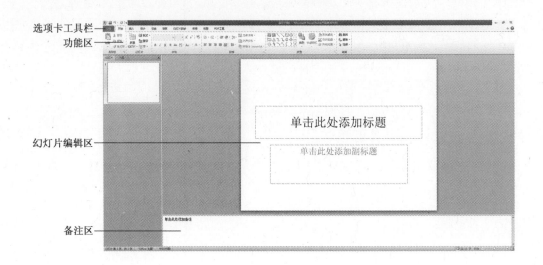

图 4-1　PowerPoint 2010 的工作界面

在"自定义快速访问工具栏"上用户可以自行设置快速启动功能命令。

"选项卡工具栏"是所有软件都拥有的,它包含了软件所有功能和设置选项。选项卡包括"文件""开始""插入""设计""转换""动画""幻灯片放映""审阅""视图"和"加载项"。PowerPoint 2010 版本没有菜单工具栏,只有选项卡工具栏。在 PowerPoint 2010 版本中,"文件"菜单的下一级菜单被 Backstage 视图所代替,其他主菜单也不显示下拉列表式的菜单项,而是显示如图 4-1 所示的"功能区"操作图标或按钮。

(1)"功能区"是用户对幻灯片进行设置、编辑和查看效果的命令区,功能区上的常用命令主要分布在九个选项卡中,分别为"文件""开始""插入""设计""切换""动画""幻灯片放映""审阅""视图"等选项卡,它们的主要用途如下:

①"文件"选项卡用于创建新文件、打开或保存现有文件和打印演示文稿。

②"开始"选项卡用于插入新幻灯片,将对象组合在一起以及设置幻灯片上的文本格式。

③"插入"选项卡将表、形状、图表、页眉或页脚插入到演示文稿中。

④"设计"选项卡用于自定义演示文稿的背景、主题设计和颜色或页面设置。

⑤"切换"选项卡用于对幻灯片应用、更改或删除切换效果。

⑥"动画"选项卡用于对幻灯片上的对象应用、更改或删除动画。

⑦"幻灯片放映"选项卡用于开始幻灯片放映,自定义幻灯片放映的设置和隐藏幻灯片。

⑧"审阅"选项卡用于检查拼写、更改或演示文稿中的语言或比较当前演示文稿与其他演示文稿的差异。

⑨"视图"选项卡主要用于查看幻灯片母版、备注母版、幻灯片浏览,还可以在这里打开或关闭标尺、网格线和绘图指导等。

(2)"幻灯片编辑区"是一个舞台,在这里对指定的幻灯片进行添加元素、输入对象、编辑文本等操作。

(3)"备注区"一般是用来对幻灯片中的内容进行必要的补充说明,但不会显示在放映屏幕上。"状态栏"是用来显示当前光标所在的位置信息和文稿信息。

（4）"视图显示设置栏"用于快速切换 PPT 显示的视图,包括普通视图、浏览视图、阅读视图和放映视图,还可以调整编辑区的显示大小。

2. PowerPoint 2010 的视图

PowerPoint 2010 为用户提供了四种视图方式:普通视图、幻灯片浏览视图、阅读视图和备注页视图。在不同的视图下,用户可以观看到不同的幻灯片效果,每个视图有它特定的作用。各视图的命令都可以在"视图"选项卡窗格找到,如图 4-2 所示。

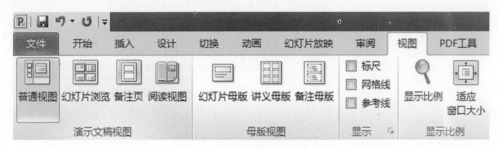

图 4-2 "视图"选项卡窗格

（1）普通视图。PowerPoint 2010 启动后,进入的默认视图就是普通视图。在普通视图中,用户可以看到预览视图区、幻灯片编辑区和备注区,预览视图区中包括了幻灯片窗格和大纲窗格。用户可分别编辑这些区的内容。

（2）幻灯片浏览视图。幻灯片浏览视图可以让用户查看演示文稿中的所有幻灯片,让用户能够快速定位到所要查看的幻灯片。

（3）备注页视图。在备注页视图中,用户可以编辑备注窗格中的内容。在这一备注页视图中编辑备注有别于普通视图的备注窗格的编辑。在此视图中,用户能够为备注页添加图片内容。

（4）阅读视图。在幻灯片阅读视图下,演示文稿的幻灯片内容将以全屏的形式显示出来,如果用户设置了动画效果和幻灯片切换等,此视图会将全部效果显示出来。在此视图中,用户可以仔细查看幻灯片每个动画效果,检验演示文稿的正确性。

3. 创建演示文稿

制作演示文稿的主要目的是为了展示,所以在制作过程中需考虑幻灯片的感观和效果,丰富的文字效果与赏目的图文混排将更能表现演讲者的创意和观点,这些修饰效果需要通过插入图片、艺术字、SmartArt 图形、表格、图表、超链接和动作按钮等操作来辅助实现。前提是首先要创建演示文稿,然后才能对演示文稿进行编辑。PowerPoint 为用户提供了多种创建演示文稿的方法,常用的方法有:"空白演示文稿""样本模板""主题""根据现有内容新建"等。

在 PowerPoint 的功能区单击"文件"选项卡(或者按 Alt+F 组合键),打开 Backstage 视图,然后单击"新建"选项,PowerPoint 窗口将出现如图 4-3 所示的操作区域。

（1）从"空白演示文稿"创建演示文稿。选择此项后 PowerPoint 会打开一个没有任何设计方案和示例文本的空白幻灯片,用户可以根据需要设计、添加多张幻灯片。

（2）从"样本模板"创建演示文稿。模板是由系统提供的已经设计好的演示文稿,由于模板提供了一些预配置的设置,包括预先定义好的文本、页面结构、标题格式、配色方案和图形等元素,用户可以根据自己的需要进行修改,因此相对于从头开始创建演示文稿来说,模板可以帮

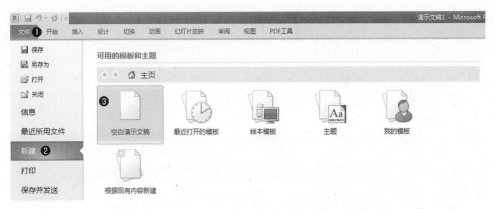

图 4-3 PowerPoint 新建演示文稿可用的模板和主题

助用户更快速的创建演示文稿。PowerPoint 提供了多种模板为用户使用,除了系统预安装的模板,还可以从互联网上下载更多的模板,如图 4-4 所示是一个适用于相册的模板,此模板包含了示例照片,用户只要将示例照片替换为自己的照片就可以快速创建一个相册。

图 4-4 适用于创建相册的模板

(3)根据"主题"创建演示文稿。主题是一组用来设置演示文稿统一外观的元素集合,包含对颜色、字体和图形等各种元素的控制。PowerPoint 提供了多种设计主题,通过主题可以使演示文稿具有统一的风格,大大简化了演示文稿的创建过程,同时使演示文稿的设计达到专业设计师的水准。其实,在 Office 2010 中,PowerPoint、Excel 和 Word 使用的主题是相同的。

单击"主题"项后,Backstage 视图将显示如图 4-5 所示的主题栏,用户只需在其中选择自己喜欢的主题,然后单击"创建"按钮即可完成演示文稿的创建。

图 4-5 部分 PowerPoint 提供的设计主题

116

（4）从"根据现有内容"创建演示文稿。如果已经利用 PowerPoint 制作过演示文稿并做过保存，就可以选择这一项来打开一个已经存在的演示文稿。选择此项后，系统会弹出如图 4-6 所示的"根据现有演示文稿新建"对话框，根据需要选择相应的演示文稿对象即可。

PowerPoint 支持从多种类型的已有文档新建演示文稿，包括扩展名为". pptx"的普通演示文稿和扩展名为". potx"的模板，也支持从 PowerPoint 97-2003 老版本的各种文件类型的演示文稿新建。

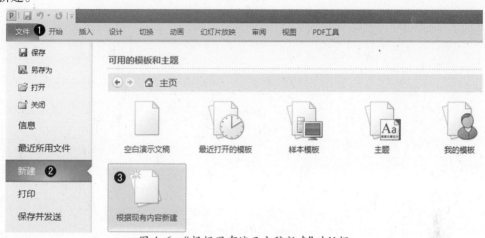

图 4-6　"根据现有演示文稿新建"对话框

4. 保存演示文稿

演示文稿创建或编辑好以后，需要将其保存，否则所做的工作将丢失。保存后，演示文稿会另存为计算机上的一个文件，以后就可以打开该文件，对该文件进行修改或打印。保存演示文稿可以直接单击快速访问工具栏上的"保存"按钮，也可以选择功能区"文件"选项卡中的"保存"或"另存为"命令，如图 4-7 所示。

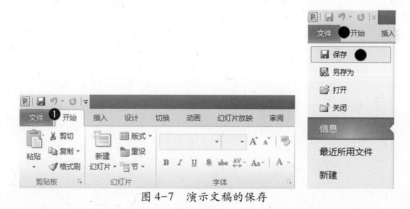

图 4-7　演示文稿的保存

如果想要将已创建的演示文稿保存为模板，使日后能够重复应用此演示文稿，则可以按下列步骤实现：

（1）单击"文件"选项卡，然后单击"另存为"命令。

（2）在"另存为"对话框中，将"保存类型"设置为"PowerPoint 模板"。保存的位置会自动更改为"Microsoft"文件夹中的"Templates"，如图 4-8 所示。

输入模板的名称，然后单击"保存"按钮。这样，日后就可以从"我的模板"中选择这个保存的模板来创建新的演示文稿了。

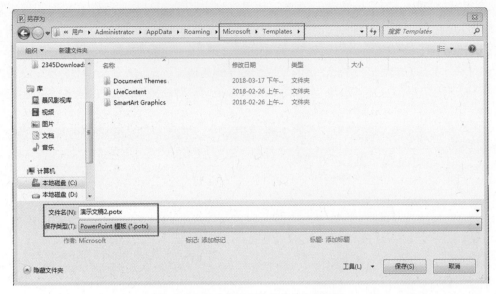

图 4-8　保存模板的"另存为"对话框

在 PowerPoint 的文件格式中,".ppsx"类型是一种放映格式,它的特点是双击此文件时演示文稿将直接呈现为放映视图,观众可以直接查看到演示文稿中设计的幻灯片动画元素、切换效果及多媒体效果,因此,在幻灯片编辑完成并准备将其展示给观众时,选择此类型来保存演示文稿也是一种选择。

另外,在 PowerPoint 2010 中,系统还允许将演示文稿保存为 PowerPoint 97—2003 老版本格式,不过一些新功能和效果可能会丢失。

4.2.2　幻灯片的基本操作

1. 新建幻灯片

如果要在某幻灯片之后插入一张新幻灯片,可以先在幻灯片/大纲窗格选中此幻灯片,然后根据不同的需要采用两种方法来添加新幻灯片。

(1)如果希望新幻灯片的版式跟选中的幻灯片的版式一样,只需在幻灯片/大纲窗格中选中的幻灯片上右击,在弹出的快捷菜单中选择"新建幻灯片"命令,如图 4-9 所示。

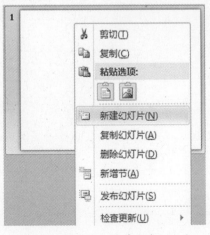

图 4-9　利用快捷菜单新建幻灯片

（2）如果想新建一个不同于选中幻灯片版式的幻灯片,则可以单击"开始"选项卡的"幻灯片"组的"新建幻灯片"按钮,在弹出的下拉列表中选择指定的版式,如图4-10所示。

图4-10 利用按钮新建幻灯片

2. 移动和复制幻灯片

幻灯片在演示文稿中的位置可能会根据实际情况做调整,最直接的移动幻灯片的方法是在幻灯片/大纲窗格的"幻灯片"选项卡中选中要移动的幻灯片,按住鼠标左键并拖动到合适的位置,释放鼠标左键即将幻灯片移到目标位置。

复制幻灯片的操作同移动幻灯片的操作方法相似,最常用的方法是在幻灯片/大纲窗格的"幻灯片"选项卡中选中要复制的幻灯片,按住 Ctrl 键,同时按住鼠标左键并拖动到合适的位置,释放鼠标左键即将幻灯片复制到了目标位置。另外,还可以在需要复制的幻灯片上右击,在如图4-9所示的快捷菜单中选择"复制幻灯片"命令,即可在当前选中的幻灯片下方插入一张相同的幻灯片。

3. 删除幻灯片

删除幻灯片的操作比较简单,最常用的方法是在幻灯片/大纲窗格的"幻灯片"选项卡中选择要删除的幻灯片,直接按 Delete 键即可。也可以在图4-9所示的快捷菜单中选择"删除幻灯片"命令。

4. 隐藏幻灯片

有时根据需要不能播放所有幻灯片,可将某几张幻灯片隐藏起来(图4-11),而不必将这些幻灯片删除,操作步骤如下。

（1）切换到幻灯片浏览视图,选择要隐藏的幻灯片。

（2）右击选择的幻灯片,在弹出的快捷菜单中选择"隐藏幻灯片"命令。操作后,隐藏的幻灯片旁边会显示隐藏幻灯片图标,图标中的数字为幻灯片的编号。

图 4-11　隐藏幻灯片

隐藏幻灯片的操作也可以直接在普通视图中完成,先在幻灯片/大纲窗格的"幻灯片"选项卡中右击要隐藏的幻灯片,在弹出的快捷菜单中选择"隐藏幻灯片"命令。隐藏的幻灯片只是在播放演示文稿时不显示,它仍然保留在文件中。

5. 将幻灯片组织成节的形式

在 PowerPoint 2010 中,可以使用节的功能来组织幻灯片,就像使用文件夹组织文件一样,达到分类和导航的效果,这在处理大型演示文稿时非常有用。如果已经对幻灯片分过节,则可以在普通视图中查看节,如图 4-12 所示,也可以在幻灯片浏览视图中查看节,如图 4-13 所示。

幻灯片分节操作的步骤如下:

（1）在"普通"视图或"幻灯片浏览"视图中,在要新增节的两个幻灯片之间右击,然后在快捷菜单中选择"新增节"命令,如图 4-14 所示。

（2）为节重新指定一个更有意义的名称。右击节标记,然后单击"重命名节"命令即可,如图 4-15 所示。

（3）分完节后,节内的多张幻灯片将被视为一组对象,可以对整组的幻灯片进行移动,具体的实现方法是:右击该节的节标记,在弹出的快捷菜单中选择"向上移动节"或"向下移动节"命令。如果要取消某个节,则可以右击要删除的节,然后单击"删除节"命令即可,如图 4-15 所示。

图 4-12　普通视图查看节

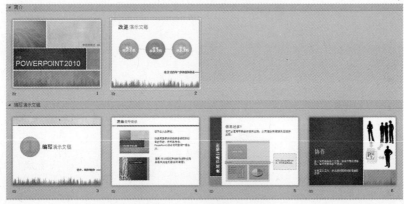

图 4-13　浏览视图查看节

4.2.3　编辑幻灯片

1. 设置幻灯片页面

幻灯片的页面设置关系到整个演示文稿的外观样式,默认情况下,新建的空白幻灯片一般为"全屏显示(4:3)",不过用户可以根据自己的实际需要来设置幻灯片的页面大小,包括幻灯片的方向。设置幻灯片页面的方法如下:

(1) 单击"设计"选项卡的"页面设置"组的"页面设置"按钮,打开"页面设置"对话框,如图 4-16 所示。

(2) 在"幻灯片大小"下拉列表框中选择一种预设的页面大小,若需自定义,则直接在"宽度"和"高度"数值框中输入具体的数字。

（3）若有需要，可在"幻灯片编号起始值"框中输入设定值。

（4）若有需要，可在"方向"组中设置"幻灯片"的页面方向或"备注、讲义和大纲"的页面方向。

图 4-14　新增节

图 4-15　重命名节

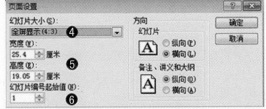

图 4-16　幻灯片页面设计

2. 添加页眉和页脚

要将页眉和页脚信息应用到幻灯片上，可在"插入"选项卡的"文本"组中，单击"页眉和页脚"，如图 4-17 所示。再在如图 4-18 所示的对话框中执行操作。

（1）若要添加自动更新的日期和时间，则在"日期和时间"下，选择"自动更新"单选按钮，然后选择日期和时间格式；若要添加固定日期和时间，则选择"固定"单选按钮，然后键入日期和时间。

（2）若要添加幻灯片编号，则选择"幻灯片编号"复选框。

（3）若要添加页脚文本，则选择"页脚"复选框，再键入文本。

（4）若要避免页脚中的文本显示在标题幻灯片上，则选中"标题幻灯片中不显示"复选框。

图 4-17　插入页眉和页脚

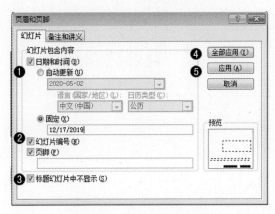

图 4-18　添加页眉和页脚

（5）若要向演示文稿中的每个幻灯片添加信息,则单击"全部应用"按钮。

（6）若要向当前幻灯片或所选的幻灯片添加信息,则单击"应用"按钮。

除了能为幻灯片添加页眉和页脚之外,也可为备注与讲义设置页眉和页脚,内容包含日期和时间、页眉、页码和页脚,设置的方法与幻灯片页眉页脚的设置方法相似,在所示的对话框中选择"备注和讲义"选项卡,然后参考幻灯片页眉页脚的设置方法即可。

3. 设置幻灯片背景

为幻灯片添加背景,可美化幻灯片并使 PowerPoint 演示文稿独具特色。PowerPoint 2010 中可以通过"纯色填充""渐变填充""图片或纹理填充"和"图案填充"等多种方式来设置幻灯片的背景。下面以纯色填充和图片填充作为示范,其他方式可参考这两种设计方法。

（1）使用纯色作为幻灯片背景,如图 4-19 所示。

① 单击要为其添加背景色的幻灯片。若要选择多个幻灯片,则先单击某个幻灯片,然后按住 Ctrl 键并单击其他幻灯片。

② 在"设计"选项卡的"背景"组中,单击"背景样式"按钮,然后单击"设置背景格式"。

③ 单击"填充",选择"纯色填充"。

④ 单击"颜色"按钮,然后选择所需的颜色。

⑤ 要更改背景透明度,则移动"透明度"滑块,透明度百分比可以从 0%（完全不透明）变化到 100%。

⑥ 若只对所选幻灯片应用颜色,则直接单击"关闭"按钮;若要对演示文稿中的所有幻灯片应用颜色,则单击"全部应用"按钮。

（2）使用图片作为幻灯片背景。

① 单击要为其添加背景图片的幻灯片。

② 在"设计"选项卡的"背景"组中,单击"背景样式",然后单击"设置背景格式"。

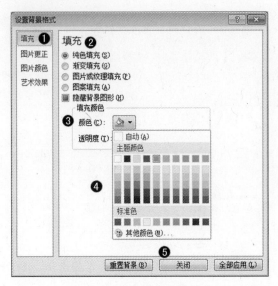

图 4-19　纯色填充背景设置

③ 单击"填充",然后单击"图片或纹理填充",如图 4-20 所示。执行下列操作之一:

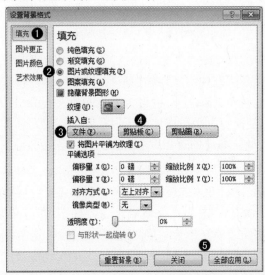

图 4-20　图片填充背景设置

- 若要插入来自文件的图片,单击"文件"按钮,然后找到并双击要插入的图片。
- 要粘贴复制的图片,单击"剪贴板"按钮。
- 要使用剪贴画,单击"剪贴画"按钮。
- 若只对所选幻灯片应用图片,则直接单击"关闭"按钮;若要对演示文稿中的所
有幻灯片应用图片,则单击"全部应用"按钮。

在"设置背景格式"对话框中,还有一个"隐藏背景图形"复选框,它用于设置是否显示模板中的背景图形,如果只想显示用户自定义的背景,则可以选中此项,否则模板的背景和用户设置的背景将会一同显示在幻灯片中。

4. 应用幻灯片主题

幻灯片主题是主题颜色、主题字体和主题效果三者的结合。PowerPoint 提供了多种设计主

题,以协调使用配色方案、背景、字体样式和占位符位置。使用预先设计的主题,可以轻松快捷地更改演示文稿的整体外观。默认情况下,PowerPoint 会将普通 Office 主题应用于新的空演示文稿,但可通过应用不同的主题来轻松地改变演示文稿的外观。

1)自定义主题

可以在 PowerPoint 提供的主题上,通过更改颜色、字体或者线条与填充效果来修改它,然后将它保存为用户自己的自定义主题,具体操作如下:

(1)更改主题颜色。主题颜色包含 4 种文本和背景颜色、6 种强调文字颜色以及 2 种超链接颜色,具体更改主体颜色的操作如下:

在"设计"选项卡的"主题"组中,单击"颜色"按钮,然后单击"新建主题颜色";如图 4-21 所示。

在"主题颜色"下,单击要更改的主题颜色元素名称旁边的下拉按钮,从中选择一种颜色,如图 4-22 所示,在"示例"中可以看到所做更改的效果。

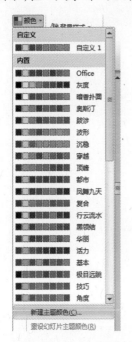

图 4-21　新建主题颜色

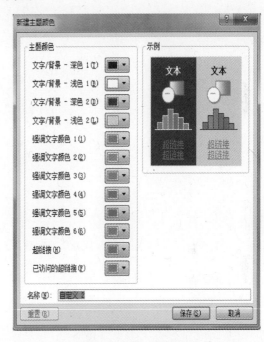

图 4-22　更改主题颜色

在"名称"框中,为新主题颜色键入适当的名称,然后单击"保存"按钮。

(2)更改主题字体。更改现有主题的标题和正文文本字体,旨在使其与演示文稿的样式保持一致。具体更改主题字体的操作如下:

在"设计"选项卡的"主题"组中,单击"字体"按钮,然后单击"新建主题字体",如图 4-23 所示。

在"标题字体"和"正文字体"框中,选择要使用的字体,如图 4-24 所示。

在"名称"框中,为新主题字体键入适当的名称,然后单击"保存"按钮。

(3)选择主题效果。主题效果是线条与填充效果的组合,用户无法创建自己的主题效果集,但可以选择要在自己的演示文稿主题中使用的效果,在"设计"选项卡的"主题"组中,单击"效果"按钮,然后选择要使用的效果即可,如图 4-25 所示。

2）将主题应用于演示文稿

要将主题应用到演示文稿,只需在"设计"选项卡的"主题"组中,单击要应用的主题。将指针停留在该主题的缩略图上时,可预览应用了该主题的当前幻灯片的外观,若要选择更多的主题,则可单击"设计"选项卡的"主题"组中的"更多"按钮。

默认情况下,PowerPoint 会将主题应用于整个演示文稿,若要将不同的主题应用于演示文稿中不同的幻灯片,则可先选定相应的幻灯片,然后在"主题"组的某个主题上右击,在快捷菜单中选择"应用于选定幻灯片"命令,如图 4-26 所示。

图 4-23　新建主题字体

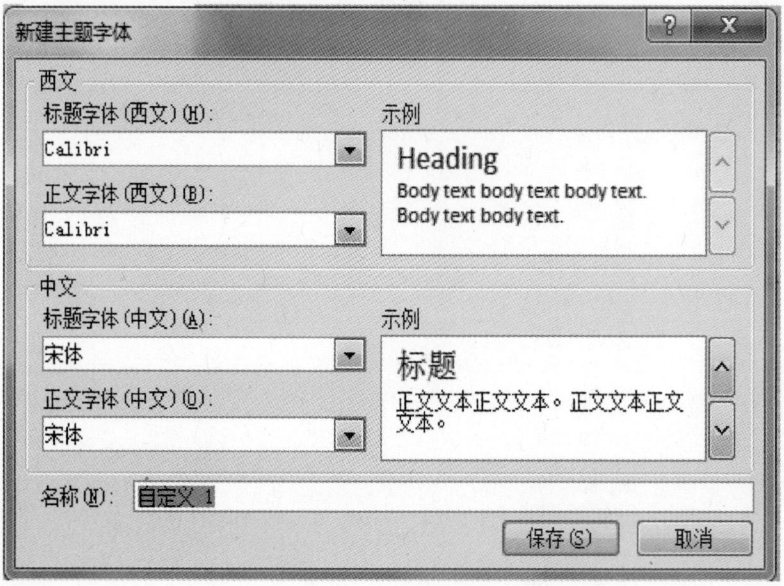

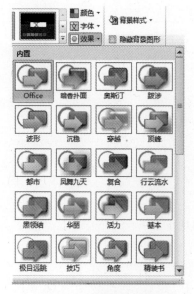

图 4-25　更改主题效果

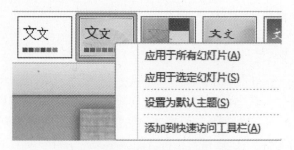

图 4-26　将主题应用于选定的幻灯片

图 4-24　更改主题字体

5. 幻灯片母版和模板

1）幻灯片母版

幻灯片母版是幻灯片层次结构中的顶层幻灯片,用于存储有关演示文稿的主题和幻灯片版式的信息,包括背景、颜色、字体、效果、占位符大小和位置。

每个演示文稿至少包含一个幻灯片母版。修改和使用幻灯片母版的主要优点是可以对演示文稿中的每张幻灯片(包括以后添加到演示文稿中的幻灯片)进行统一的样式更改。使用幻灯片母版的好处是无需在多张幻灯片上输入相同的信息,因此可以大大节省幻灯片的设计时间。

在"视图"选项卡的"母版视图"组中单击"幻灯片母版"按钮,如图 4-27 所示,将进入到幻灯片母版的编辑视图。默认情况下,演示文稿的母版由 12 张幻灯片组成,其中包含 1 张主母版和 11 张幻灯片版式母版。编辑美化母版包括设置母版的背景样式、设置标题和正文的字体格式、选择主题、页面设置等,这些操作可以在"幻灯片母版"选项卡中实现,在母版幻灯片中设置的格式和样式都将被应用到演示文稿中。

图 4-27　选择幻灯片模板

在幻灯片母版中,除了应用系统自带的幻灯片母版版式之外,还可以根据需要添加版式母版。

单击"幻灯片母版"选项卡的"编辑母版"组中的"插入版式"按钮,如图 4-28 所示,此时将插入一张新的版式母版,在新建的版式母版中,用户可以自定义版式的内容和样式。

单击"插入占位符"下拉按钮,如图 4-29 所示,在其下拉菜单中包括的内容、文本、图片、图表、表格、媒体等 10 种占位符可以选择,可根据需要选择合适的选项,当鼠标指针形状变成十字形时,在幻灯片中的适当位置绘制对应的占位符即可。

每个主题与一组版式相关联,每组版式与一个幻灯片母版相关联,因此,若要使演示文稿包含两个或更多不同的样式或主题,则需要为每个主题分别插入一个幻灯片母版。

要为一个演示文稿应用多个幻灯片母版,可单击"幻灯片母版"选项卡的"编辑母版"组中的"插入幻灯片母版",然后将主题应用于各幻灯片母版,如图 4-28 所示。

在 PowerPoint 中,不仅为用户提供了幻灯片母版,用以确定演示文稿样式和风格,也为用户提供了讲义母版和备注母版。一般在放映演示文稿之前,都会将演示文稿的重要内容打印出来分发给观众,这种打印在纸张上的幻灯片内容称为讲义,而讲义母版实际上是用以设置讲义的外观样式。若要将内容或格式应用于演示文稿中的所有备注页,就需要通过备注母版来更改。讲义母版视图和备注母版视图都可以在"视图"选项卡的"母版视图"组中打开,其外观样式的设置方法与设置幻灯片母版相似。

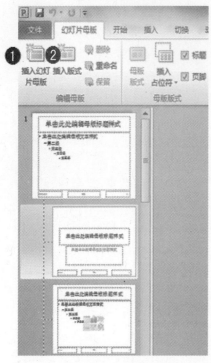

图 4-28 编辑母版

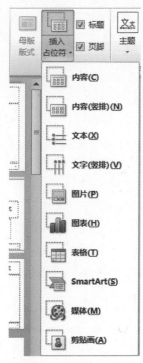

图 4-29 插入占位符

2）幻灯片模板

母版设置完成以后，可以将它保存为演示文稿模板（.potx 文件），以便重复使用和共享。模板可以包含版式、主题、背景样式和内容。用户可以创建自定义模板，还可以在 Office 以及其他网站上下载可应用于演示文稿的免费模板。

（1）模板的创建。修改演示文稿的母版后，若要保存为模板，单击"文件"选项卡的"另存为"选项，在"保存类型"列表中，选择"PowerPoint 模板（.potx）"，然后单击"保存"按钮。

（2）模板调用。可以应用 PowerPoint 的内置模板、自己创建的模板或从 Office.com 以及其他第三方网站下载的模板。单击"文件"选项卡的"新建"选项，在"可用的模板和主题"窗口进行模板选择。

4.3 PowerPoint 2010 演示文稿中添加对象

4.3.1 编辑文本

文本用来表达演示文稿的主题和主要内容，可以在普通视图的幻灯片窗格或幻灯片/大纲窗格的"大纲"选项卡中编辑文本，并设置文本的格式，在 PowerPoint 中，有三种类型的文本可以添加到幻灯片中，分别为占位符文本、文本框中的文本和图形中的文本。

1. 在占位符中输入文本

占位符是一种带有虚线或阴影线边缘的矩形框，它是绝大多数幻灯片版式的组成部分。这些矩形框可容纳标题、正文以及其他对象。当新建一个空白的幻灯片时，在文档窗口中就默认显示了标题和副标题占位符。可以直接在这些占位符中输入幻灯片的标题和副标题，也可以粘贴从别处复制过来的文本，如图 4-30 所示。

除了输入文本,还可以调整占位符的大小和位置,并设置它们的边框、填充、阴影和三维效果等形状格式。

图 4-30　文本占位符

2. 在文本框中输入文本

使用文本框可以将文本放置到幻灯片的任何位置,例如,可以创建文本框并将它放在图片旁边来为图片添加标题,也可以使用文本框将文本添加到自选图形中。文本框具有边框、填充、阴影或三维效果等属性,可更改它的形状格式,这些格式的设置方法与 Word 中的方法基本相同。

3. 在自选图形中输入文本

在自选图形中添加文本信息,有时更能完整地表达一项内容,并且添加的文本被附加到自选图形中,可随图形移动或旋转。在自选图形中添加文本的操作如下。

(1) 如果要添加成为自选图形一部分的文本并在移动图形时移动文本,可以首先选中幻灯片中的自选图形,然后在其中输入文本。

(2) 如果要添加独立于自选图形的文本并且在移动图形时不移动文本,则必须在自选图形中添加文本框,然后在文本框中输入文本。

输入文本内容后,通常还需要对文本内容设置字体格式和段落格式等,这些格式的设置方法与 Word 中的方法基本相同,主要由"开始"选项卡的"字体"组和"段落"组中的相关命令实现,这里不再赘述。

4.3.2　编辑图形元素

要制作出一份富有感染力的演示文稿,往往需要为演示文稿插入图片和艺术字等。除了可以插入剪辑管理器中的剪贴画之外,还可以在幻灯片中插入自己的图片文件。使用艺术字这种特殊的文本效果,则可以方便地为演示文稿中的文本创建艺术效果。

1. 插入图片

可以将已经保存在计算机中的图片文件直接插入到演示文稿中,操作如下:

(1) 在"插入"选项卡中单击"插入图片"按钮,打开"插入图片"对话框,在该对话框中选中需要插入的图片,如图 4-31 所示。单击"插入"按钮,将图片插入到演示文稿中,适当调整图片的大小和位置即可。

图 4-31　插入图片

（2）如果在"插入"按钮右侧的下拉菜单中选择"链接到文件"选项，如图 4-32 所示，则将把选择的图片以链接的方式插入到幻灯片中，当图片的源文件发生变化时，幻灯片中的图片也会随之发生变化。

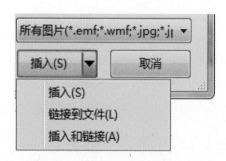

图 4-32　链接到文件

插入剪辑管理器中的剪贴画的操作和上述步骤类似。对幻灯片中插入的各种图片不满意可以对图片进行处理，如缩放、裁剪、改变图片的亮度和对比度等，设置图片格式可以先选中图片，然后使用"图片工具"的"格式"选项卡中的各个按钮进行修改，如图 4-33 所示。

图 4-33　修改图片

在 PowerPoint 2010 中，用户还可以利用"屏幕截图"将图片插入到幻灯片中，如图 4-34 所示。

2. 插入艺术字

为了美化演示文稿，除了对文本设置多种字体外，还可以使用具有多种特殊艺术效果的艺术字。具体操作如下：

（1）单击"插入"选项卡的"文本"组中的"艺术字"按钮，如图 4-35 所示，打开艺术字列表，选择一种合适的样式。

（2）艺术字插入后，其文字为系统默认的内容而非用户所需的内容，所以还需更改其中的文本内容。在幻灯片中选中要设置格式的艺术字,系统将自动显示"绘图工具格式"选项卡。通过该选项卡各组的相关按钮,可以完成几乎所有关于艺术字的格式设置,如图4-36所示。

图4-34　屏幕截图

图4-35　插入艺术字

在 PowerPoint 2010 中还可以将现有文字直接转换为艺术字。具体的方法是先选定要转换为艺术字的文字,然后在"插入"选项卡的"文本"组中单击"艺术字"按钮,再选择所需的艺术字样式。

图4-36　设置艺术字样式

3. 插入 SmartArt 图形

使用插图有助于理解和记忆,并使操作简单易用。创建具有设计师水准的插图或图形很困难,尤其当用户是非专业设计人员时。使用早期的 Office 版本,创建一个复杂的图形需要花费大量的时间来进行以下操作:使各形状的大小相同并对齐;使各形状内的文本格式匹配;手动设置各形状的格式,使其与文档的风格一致等。但是,自从 Office 2007 出现后这样的局面就改变了,Office 2007 和 Office 2010 都可以通过使用 SmartArt 图形来解决这方面的问题,只需轻点几下鼠标就可以创建出具有设计师水准的插图和图形,SmartArt 提供了许多诸如列表、流程图、组织结构图和关系图等的模板,大大简化了创建复杂形状的过程。

根据不同的应用,SmartArt 图形提供了不同的图形类型,而每种图形类型又包含了若干种布局,在 Office.com 网站上还可以找到更多的 SmartArt 图形。在创建 SmartArt 图形之前,通常需要考虑幻灯片将传达什么信息给观众,同时信息需以什么布局方式显示,不过由于SmartArt 图形可以快速轻松地切换布局,因此可以逐个尝试不同类型的不同布局,直至找到一个最适合的布局为止。表4-1粗略地描述了各类 SmartArt 图形的用途,可供应用 SmartArt 图形时参考。

表 4-1　各类 SmartArt 图形的用途

类　型	作　　用
列表	显示无序信息
流程	在流程或时间线中显示步骤
循环	显示连续的流程
层次结构	创建组织结构图
关系	对连接进行图解
矩阵	显示各部分如何与整体关联
棱锥图	显示与顶部或底部最大一部分之间的比例关系
图片	图片主要用来传达或强调内容

另外,由于文字量会影响外观和布局中需要的形状个数,因此还要考虑使用的文字量。通常,仅在用于表示提纲要点、形状个数不多和文字量较小时,SmartArt 图形最有效。如果文字量较大,则会分散 SmartArt 图形的视觉吸引力,使这种图形难以直观地传达信息。

下面介绍在幻灯片中插入 SmartArt 图形的方法,具体操作步骤如下:

(1) 选择要在其中插入 SmartArt 的幻灯片。

(2) 单击"插入"选项卡的"插图"组中的"SmartArt"按钮,如图 4-37 所示。

(3) 单击所需的布局,然后单击"确定"按钮。SmartArt 将插入,并显示"在此处键入文字"窗口,在窗口的各形状中输入相应文字,如图 4-38 所示。

图 4-37　插入 SmartArt 图形

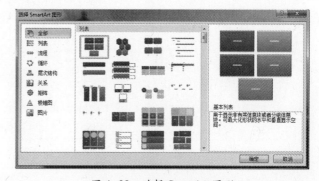

图 4-38　选择 SmartArt 图形

对于已插入的 SmartArt 图形,若需编辑其格式,则可以使用 SmartArt 工具,具体的实现步骤如下:

(1) 单击已插入到幻灯片的某个 SmartArt 图形,SmartArt 图形将被选中,同时显示 SmartArt 工具。

(2) 单击"SmartArt 工具"中的"设计"选项卡或"格式"选项卡,将显示 SmartArt 工具中的项目,如图 4-39 所示,进而编辑所选的 SmartArt 图形。

(3) 编辑结束后,单击幻灯片中不是 SmartArt 图形的任意位置,结束使用 SmartArt 工具。

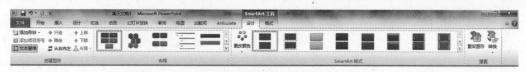

图 4-39　编辑 SmartArt 图形

4. 插入表格

在使用 PowerPoint 制作数据类型的演示文稿时,往往需要在幻灯片中插入表格,并为表格设置不同的边框、背景和色彩等,使表格具有特殊的显示效果,以便更加形象地表达演示文稿中要介绍的内容。

在幻灯片中插入表格的具体操作如下。

(1)选择要向其添加表格的幻灯片。

(2)在"插入"选项卡的"表格"组中,单击"表格"按钮。在"插入表格"对话框中,可以通过下面常用的两种方式插入表格:

① 单击并移动鼠标指针以选择所需的行数和列数,如图 4-40 所示,然后释放鼠标按钮。

② 单击"插入表格"命令,如图 4-41 所示,在弹出对话框的"列数"和"行数"列表中输入相应的数字。

图 4-40 直接移动鼠标插入表格

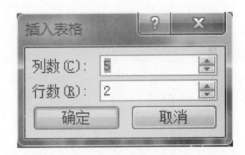

图 4-41 "插入表格"设置框

(3)设计表格。双击表格,切换到"设计"选项卡,可以对表格的样式、表格的边框和填充等进行设置,如图 4-42 所示。

图 4-42 设计表格

(4)设置表格布局。双击表格切换到布局选项卡,可以对表格的行、列进行添加、删除和合并操作,可以设置表格中文字的对齐方式和表格的尺寸,如图 4-43 所示。

图 4-43 设置表格布局

133

5. 插入图表

与文字数据比较,形象直观的图表更加容易理解。插入在幻灯片中的图表以简单易懂的方式反映了各种数据关系。PowerPoint 附带了一种 Microsoft Graph 的图表生成工具,它能提供各种不同的图表以满足用户的需要,使图表制作过程简便而且自动化。

(1) 在幻灯片中,单击要插入图表的占位符。

(2) 在"插入"选项卡的"插图"组中单击"图表"按钮,如图 4-44 所示。

(3) 选择需要的图表类型,并单击"确定",如图 4-45 所示。

(4) 添加数据。在弹出的 Excel 表中添加数据,如图 4-46 所示,添加数据结束后关闭 Excel 表即可。

图 4-44　插入图表

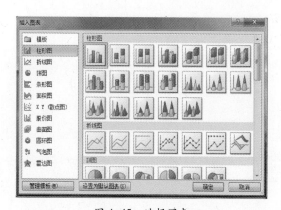

图 4-45　选择图表

图 4-46　添加数据

(5) 修改图表。选择需要修改的图表,切换到"图表工具"下的"设计"选项卡进行设置,如图 4-47 所示。在"设计"选项卡中,可以编辑数据、修改图表的布局和样式。

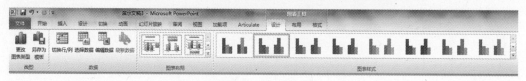

图 4-47　修改图表

4.3.3　插入多媒体元素

在演示文稿中使用音频、视频等多媒体元素,能将演示文稿变为声色动人的多媒体文件,使得幻灯片中展示的信息更美妙、更多元化,使展示效果更具感染力。

通常,在幻灯片中插入音频和视频文件之前需要确定音频和视频文件的格式是否可用。一般情况下,PowerPoint 兼容的音频格式有 wav、wma、midi、mp3、au、aiff 等,而兼容的视频格式有

avi、wmv、mpeg、mov、mp4 等。

1. 在幻灯片中插入音频

可以将计算机本地、网络或剪辑管理器中的音频文件添加到幻灯片并嵌入到演示文稿中，插入音频后，幻灯片上会显示一个表示音频文件的图标。可以将音频设置为在显示幻灯片时自动开始播放，也可以设置为在单击鼠标时才开始播放。

将音频插入到幻灯片中的方法如下：

（1）单击要添加音频剪辑的幻灯片。

（2）在"插入"选项卡的"媒体"组中，单击"音频"按钮，如图4-48所示。

（3）如果要插入文件系统中的音频，则单击"文件中的音频"，找到包含所需音频的文件夹，然后双击要添加的音频文件；如果要从编辑管理器中添加音频，则单击"剪贴画音频"，如图4-49所示。在"剪贴画"任务窗格中找到所需的音频，然后单击该音频将其添加到幻灯片。

图 4-48 插入音频

图 4-49 选择音频

将音频添加到幻灯片后，通常要设置它的播放选项，在"音频工具"的"播放"选项卡的"音频选项"组中，如图4-50所示，根据需要执行下列操作：

图 4-50 音频"播放"选项卡

① 若要在放映该幻灯片时自动开始播放音频，则在"开始"列表中选择"自动"。

② 若要在幻灯片上单击音频图标时才播放，则在"开始"列表中选择"单击时"。

③ 上述设置的两个选项，当幻灯片切换到下一张幻灯片时，音频就会停止播放，若希望幻灯片切换到后面的其他幻灯片时音频仍继续播放，则应在"开始"列表中选择"跨幻灯片播放"。

④ 若要连续播放音频直至手动停止它，则选中"循环播放，直到停止"复选框。

⑤ 若在幻灯片放映时不希望显示音频图标，则可以选中"放映时隐藏"复选框。

在设计演示文稿时，经常会遇到只将音频文件从第X张幻灯片放映到第Y张的情况，假设只想为第2张至第5张幻灯片添加背景音乐，则可以按下面的方法实现：

（1）在普通视图中，选定第2张幻灯片，并在此幻灯片上插入需要的背景音乐文件。

（2）选定幻灯片上的音频图标，单击功能区的"动画"选项卡的"高级动画"组中的"动画窗格"按钮,此时 PowerPoint 窗口的右侧会出现"动画窗格"任务窗格,如图 4-51 所示。在音频文件对象右边的下拉按钮上单击并选择"效果选项",如图 4-52 所示。

图 4-51　音频动画设置

（3）在弹出的"播放音频"对话框的"停止播放"选项组中选择"在 X 张幻灯片后"单选按钮,输入数字 4,如图 4-53 所示,这里的数字是指需要播放背景音乐的幻灯片数量,最后单击"确定"按钮。

图 4-52　选择音频对象的动画效果选项

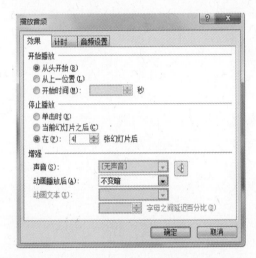

图 4-53　设置音频动画选项

2. 在幻灯片中插入视频

单击"插入"选项卡的"媒体"组中"视频"按钮的下拉按钮,在其下拉菜单中可以选择插入视频的方式,如图 4-54 所示,选择"文件中的视频"或"剪贴画视频",操作与插入音频的方法相似,这里不再展开讨论。

若选择"来自网络的视频",则 PowerPoint 会打开"从网站插入视频"对话框,将网络视频的代码输入到此对话框中,如图 4-55 所示,单击"插入"按钮,即可插入网络上的视频。

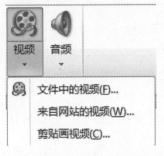

图 4-54　插入视频

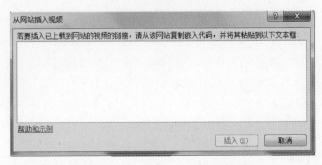

图 4-55　"从网站插入视频"对话框

136

4.4 设置演示文稿的动画效果

4.4.1 自定义动画

自定义动画能使幻灯片上的文本、图片、声音、图像、图标和其他对象具有动画效果,还可以设置动画声音和定时功能,这样就可以突出重点,控制信息的流程,并提高演示文稿的趣味性。设置自定义动画效果的操作步骤如下。

(1)在幻灯片普通视图下选择要添加自定义动画的幻灯片,单击"动画"选项卡,此时功能区会呈现与动画设置有关的选项,如图4-56所示。

图 4-56 动画功能区

(2)在幻灯片中选中需要设置动画的对象,在"动画"选项卡上单击"添加动画"按钮,弹出如图4-57所示的动画效果列表,在效果列表中选择一种合适的动画效果。

PowerPoint 允许选择"进入""强调"或"退出"来控制演示文稿放映过程中对象在何时以何种方式出现在幻灯片上。

① "进入"表示使文本或者对象以某种效果进入幻灯片。

② "强调"表示文本或者对象进入幻灯片后为其增加某种效果。

③ "退出"表示使文本或者对象以某种效果在某一个时刻离开幻灯片。

为对象添加动画效果之后,可进一步设置启动动画的触发时机及其他效果选项。开始动画效果的方法有3种,可在"动画"选项卡的"计时"组中设置,如图4-58所示。

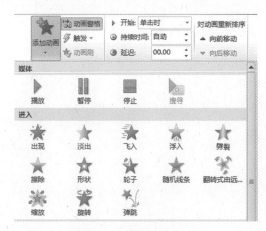

图 4-57 动画效果列表

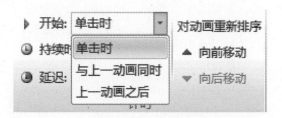

图 4-58 动画计时设置

④ "单击时"表示鼠标在幻灯片上单击时开始播放动画。

⑤ "与上一动画同时"表示上一对象的动画效果开始时同时开始这个对象的动画效果。

⑥ "上一动画之后"表示在上一对象的动画效果结束后才开始播放此对象的动画效果。

在"计时"组中,还可以设置动画效果的持续时间、相对于上一动画的延迟时间及动画的播放次序,更多的"计时"选项,则可以在"动画窗格"中,单击动画项后面的下拉按钮并选择下拉菜单中的"计时"命令,然后在弹出的对话框中进行设置,如图4-59所示。在此对话框中,"重复"表示动画效果的重复次数;触发器是幻灯片上的如图片、形状、按钮、一段文字或文本框之类的元素,单击它可引发某项操作,这里可设置在单击某对象时才开始播放对象的动画效果。

图4-59 动画计时设置

在 PowerPoint 中还可以使用"动作路径"来扩展动画效果。动作路径是一种不可见的轨迹,可以将幻灯片上的图片、文本或形状等项目放在动作路径上,使它们沿着动作路径运动。例如,可以通过其实现图片以一个手绘的线路进入或退出幻灯片。为某个对象添加"动作路径"动画效果的方法与添加预设动画效果的方式相似,选中对象后,在"动画"选项卡的"动画"组中的"动作路径"下面选择一种路径线路即可,如图4-60所示。如果选择了预设的动作路径,如"线条""弧线"等,则所选路径会以虚线的形式出现在选定对象之上,其中绿色箭头表示路径的开头,红色箭头表示结尾。如果希望对象按自己手绘的路径展现动画,则需选择"自定义路径",如图4-61所示,此时鼠标指针将变为钢笔形状,然后可在幻灯片某处单击作为路径的开

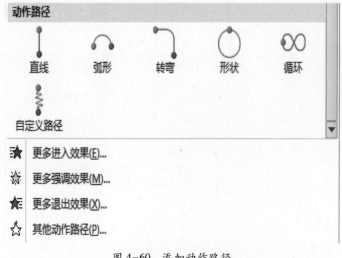

图4-60 添加动作路径

图4-61 自定义路径

138

始位置,按住鼠标左键,按照所需移动鼠标指针画出路径,要结束时双击鼠标即可。

4.4.2　应用动画刷复制动画

在 PowerPoint 的以前版本中,为幻灯片中的某个对象设置了动画效果以后是不能将这个动画效果复制给其他对象的。但是,在 PowerPoint 2010 中,新增了一个名为"动画刷"的工具,可以使用它快速轻松地将动画从一个对象复制到另一个对象。复制动画的操作如下:

（1）选择包含要复制的动画的对象。

（2）在"动画"选项卡的"高级动画"组中,单击"动画刷"按钮,如图 4-62 所示,此时鼠标指针将变为刷子形状。

（3）在幻灯片上,单击要将动画复制到其中的对象。

图 4-62　动画刷

4.4.3　动作按钮和超链接

在 PowerPoint 中,超链接是从一张幻灯片到另一张幻灯片、网页、电子邮件或文件等的连接,超链接本身可能是文本或图片、图形、形状或艺术字这样的对象。动作按钮是指可以添加到演示文稿中的位于形状库中的内置按钮形状,可为其定义超链接,从而在鼠标单击或鼠标移过时执行相应的动作。

1. 插入超链接

如果链接指向另一张幻灯片,目标幻灯片将显示在 PowerPoint 演示文稿中。如果它指向某个网页、网络位置或不同类型文件,则会在适当的应用程序或 Web 浏览器中显示目标页或目标文件。超链接必须在放映演示文稿时才能被激活。

具体创建超级链接的步骤如下:

（1）选择用于代表超链接的文本或对象。

（2）在"插入"选项卡的"链接"组中,单击"超链接"按钮,打开如图 4-63 所示的"插入超链接"对话框。

（3）在"插入超链接"对话框左边的"链接到"列表项中,选择期望创建的超链接类型并选择或输入链接对象,单击"确定"按钮。

2. 插入动作按钮

提供动作按钮是为了在演示文稿放映时,可以通过鼠标单击或移过动作按钮来实现幻灯片的跳转。

（1）在"插入"选项卡的"插图"组中,单击"形状",显示"动作按钮"列表,如图 4-64 所示,选择要添加的按钮形状。

（2）拖动鼠标在幻灯片上绘制按钮形状。

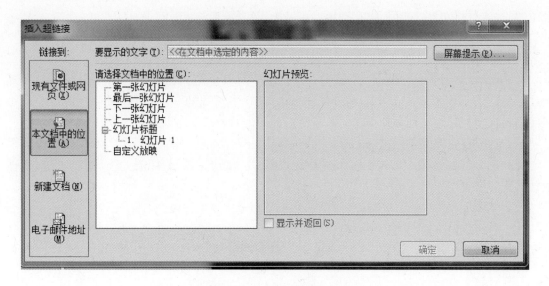

图 4-63 "插入超级链接"对话框

（3）在弹出的"动作设置"对话框中，如图 4-65 所示，根据不同的情况作以下选择：

① 若要选择在幻灯片放映时单击动作按钮时的行为，则单击"单击鼠标"选项卡。

② 若要选择在幻灯片放映时指针移过动作按钮时的行为，则单击"鼠标移过"选项卡。

（4）选择单击或指针移过动作按钮时要执行的动作（图 4-65）：

图 4-64 动作按钮

图 4-65 动作按钮设置

① 若只是在幻灯片上显示该形状按钮，不指定相应动作，则单击"无动作"。

② 若要创建超链接，则单击"超链接到"，然后选择超链接动作的目标对象（例如，一张幻灯片、上一张幻灯片、最后一张幻灯片或另一个 PowerPoint 演示文稿）。

③ 若要运行某个程序，则单击"运行程序"，选择"浏览"，找到要运行的程序。

④ 若要运行宏，则单击"运行宏"，然后选择要运行的宏，但仅当演示文稿包含宏时"运行

宏"设置才可用。

⑤ 若要播放声音,则选中"播放声音"复选框,然后选择要播放的声音。

4.5 演示文稿的放映与输出

制作演示文稿的最终目的是要放映或展示给观众,因此,对幻灯片的放映进行相关设置是演示文稿制作的重要环节。所有的设计都完成后,最后还要考虑使用什么方式对演示文稿进行发布,PowerPoint 2010 为用户提供了比以往版本更多的输出方式,本节将介绍几种常用的方法。

4.5.1 幻灯片切换

幻灯片的切换效果是指在演示期间幻灯片进入和离开屏幕时产生的视觉效果,也就是让幻灯片具有动画形式的特殊效果。PowerPoint 允许控制切换效果的速度、添加声音及对切换效果的属性进行自定义。设置幻灯片切换效果的操作步骤如下:

(1) 在幻灯片/大纲窗格的"幻灯片"选项卡中选择要应用切换效果的幻灯片。

(2) 在"切换"选项卡的"切换到此幻灯片"组中,单击要应用于幻灯片的切换效果,如图 4-66 所示。若要查看更多切换效果,则单击"其他"按钮。

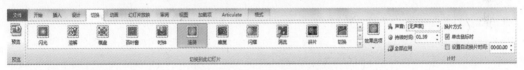

图 4-66　幻灯片切换效果

(3) 修改切换的效果选项。单击"切换到此幻灯片"组的"效果选项"并选择所需的选项,如图 4-67 所示。

(4) 若要向演示文稿中的所有幻灯片应用相同的切换效果,则在"切换"选项卡的"计时"组中,单击"全部应用"。

除了幻灯片的切换方式,在"计时"组中还可以对切换效果的其他属性作进一步的修饰,主要包括:切换动画的持续时间、切换时的伴音和换片方式等,如图 4-68 所示。

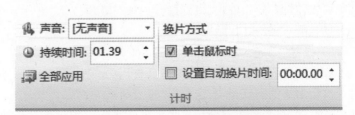

图 4-67　选择幻灯片切换效果　　　　　图 4-68　幻灯片切换的计时选项

4.5.2 放映设置和放映

1. 放映设置

要设置演示文稿的放映方式,可在"幻灯片放映"选项卡的"设置"组中单击"设置幻灯片放映",打开"设置放映方式"对话框,如图4-69所示。

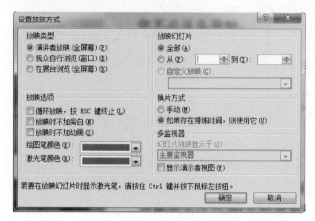

图4-69 "设置放映方式"对话框

1)设置放映类型

PowerPoint为演示文稿提供了三种不同的放映类型:演讲者放映、观众自行浏览和在展台浏览,这三种放映类型都有其自身的放映特点,下面分别对其进行介绍。

(1)演讲者放映(全屏幕)。选择该放映方式,可运行全屏显示的演示文稿,这是最常用的幻灯片播放方式,也是系统默认的选项。演讲者具有自主控制权,可以采用自动或人工的方式放映演示文稿,能够将演示文稿暂停,添加会议细节或者使用绘图笔在幻灯片上涂写,还可以在播放过程中录制旁白进行讲解。

(2)观众自行浏览(窗口)。选择该放映方式,则幻灯片的放映将在标准窗口中进行,其实是将幻灯片以阅读视图放映,这种方式适用于小规模的演示。右击窗口时能弹出快捷菜单,提供幻灯片定位、编辑、复制和打印等命令,方便观众自己浏览和控制文稿。

(3)在展台浏览(全屏幕)。选择该放映方式,则幻灯片以自动的方式运行,这种方式适用于展览会场等。观众可以更换幻灯片或单击超级链接对象和动作按钮,但不能更改演示文稿,幻灯片的放映只能按照预先计时的设置进行放映,右击屏幕不会弹出快捷菜单,需要时可按Esc键停止放映。

2)指定放映范围

在"放映幻灯片"选项组中可以指定文稿中幻灯片的放映范围,其中"全部"表示演示文稿从第一张幻灯片开始放映,直到最后一张幻灯片;"从……到……"则表示可设置从哪一张幻灯片开始到哪一张幻灯片结束。

3)设置放映选项

如果要设置演示文稿自动循环播放,首先必须在功能区的"切换"选项卡中预设好每一幻灯片自动切换的间隔时长,然后在"设置放映方式"对话框中选择"循环放映,按Esc键终止"复选框,这样幻灯片播放完最后一张后会再从第一张开始重新播放,直到利用快键停止播放。在非循环播放方式下,幻灯片播放完最后一张后会退出幻灯片放映方式。

142

在"放映选项"区中还有"放映时不加旁白""放映时不加动画""绘图笔颜色"和"激光笔颜色"四个选项,用户可以根据需要选择。

4）指定换片方式

在"设置放映方式"对话框中,可以在"换片方式"区中指定幻灯片的换片方式。其中,"手动"表示通过按钮或单击来人工换片;"如果存在排练时间,则使用它"则表示按照"切换"选项卡中设定的时间自动换片,但是如果尚未设置自动换片,则该选项按钮的设置无效。

2. 放映幻灯片

制作好一组幻灯片后就可以放映它们了,PowerPoint 提供了四种开始放映的方式:从头开始、从当前幻灯片开始、广播幻灯片、自定义幻灯片放映,如图 4-70 所示。其中"从头开始""从当前幻灯片开始"和"自定义幻灯片放映"主要是从幻灯片的放映顺序方面进行区分的,不仅可以按顺序进行放映,还可以有选择地进行放映。"广播幻灯片"是 PowerPoint 2010 的一项新功能,它可以使用户通过互联网向远程观众广播演示文稿,当用户在 PowerPoint 中放映幻灯片时,远程观众可以通过 Web 浏览器同步观看。

图 4-70　幻灯片放映四种方式

1）设计幻灯片的同时查看放映效果

对演示文稿设置完毕后,经常需要对自己幻灯片的放映进行彩排,及时发现幻灯片放映中的问题,PowerPoint 允许用户设计幻灯片的同时查看放映效果,可一边放映幻灯片,一边修改幻灯片,其实现方法如下:

（1）切换到"幻灯片放映"选项卡,然后在"开始放映幻灯片"选项组中,按住 Ctrl 键的同时单击"从当前幻灯片开始"按钮。

（2）演示文稿会开始在桌面的左上角放映。在幻灯片的放映过程中,如发现某项内容出现错误或者某个动态效果不理想,则可直接单击演示文稿编辑窗口,并定位到需要修改的内容上,进行必要的修改。

（3）修改完成后,单击放映状态下的幻灯片（即左上角处的幻灯片）即可继续播放演示文稿,以便查看和纠正其他错误。

2）录制幻灯片演示

录制幻灯片演示功能可以记录每张幻灯片的放映时间,同时允许用户使用鼠标、激光笔或麦克风为幻灯片加上注释,即制作者对幻灯片的一切相关注释都可以使用录制幻灯片演示功能记录下来,从而使演示文稿可以脱离讲演者来放映,大大提高幻灯片的互动性。录制幻灯片演示的操作如下:

（1）在"幻灯片放映"选项卡的"设置"组中,单击"录制幻灯片演示"按钮。根据需要选择"从头开始录制"或者"从当前幻灯片开始录制",如图 4-71 所示。

（2）在"录制幻灯片演示"对话框中,选中"旁白和激光笔"和"幻灯片和动画计时"复选框,并单击"开始录制"按钮。

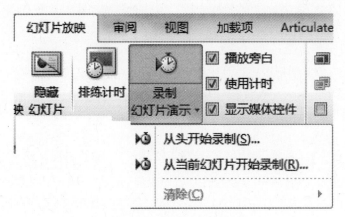

图 4-71　录制幻灯片演示

（3）若要结束幻灯片放映的录制，则右击幻灯片，选择"结束放映"。

操作结束后，每张幻灯片都会自动保存录制下来的放映计时，且演示文稿将自动切换到浏览视图，每个幻灯片下面都显示放映的计时。

3）控制幻灯片放映

在放映过程中，除了可以根据排练时间自动进行播放外，也可以控制放映某一页。右击屏幕，在快捷菜单上可以选择放映下一页、放映上一页、定位到某一页和结束放映等操作。

4）绘图笔的应用

PowerPoint 提供了绘图笔功能，绘图笔可以直接在屏幕上进行标注，在放映过程对幻灯片中的内容进行强调。其操作步骤如下：

（1）在放映过程中，右击屏幕，从弹出的快捷菜单中选择"指针选项"命令，再从出现的级联菜单中，选择对应的画笔命令，如图 4-72 所示。

（2）如果要改变绘图笔的颜色，可以选择"墨迹颜色"命令，选择所需的颜色。

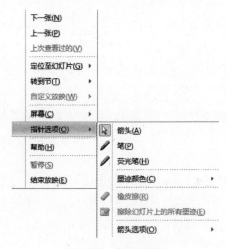

图 4-72　指针选项

（3）按住鼠标左键，在幻灯片上就可以直接书写和绘画，但不会修改幻灯片本身的内容。

（4）如果要擦除标注内容，右击屏幕，从打开的快捷菜单中，选择"指针选项"，再从出现的级联菜单中，选择"擦除幻灯片上的所有墨迹"。

（5）当不需要进行绘图笔操作时，用鼠标右击屏幕，选择"指针选项"命令，再从出现的级联菜单中选择"箭头"命令，即可将鼠标指针恢复为箭头形状。也可以选择"指针选项""箭头选项""永远隐藏"命令，在剩余的放映过程中，仍然可以右击，然后从打开的快捷菜单中选择相应的操作。

4.5.3　演示文稿的输出

演示文稿除了可以保存为幻灯片格式外，还可以保存成其他格式，以便在不同的场合能更好地呈现。

1. 将演示文稿保存为视频

在 PowerPoint 2010 中，可以将演示文稿另存为 Windows Media 视频（.wmv）文件，这样可以使用户确信自己演示文稿中的动画、旁白和多媒体内容可以顺畅播放，分发时可更加放心。其操作步骤如下。

（1）在功能区"文件"选项卡中选择"保存并发送"，然后单击"创建视频"，如图 4-73所示。

（2）根据需要选择视频质量和大小选项。单击"创建视频"下的"计算机和 HD 显示"下拉按钮，执行下列操作之一，如图 4-74 所示：

① 若要创建质量很高的视频（文件会比较大），则选择"计算机和 HD 显示"。

② 若要创建具有中等文件大小和中等质量的视频，则选择"Internet 和 DVD"。

③ 若要创建文件最小的视频（质量低），则选择"便携式设备"。

（3）单击"创建视频"按钮，在弹出的"另存为"对话框中，选择保存路径并输入要保存的视频名称，单击"保存"按钮。

2. 将演示文稿保存为 PDF 或 XPS 文档

将演示文稿保存为 PDF 或 XPS 文档的好处在于这类文档在绝大多数计算机上其外观是一致的，字体、格式和图像不会受到操作系统版本的影响，且文档内容不容易被轻易修改。另外，在互联网上有许多此类文档的免费查看程序。操作方法如下。

图 4-73　将演示文稿另存为视频

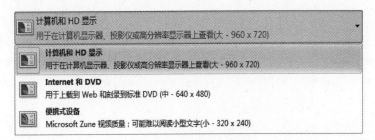

图 4-74　创建视频选项

145

（1）在功能区"文件"选项卡中选择"保存并发送"，然后单击"创建 PDF/XPS 文档"，再单击"创建 PDF/XPS"按钮。

（2）在弹出的"发布为 PDF 或 XPS"对话框的"保存类型"列表框中选择 PDF 或 XPS 文件类型。

（3）若有需要，单击"发布为 PDF 或 XPS"对话框的"选项"按钮，在弹出的"选项"对话框中做相应的设置，如图 4-75 所示。

（4）选择保存路径并输入要保存的文档名称，单击"发布"按钮。

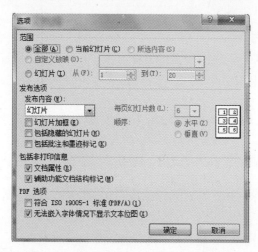

图 4-75　发布为 PDF 或 XPS 文档的选项

3. 将幻灯片保存为图片文件

PowerPoint 还允许将演示文稿中的幻灯片单独或全部保存为图片文件，且支持多种图片文件类型，包括 JPEG、PNG、GIF、TIF、BMP、WMF、EMF 等。操作的方法比较简单，在功能区"文件"选项卡中选择"另存为"，在弹出的"另存为"对话框中根据需要选择一种图片文件格式，再单击"保存"按钮。

4. 打包演示文稿

PowerPoint 提供了文件"打包"功能，可以将演示文稿和所链接的文件一起保存到磁盘或者 CD 中，以便于将演示文稿制作成一个可以在其他即使没有安装 PowerPoint 的计算机上也可方便播放的文件。

打开准备打包的演示文稿，在"文件"选项卡中选择"保存并发送"，然后单击"将演示文稿打包成 CD"，再单击"打包成 CD"按钮，此时会弹出如图 4-76 所示的对话框。

（1）在"将 CD 命名为"文本框中输入即将打包成 CD 的名称。

（2）默认情况下，所打包的 CD 将包含演示文稿中的链接文件和一个名为 Presentation Package 的文件夹。如果需要更改默认设置，可以在该对话框中单击"选项"按钮，打开"选项"对话框，如图 4-77 所示，在其中对包含的文件信息等选项进行设置，在"增强安全性和隐私保护"选项中，还可以指定打开演示文稿的密码和修改演示文稿的密码。

（3）设置完毕后，单击"确定"按钮，保存设置并返回到"打包成 CD"对话框。如需要将多个演示文稿同时打包，可以单击"添加"按钮，打开"添加文件"对话框，即可将要打包的新的文件添加到 CD 中。

（4）单击"复制到文件夹"按钮，打开"复制到文件夹"对话框，在其中可以指定路径，将当前文件复制到该位置上。

（5）单击"复制到 CD"按钮，打开"正在将文件复制到 CD"对话框并将刻录机托盘弹出，当将一张有效的 CD 插入刻录机中后，即可开始文件的打包和复制过程。

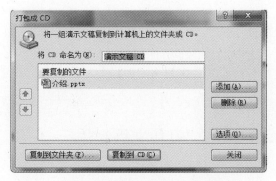

图 4-76 "打包成 CD"对话框　　　　　　　　　　图 4-77 "选项"对话框

（6）单击"关闭"按钮，即可完成全部操作。

5. 打印演示文稿

在 PowerPoint 中，既可用彩色、灰度或纯黑白打印整个演示文稿的幻灯片、大纲、备注和观众讲义，也可打印特定的幻灯片、讲义、备注页或大纲页。打印演示文稿可先选择"文件"选项卡的"打印"选项，打开如图 4-78 所示的打印选项窗口。

图 4-78 演示文稿的打印选项窗口

可以在"颜色"选项中选择合适的颜色模式，因为大多数演示文稿设计为彩色显示，而幻灯片和讲义通常使用"黑白"或"灰色"打印，所以在打印之前，建议在右侧预览窗格中查看幻灯片、备注和讲义用纯黑白或灰度显示的效果，以确定是否调整对象的外观。

打印内容可以有"整页幻灯片""备注页""大纲"和"讲义"四种选择，"整页幻灯片"表示直接打印幻灯片作为讲义使用,此时每张幻灯片打印成一页;"备注页"表示将幻灯片内容和备注信息打印出来用于在进行演示时自己使用,或将其包含在给听众的印刷品中;"大纲"表示打印大纲中的所有文本或只是幻灯片标题;"讲义"表示在一页上同时排版多张幻灯片并打印。

另外,在此设置窗口还可以设定所要打印的幻灯片范围,包括全部、所选、当前及自定义,选择"自定义范围"时,需在"幻灯片"文本框中输入各幻灯片编号列表或范围,各个编号须用无空格的逗号隔开,如:1,3,5-12。当打印的份数多于 1 份时,在"设置"项中还可以选择是否逐份打印幻灯片。

4.6 实战训练一:"中国海军发展史"宣传文稿制作

4.6.1 实验目的

(1)理解 PowerPoint 的功能,熟练掌握使用 PowerPoint 制作演示文稿的基本操作。
(2)理解主题、颜色、背景、母版的作用,熟练使用其美化幻灯片。
(3)熟练掌握在幻灯片中插入图片、声音、艺术字、图表、组织结构图等对象的方法。

4.6.2 实验内容

创建制作"中国海军发展史"的演示文稿,要求图文并茂,美观大方,包括 15~20 张幻灯片。

4.6.3 实验要求

1. 演示文稿的创建和保存

(1)创建演示文稿。
(2)依据每张幻灯片内容选择不同的版式,要求演示文稿至少包括三种版式。
(3)设置幻灯片中文字的字体、字号、颜色、格式等效果。
(4)将幻灯片分节进行管理。

2. 应用主题和母版美化幻灯片

(1)设置主题颜色、主题字体。
(2)选择合适的幻灯片模板,并进行相应的修改。
(3)在幻灯片中插入页眉、页脚。

3. 插入图片、艺术字、音乐等对象

(1)插入航空母舰相关图片。
(2)插入艺术字,并进行格式设计。
(3)插入与航空母舰相关的数据并将其转换成图表形式。
(4)插入航空母舰相关的视频、音频资料,将声音图标隐藏。

4.6.4 思考题

(1)如何修改幻灯片的背景?
(2)怎么实现图片的对齐排列?

4.7　实战训练二:"长征精神,永放光芒"宣传文稿制作

4.7.1　实验目的

(1) 熟练掌握 PowerPoint 中设置幻灯片的动态效果的方法。

(2) 熟练掌握 PowerPoint 中设置超链接和动作按钮的方法。

(3) 掌握使用 PowerPoint 设置多种放映方式。

4.7.2　实验内容

创建制作以"长征精神,永放光芒"为主题的演示文稿,要求实现动态效果,包括 15~20 张幻灯片。

(1) 设置幻灯片切换效果,幻灯片中对象的动画效果。

(2) 设置超级链接和按钮。

(3) 对演示文稿进行自定义放映。

(4) 将演示文稿打包成 PDF 格式文档输出。

4.7.3　实验要求

(1) 设置幻灯片之间的切换方式。

(2) 设置幻灯片上图片、文字的动画效果。

(3) 设置超级链接及动作按钮,完成幻灯片交互效果的实现。

(4) 设置幻灯片的放映方式,并对演示文稿进行排练计时。

(5) 将制作的演示文稿,打包成 PDF 格式文档进行输出。

4.7.4　思考题

(1) 如何设计超链接访问前、访问后的字体颜色?

(2) 如何控制幻灯片动画的出现时间?

(3) 如何实现幻灯片的循环播放?

4.8　习　　题

一、选择题

1. 保存演示文稿时,默认的扩展名是(　　)。

　　A. docx　　　　　　　　B. pptx　　　　　　　　C. wpsx　　　　　　　　D. xlsx

2. 在当前演示文稿中要插入一张新幻灯片,不可以采用(　　)方式。

　　A. 选择"开始"选项卡中的"新建幻灯片"命令

　　B. 在浏览窗格中选中某幻灯片后按 Enter 键

　　C. 在某幻灯片上右击,选择"新建幻灯片"

　　D. 选择"插入"选项卡中的"幻灯片"命令

3. 标题幻灯片之后的第一张幻灯片的默认版式是(　　)。

A. 空白　　　　　　　B. 内容与标题　　　　C. 标题与内容　　　　D. 仅标题

4. PowerPoint 2010 与 Word 2010 相比,不是其特有的区域的是(　　)。

　　A. 备注栏　　　　　　B. 状态栏　　　　　　C. 幻灯片编辑区　　　D. 视图区

5. 如果要播放演示文稿,可以使用(　　)。

　　A. 普通视图　　　　　　　　　　　　　　　B. 幻灯片浏览视图

　　C. 阅读视图　　　　　　　　　　　　　　　D. 幻灯片放映视图

6. 在下列各项中,(　　)不能删除幻灯片。

　　A. 在"幻灯片视图"下,选择要删除的幻灯片,单击"编辑删除幻灯片"命令

　　B. 在"幻灯片浏览视图"下,选中要删除的幻灯片,按 Delete 键

　　C. 在"大纲视图"下,选中要删除的幻灯片,按 Delete 键

　　D. 在"阅读视图"下,选择要删除的幻灯片,按 Delete 键

7. 在下列各项中,可以对多个幻灯片进行选择、移动、复制、删除等编辑操作的是(　　)。

　　A. 幻灯片浏览　　　B. 备注页　　　　　C. 幻灯片放映　　　D. 幻灯片母版

8. 要在选定的幻灯片中输入文字,应(　　)。

　　A. 直接输入文字

　　B. 先单击占位符,然后输入文字

　　C. 先删除占位符中的系统显示的文字,然后才可输入文字

　　D. 先删除占位符,然后再输入文字

9. 在 PowerPoint 中,下列说法正确的是(　　)。

　　A. 只有在"普通"视图中才能插入新幻灯片

　　B. 只有在"大纲"视图中才能插入新幻灯片

　　C. 只有在"幻灯片浏览"视图中才能插入新幻灯片

　　D. 3 种方法都可以

10. 在"幻灯片浏览"视图中,单击选定不连续的多个幻灯片时,需要按住(　　)键。

　　A. Shift　　　　　　B. Alt　　　　　　　C. Ctrl　　　　　　D. Delete

11. 在"幻灯片浏览"视图中,用鼠标拖动复制幻灯片时,需要按住(　　)键。

　　A. Ctrl　　　　　　B. Alt　　　　　　　C. Shift　　　　　　D. Esc

12. 在"幻灯片浏览视图"中,不能进行的操作是(　　)。

　　A. 删除幻灯片　　　B. 移动幻灯片　　　C. 编辑幻灯片内容　　D. 设置放映方式

13. 在 PowerPoint 中,不能改变幻灯片顺序的视图是(　　)。

　　A. 幻灯片　　　　　B. 普通　　　　　　C. 大纲　　　　　　D. 幻灯片放映

14. 在 PowerPoint 中,能编辑修改幻灯片内容的视图是(　　)。

　　A. 幻灯片母版　　　B. 备注页　　　　　C. 大纲　　　　　　D. 幻灯片放映

15. 在空白幻灯片中不能直接插入(　　)。

　　A. 文本框　　　　　B. 文字　　　　　　C. 艺术字　　　　　D. 表格

16. 要在演示文稿中插入公式,可以使用下列(　　)打开"公式编辑器"。

　　A. "插入"选项卡中的命令　　　　　　　　B. "开始"选项卡中的命令

　　C. "文件"选项卡中的命令　　　　　　　　D. "视图"选项卡中的命令

17. 在下列各项中,(　　)不能控制幻灯片外观的一致。

　　A. 母版　　　　　　B. 模板　　　　　　C. 背景　　　　　　D. 幻灯片视图

18. 下面不是 PowerPoint 主题的包含的内容的是(　　)。

    A. 颜色　　　　　　　B. 切换　　　　　　　C. 字体　　　　　　　D. 背景

19. 下列关于组合的说法中,正确的是(　　)。

    A. 幻灯片中所有的对象都可以组合

    B. 标题和文本占位符可以组合

    C. 表格、图形、图片、文本框可以组合

    D. 图形、图片、公式、文本框可以组合

20. 在演示文稿中,在插入超级链接中所链接的目标,不能是(　　)。

    A. 另一个演示文稿　　　　　　　　　　B. 同一演示文稿的某一张幻灯片

    C. 其他应用程序的文档　　　　　　　　D. 幻灯片中的某个对象

21. 利用 PowerPoint 的(　　)功能,可以给幻灯片配上解说。

    A. 自定义动画　　　　B. 自定义放映　　　　C. 幻灯片切换　　　　D. 录制旁白

22. 一个演示文稿,如果演讲者需要根据不同观众展示不同的内容,可以采用(　　)。

    A. 自定义动画　　　　B. 自定义放映　　　　C. 排练计时　　　　　D. 录制旁白

23. 要使某张幻灯片与其母版不同,以下说法正确的是(　　)。

    A. 这是不可能的　　　　　　　　　　　B. 可以设置该幻灯片不使用母版

    C. 可以直接修改幻灯片　　　　　　　　D. 可以重新设置母版

24. 与 Word 相比,PowerPoint 中的文本的最大特色是(　　)。

    A. 可以设置颜色　　　B. 作为图形对象　　　C. 可以设置字体　　　D. 可以设置字号

25. 不可改变幻灯片的放映次序的是(　　)。

    A. 插入超链接　　　　B. 自定义放映　　　　C. 使用动作按钮　　　D. 录制旁白

26. 如果要从最后一张幻灯片返回到第一张幻灯片,应使用(　　)功能。

    A. 自定义动画　　　　B. 动作设置　　　　　C. 幻灯片切换　　　　D. 排练计时

27. 在幻灯片的"动作设置"对话框中设置的链接对象不允许是(　　)。

    A. 另一个演示文稿　　　　　　　　　　B. 下一张幻灯片

    C. 一个应用程序　　　　　　　　　　　D. 幻灯片中的某个对象

28. 下述对幻灯片中的对象进行动画设置的正确描述是(　　)。

    A. 幻灯片中的对象一旦进行动画设置就不可以改变

    B. 幻灯片中一个对象只能设置一个动画效果

    C. 设置动画时不可以改变对象出现的先后次序

    D. 幻灯片中各对象设置的动画效果可以不同

29. 在演示文稿中,关于超链接的下列说法中正确的是(　　)。

    A. 幻灯片中不能设置超链接

    B. 只能在幻灯片放映时才能跳转到超链接目标

    C. 在幻灯片编辑状态不能跳转到超链接目标

    D. 不管在幻灯片的编辑状态还是在幻灯片放映时均能跳转到超链接目标

30. 设置幻灯片放映时间的命令是(　　)。

    A."幻灯片放映"选项卡中的"预设动画"命令

    B."视图"选项卡中的"幻灯片母版"命令

    C."幻灯片放映"菜单中的"排练计时"命令

D. "插入"选项卡中的"日期和时间"命令

31. 在 PowerPoint 中,打印幻灯片时,一张 A4 纸最多可打印(　　)张幻灯片。
    A. 任意　　　　　　　　B. 3　　　　　　　　C. 6　　　　　　　　D. 9

32. 使用(　　),可以给打印的每张幻灯片都加边框。
    A. "插入"选项卡中的"文本框"命令
    B. "绘图"工具栏的"矩形"按钮
    C. "文件"菜单中的"打印"命令
    D. "格式"菜单中的"颜色和线条"

33. 在下列菜单中,可以找到"幻灯片母版"命令的是(　　)。
    A. "文件"选项卡　　　　　　　　　　　B. "插入"选项卡
    C. "视图"选项卡　　　　　　　　　　　D. "设计"选项卡

34. 在 PowerPoint 中,下列关于音频的说法中正确的是(　　)。
    A. 在幻灯片中插入声音后,会显示一个喇叭图标
    B. 在 PowerPoint 中,可以录制声音
    C. 在幻灯片中插入剪贴画音频后,放映时会自动播放
    D. 以上 3 种说法都对

35. 要退出幻灯片放映,应按(　　)。
    A. Enter 键　　　　　B. Esc 键　　　　　C. Delete 键　　　　　D. Ctrl 键

36. 要让演示文稿从当前幻灯片开始放映的正确操作是(　　)。
    A. 单击水平滚动条左端的"幻灯片放映"按钮
    B. 按 F5 键
    C. 选择"幻灯片放映"选项卡中的"从头开始"命令
    D. 上述 3 种操作均对

二、填空题

1. 使用 PowerPoint 2010 创建的文档称为_____,其文件扩展名为_____。

2. PowerPoint 的"插入"选项卡与 Word 的相比,多了一个_____组,可以插入_____和_____。

3. 在 PowerPoint 2010 中,如果在文本占位符中出现输入文字占满整个窗口的情况,会在占位符左下侧自动产生一个_____按钮,其默认的选项是_____。

4. 演讲者常常需要针对不同的观众展示不同的内容,在这种情况下,可以利用 PowerPoint 提供的_____功能。

5. PowerPoint 提供的母版有 3 种,分别是_____、_____和_____。

6. PowerPoint 的动态效果分为两类:一种是幻灯片本身的出现效果,称为_____;另一种是幻灯片上的各种对象的出现方式,称为_____。

7. 在打印幻灯片时,如果希望在一张纸上打印多张幻灯片,应该在打印对话框的打印内容下选择_____选项。

8. 在 PowerPoint 2010 中,如果想插入一张与前一张幻灯片一模一样的幻灯片,可以选择"新建幻灯片"窗格里的_____命令。

第 5 章　信息数据的处理

Excel 2010 是一款功能强大的电子表格制作软件,它是微软办公套装软件的一个重要组成部分。使用 Excel 可以进行各种数据处理、统计分析和辅助决策操作。因此,Excel 在各种日常事务管理、商品营销分析、人事档案管理、统计财经和金融等众多领域都得到了广泛的应用。

5.1　创建与编辑电子表格

5.1.1　Excel 的基本概念

为了更顺利地学习 Excel 2010 的相关操作,首先介绍一些 Excel 的基本概念。

1. 工作簿

在 Excel 2010 中,一个 Excel 文件就是一个工作簿。在一个工作簿内可以包含若干张工作表,默认情况下有三张,在每个工作簿中又可以创建或插入多个工作表,最多允许容纳 255 张。工作簿与工作表之间的关系如图 5-1 所示。

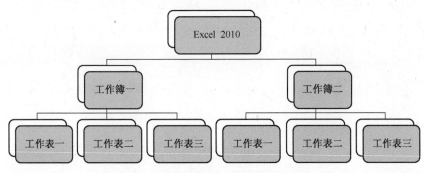

图 5-1　工作簿和工作表之间的关系

2. 工作表

工作簿中的每一张表称为工作表。每张工作表都有标签(名称),用户可以为工作表重命名,也可以根据需要添加或删除工作表。每张工作表由 1048576 行和 16384 列组成。

3. 单元格

工作表由单元格组成,屏幕上的一个个长方形格子就是单元格。单元格是构成工作表的基本单位,是用来填写数据的地方。单元格的引用是通过指定其行、列坐标来实现的,即通过列号加行号来指定单元格。

4. 单元格区域

单元格区域是单元格的集合,是由许多个单元格组合而成的一个范围。在数据运算中,引用一个单元格区域是通过区域左上角与区域右下角单元格的坐标来表示的,中间用冒号作为分隔符。例如 A1:E7 所表示的是从 A1 到 E7 之间的所有单元格。

5. 活动单元格

活动单元格是指当前光标所指向的单元格。粗线方框围着的单元格就是当前的单元格,输入的内容将出现在活动单元格中,一张表格中只有一个活动单元格。

5.1.2 工作表的基本操作

在 Excel 中进行的所有工作都是在一个打开的工作簿中进行的,工作簿实际上是工作表的容器,它以文件的方式进行存储。工作表是 Excel 的工作平台,用于处理和存储数据。对工作簿的操作实际上就是对文件的操作,类似于 Word 文档的操作,这里不再赘述。本节主要介绍 Excel 工作表的操作方法和技巧。

5.1.3 Excel 2010 的工作界面

在进行 Excel 2010 的各种操作之前,需要首先认识其工作界面。启动 Excel 2010 后即可进入其工作界面,如图 5-2 所示。

图 5-2 Excel 2010 的工作界面

(1)单元格名称框和编辑栏。单元格名称框用于指示当前选定的单元格、图表项或绘图对象;编辑栏用于显示、输入和编辑当前活动单元格中的数据或公式。单击"取消"按钮 ✖ 可以取消在编辑栏中输入的内容,单击"输入"按钮 ✔ 可确定输入的内容,单击插入函数按钮 *fx* 可以插入函数。

(2)工作表区。工作表区由行号、列标、工作表标签和单元格组成,可以输入不同类型的数据,是最直观的显示所输入内容的区域。

1. 添加和删除以及重命名工作表

如前所述,打开工作簿后,Excel 2010 将会自动创建 3 个工作表,但在实际操作过程中,需

154

要的工作表个数不尽相同,有时需要向工作簿中添加工作表,而有时又需要将多余的工作表删除。下面介绍插入和删除工作表的常用方法。

1) 插入工作表

(1) 通过快捷菜单插入工作表。使用快捷菜单插入工作表是非常快捷的操作方法,具体操作步骤如下:

① 右击工作表标签(新工作表将插入到选定工作表的左侧),在弹出的菜单中单击"插入"命令,如图 5-3 所示。

② 单击"工作表"图标,接下来单击"确定"按钮,完成工作表的插入,如图 5-4 所示。

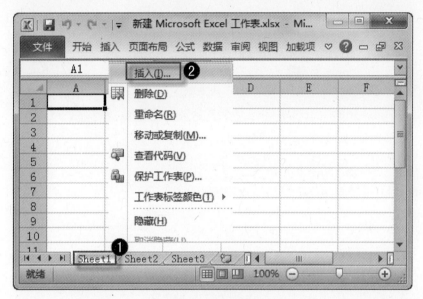

图 5-3　插入工作表

图 5-4　"插入"对话框

(2) 通过功能区插入工作表。单击切换到"开始"选项卡,单击选择相应的工作表标签,定位新工作表的插入位置(新工作表将插入到选定工作表的左侧);接下来单击"单元格"功能组的"插入"下拉按钮,在弹出的下拉菜单中单击"插入工作表"命令,如图 5-5 所示。

155

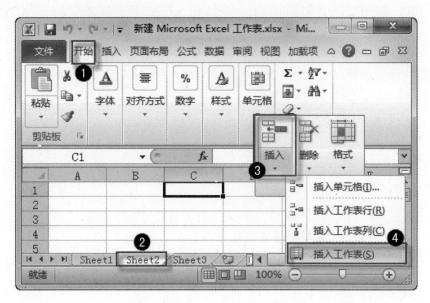

图 5-5　通过功能区插入工作表

小贴士：插入工作表的其他方法如下。

● 按 Shift+F11 快捷键，可以插入一张工作表。

● 同时选择多张工作表标签，再执行插入工作表的操作，可以同时插入所选择的数目的工作表。

2）删除工作表

在工作簿中，没用的工作表可以删除，常用的删除方法有以下两种。

（1）右击要删除的工作表标签，在弹出的菜单中选择"删除"命令即可。

（2）右击要删除的工作表标签，然后切换到"开始"选项卡，在"单元格"功能区中单击"删除"下拉按钮，在弹出的菜单中单击"删除工作表"命令即可。

3）重命名工作表

默认情况下，工作表是按照 Sheet1、Sheet2……的顺序依次命名，后创建的工作表编号顺序靠后。这种命名方式在实际工作中不利于记忆，也不利于对工作表进行有效管理。用户可以根据自己的需要对工作表进行重命名，以便于工作表的识别和管理。具体方法如下：

（1）右击工作表标签，这里选择"Sheet2"；在弹出的菜单中单击"重命名"命令，如图 5-6 所示。

（2）此时工作表标签呈高亮显示，即处于编辑状态，在其中输入新的工作表名后，按 Enter 键即可实现重命名操作，这里将"Sheet2"重命名为"成绩表"，如图 5-7 所示。

2. 复制和移动工作表

要创建包含多个同类工作表的工作簿，可以先创建一个工作表，然后将其进行复制。有时，在一个工作簿中需要改变工作表的排列顺序，或者将一个工作表放置到另一个工作簿中，这就需要进行移动工作表的操作。下面介绍复制和移动工作表的方法。

（1）在工作簿中选择需要复制的工作表，这里选择"成绩表"；右键单击需要复制的工作表标签。在弹出的菜单中选择"复制或移动"命令，打开"移动或复制工作表"对话框，如图 5-8 所示。

156

图 5-6　选择"重命名"命令

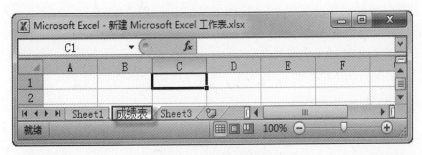

图 5-7　工作表重命名

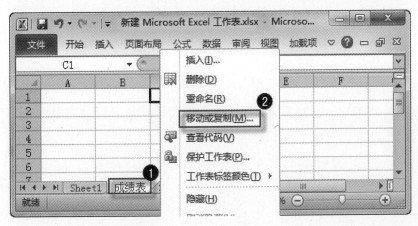

图 5-8　选择"移动或复制"命令

（2）在打开的"移动或复制工作表"对话框的"工作簿"下拉列表中选择要复制或移动到的目的工作簿；在"下列选定工作表之前"列表中选择复制或移动到的位置，这里选择，复制到"Sheet1"之前；如果是复制工作表，勾选"建立副本"复选框；完成设置后，单击"确定"按钮即可，如图 5-9 所示。

可以看到，工作表"成绩表"被复制到了"Sheet1"之前，并且系统将其自动重命名为"成绩表（2）"，如图 5-10 所示。用户可根据自己的需求再进行重命名。

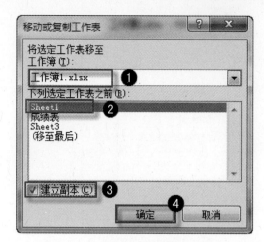

图 5-9　"移动或复制工作表"命令

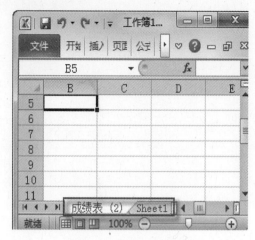

图 5-10　复制后的工作表

小贴士：在当前工作簿中快速移动或复制工作表的方法如下。

● 将指针指向需要移动的工作表标签，然后按住鼠标左键不放，当鼠标变成 ![](形状时，拖至想要移动的位置即可。

● 如果在工作簿内复制工作表，则将鼠标指向需要复制的工作表标签，然后按住鼠标左键不放，同时按住 Ctrl 键，使用鼠标将工作表拖至想要复制的位置即可。

5.1.4　单元格的基本操作

单元格是 Excel 工作表中数据存储的基本单元，任何数据都只能在单元格中输入。掌握工作表中单元格的操作，是使用 Excel 进行数据处理的基础。下面主要介绍工作表中单元格的选择、移动、复制以及合并单元格等操作。

1. 选择单元格及单元格区域

在进行工作表的操作时，数据的输入是最基本的操作。要在单元格中输入或编辑数据，首先要选择所在的单元格及单元格区域。

1）选择单个单元格

当需要选择某个单元格时，只需要用鼠标单击该单元格即可。单元格被选中后，Excel 2010 主界面的上方名称框中将显示该单元格的内容，如图 5-11 所示。

	专业	学号	姓名	性别	第一轮考核成绩	第二轮考核成绩	第三轮考核成绩	总成绩	平均成绩
1					某连单兵实弹射击考核成绩统计分析表				
3	163351	2016073	王文龙	男	86	68	88		
4	163361	2016024	李世龙	男	79	89	72		
5	163371	2016035	刘琪琪	男	88	74	62		
6	163391	2016016	何承启	女	72	73	81		
7	163351	2016008	陈彦屹	男	81	95	68		
8	163351	2016058	宋照实	男	68	93	83		
9	163361	2016026	李向明	女	81	93	73		

图 5-11　选择单个单元格

2）选择单元格区域

在工作表中单击一个单元格，按住 Shift 键单击需要选择的单元格区域右下角的最后一个单元格,即可选择一个连续的单元格区域,如图 5-12 所示。

图 5-12　选择连续单元格区域

在工作表中选择一个单元格,然后按住 Ctrl 键单击其他需要选择的单元格,可以同时选中多个单元格,如图 5-13 所示。

图 5-13　选择不连续单元格区域

单击表格区域左上角的"全选"按钮,可以选择整个工作表,如图 5-14 所示。在工作表的列号或行号上单击可以选择整列或整行。如单击 C 列的列号,可以选择整个 C 列,如图 5-15 所示。

图 5-14　选择整个工作表

图 5-15　选择整列

小贴士:Excel 中单元格的命名方式如下。

在 Excel 工作表中,单元格是由它在工作表中位置来识别的,其位置由行号和列号组成。行号由 1、2、3 等数字来标识,列号由 A、B、C 等大写字母来标识。如 A3 表示单元格位于工作表的第 3 行第 A 列,A3 即为该单元格的地址或名称。

2. 插入和删除单元格

在工作表中进行数据编辑处理时,经常会遇到数据遗漏的情况。此时可以使用插入单元格的方法进行补充。遇到不需要的数据时,可以通过删除单元格将其删除。

1) 插入单元格

(1) 在工作表中选择相应的单元格,右键单击鼠标;在弹出的菜单中选择"插入"命令,如图 5-16 所示。

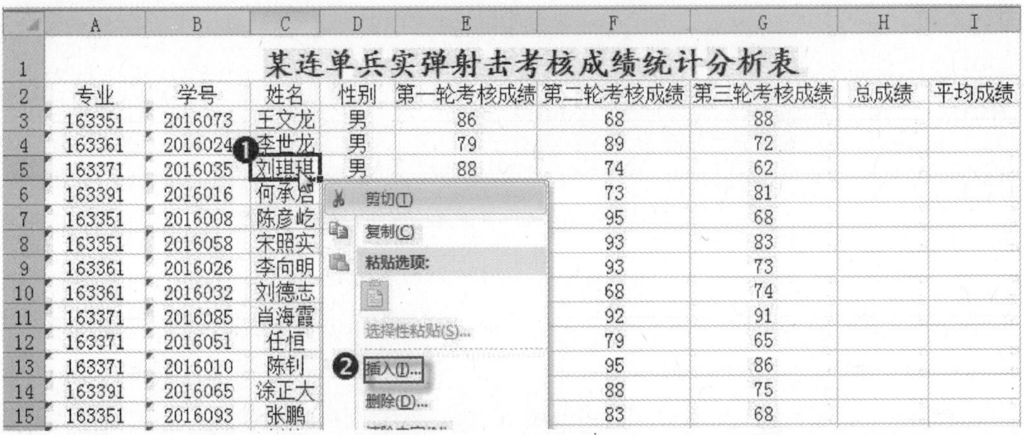

	A	B	C	D	E	F	G	H	I
1				某连单兵实弹射击考核成绩统计分析表					
2	专业	学号	姓名	性别	第一轮考核成绩	第二轮考核成绩	第三轮考核成绩	总成绩	平均成绩
3	163351	2016073	王文龙	男	86	68	88		
4	163361	2016024	李世龙	男	79	89	72		
5	163371	2016035	刘琪琪	男	88	74	62		
6	163391	2016016	何承启			73	81		
7	163351	2016008	陈彦屹			95	68		
8	163351	2016058	宋照实			93	83		
9	163361	2016026	李向明			93	73		
10	163361	2016032	刘德志			68	74		
11	163371	2016085	肖海霞			92	91		
12	163371	2016051	任恒			79	65		
13	163371	2016010	陈钊			95	86		
14	163391	2016065	徐正大			88	75		
15	163351	2016093	张鹏			83	68		

（菜单内容：剪切(T)、复制(C)、粘贴选项:、选择性粘贴(S)...、❷插入(I)...、删除(D)...）

图 5-16　选择"插入"命令

(2) 在打开的"插入"对话框中,选择相应的插入单元格的方式。这里选择"活动单元格"下移,单击"确定"按钮关闭"插入"对话框(图 5-17),即可在工作表中插入一个单元格,且当前选择的单元格下移,如图 5-18 所示。

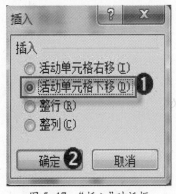

图 5-17　"插入"对话框

图 5-18　选择空白单元格

2) 删除单元格

选择需要删除的单元格,右键单击鼠标,在弹出菜单中选择"删除"命令,并在弹出的对话框中选择相应的删除方式即可。

3. 合并和拆分单元格

1) 合并单元格

在进行表格的编辑时,有时一个单元格的内容需要占用几个单元格的位置。此时需要将几个单元格合并为一个单元格。操作步骤:单击切换到"开始"选项卡,在工作表中选择需要合并的单元格,在开始选项卡的"对齐方式"组中单击"合并后居中"按钮上的下三角按钮,在打开的下拉列表中选择相应的合并方式,这里选择"合并后居中"命令,如图 5-19 所示。此时,选择的单元格合并为一个单元格,同时单元格中的内容在合并后的大单元格中居中存放,如图 5-20所示。

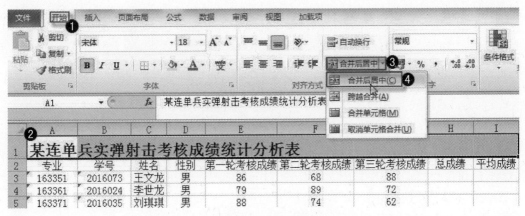

图 5-19　合并单元格

	A	B	C	D	E	F	G	H	I
1	某连单兵实弹射击考核成绩统计分析表								
2	专业	学号	姓名	性别	第一轮考核成绩	第二轮考核成绩	第三轮考核成绩	总成绩	平均成绩
3	163351	2016073	王文龙	男	86	68	88		
4	163361	2016024	李世龙	男	79	89	72		
5	163371	2016035	刘琪琪	男	88	74	62		
6	163391	2016016	何承启	女	72	73	81		

图 5-20　合并后的单元格

2）拆分单元格

Excel 中的拆分单元格与 Word 中表格的拆分单元格是不同的。在 Excel 中不能对默认的单元格进行拆分,只能将合并后的单元格进行拆分,且最小也只能拆分至默认单元格的大小。拆分单元格时,只需要在如图 5-19 所示的"合并后居中"下拉列表中选择"取消单元格合并"即可。

5.1.5　输入和编辑数据

1. 设置数据格式

要在 Excel 工作表中对数据进行分析和处理,首先要输入数据。Excel 工作表中可以输入多种类型的数据。在输入数据之前,可以设置相应单元格区域的数据格式,再进行数据的输入,以确保数据按照相应的格式进行输入。对于不同类型的数据,Excel 提供了多套格式方案供用户选择使用,要使用这些数据格式,可以在"单元格格式"对话框的"数字"选项卡中进行设置。操作方法如下(在工作表中选择相应的单元格,这里选择成绩统计分析表的"第一轮考核成绩""第二轮考核成绩"和"第三轮考核成绩"三列):

（1）单击切换到"开始"选项卡,在"数字"功能组单击"设置单元格格式:数字"按钮,如图 5-21 所示。

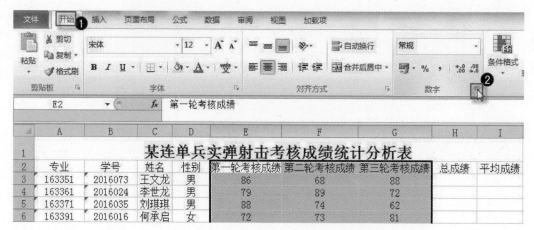

图 5-21 启动"设置单元格格式"对话框

（2）在打开的"设置单元格格式"对话框，单击"数字"选项卡；在分类区域中，选择相应的数据类型，这里选择"数值"；在右侧的区域进行相应的设置，这里设置小数位数为"2"位；设置完成后，单击"确定"按钮，如图 5-22 所示。

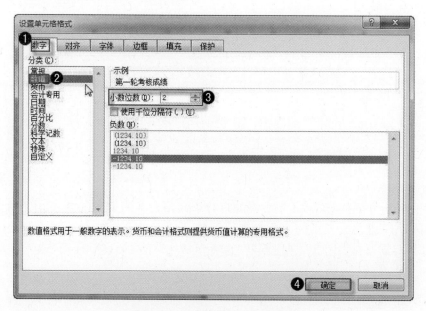

图 5-22 设置单元格的数字格式

设置完成后，可以看到成绩统计分析表的"第一轮考核成绩""第二轮考核成绩"和"第三轮考核成绩"三列的数据格式变成了上述所设置的两位小数格式，如图 5-23 所示。

	A	B	C	D	E	F	G	H	I
1	某连单兵实弹射击考核成绩统计分析表								
2	专业	学号	姓名	性别	第一轮考核成绩	第二轮考核成绩	第三轮考核成绩	总成绩	平均成绩
3	163351	2016073	王文龙	男	86.00	68.00	88.00		
4	163361	2016024	李世龙	男	79.00	89.00	72.00		
5	163371	2016035	刘琪琪	男	88.00	74.00	62.00		
6	163391	2016016	何承启	女	72.00	73.00	81.00		
7	163351	2016008	陈彦屹	男	81.00	95.00	68.00		
8	163351	2016058	宋照实	男	68.00	93.00	83.00		

图 5-23 设置两位小数后的单元格内容

2. 输入数据

1）输入文本和数字

在 Excel 2010 中，文本和数字的输入方法非常简单。首先用鼠标选中需要输入数据的单元格，然后直接使用键盘按照相应的输入法输入，在输入完成后按 Enter 键即可。如果需要继续在后一个单元格中输入，按 Tab 键或者用鼠标单击选中相应单元格进行输入即可。

如果要输入货币值、百分比、科学计数等类型的数据，可以先单击"开始"选项卡，然后单击"数字"功能组中的"数字格式"按钮，在打开的数字格式列表中对数字类型进行选择，然后再输入相应的数据。

小贴士：有时候，在输入数据时，单元格会显示"####"，这是因为单元格中数据的宽度超过该单元格的列宽，不能显示出完整的数据，调整列宽就可显示所有数据。数值型数据在输入时不能有空格，有空格的数据 Excel 将识别为文本数据。

2）输入日期和时间

在使用 Excel 2010 进行各种报表的编辑和统计时，会经常需要输入日期和时间。输入日期时，一般使用"/"或"-"来分隔年、月、日。年份通常用两位数来表示，如果输入时，省略了年份，则 Excel 2010 会以当前的年份作为默认值。输入时间时，可以使用"："将时、分、秒分隔开。

例如，要输入 2015 年 5 月 10 日和 24 小时制的 10：20，单击选择要输入的单元格，输入"2015/05/10"或"2015-05-10"，输入完成后按 Enter 键，再通过如前所述的，通过"开始"选项卡的"数字"功能组中的"数字格式"按钮，在打开的数字格式列表分类区域（图 5-21）中选择相应的日期类型即可。在输入时间时，需要注意的是，默认情况下，Excel 2010 以 24 小时制来显示输入的时间，如果要输入 12 小时制的时间，则需要在时间后面加上空格和"AM"（上午）或者"PM"（下午）。

小贴士：按快捷键"Ctrl+;"可输入当前日期；按快捷键"Ctrl+Shift+;"则可以输入当前时间。

3）输入特殊符号

在工作表的编辑过程中，有时会需要输入一些特殊符号作为明显标记。在 Excel 2010 中可以非常方便地插入各种特殊符号，其操作方法与在 Word 中插入符号的方法相同，可参考相应章节的内容。

4）输入文本格式的数字

在工作表中输入数据时，常常需要输入一些特殊数据，如学号、身份证号、设备的编号、准考证号、电话号码等，这些数据的类型都是文本格式而不是数值类型的数字，在输入时，需要使用特殊的方法。下面以输入学号为例介绍如何输入这种文本格式的数字。

选中相应的待输入学号的单元格区域，同样通过在打开的数字格式列表分类区域（图 5-21）中选择"文本"类型，设置完成后，再在已选择的单元格区域中输入相应的学号信息即可。除此之外，还可以采用单引号法进行输入。

使用"单引号"法输入文本格式的数字，所达到的效果和使用功能按钮输入文本格式数字的效果是相同的，但是如果使用键盘熟练的话，使用该方法将更加快捷。在输入文本格式的数字时，可在输入数字前加上单引号"'"，此操作是将数字作为文本处理，如输入学号时可直接输入"'2001002"，输入完成后按 Enter 键即可，如图 5-24 所示。

可以看到，文本型数字所在单元格的左上角均有一个，表示该单元格中的内容为"文本型"。

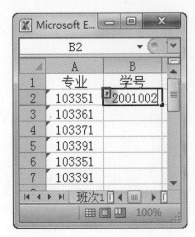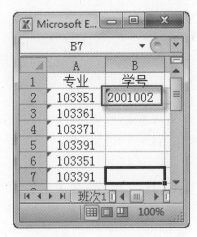

图 5-24　使用单引号输入文本型数字

3. 自动填充数据

使用 Excel 制作表格时,通常情况下数据非常多,而且数据中经常会出现相同或是呈序列排列的数据。为了提高工作效率,可以使用快速填充数据的方法来完成数据的输入。

1)快速输入相同的数据

当需要在工作表的连续单元格中输入相同的数据时,可以使用自动填充功能来加快数据的输入。例如要在单元格区域 A1:A10 中输入相同的数据"101",操作方法:在单元格 A1 中输入"101",然后移动鼠标至单元格 A1 的右下角,当鼠标指针变为"+"状;按住鼠标左键向下拖动至 A10 单元格,填充完成后,释放鼠标即可,如图 5-25 所示。

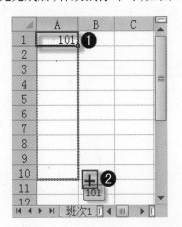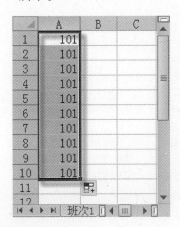

图 5-25　快速输入相同的数据

2)快速输入有序数据

利用自动填充功能还能在工作表中快速输入一组有序数据,如等差数据、等比数据等。例如要在单元格区域 A1:A10 中输入等差序列"101~110",操作方法:分别在单元格 A1 和 A2 输入"101"和"102",然后同时选择单元格 A1 和 A2,移动鼠标至单元格 A1 的右下角至鼠标指针"+"状时,按住鼠标左键向下拖动单元格至 A10,输入完成后释放鼠标即可,如图 5-26 所示。

小贴士: 快速输入序列数据的其他方法如下。

输入序列数据时,也可以先输入第一个数据,将鼠标移到单元格 A1 的右下角,然后在按住鼠标左键的同时按住 Ctrl 键,向下拖动鼠标至单元格 A10。

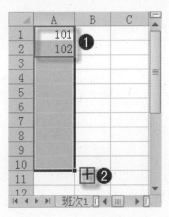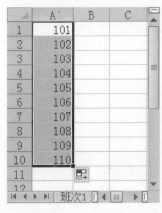

图 5-26　快速输入序列数据

3）使用对话框快速输入数据

上述介绍的两种快速输入数据的方法虽然方便快捷，但是填充效果单一、不够灵活。如果想要更加灵活地填充数据，如等比、等差数据，则可以使用对话框填充。比如，要在 A4:F4 中输入 1~32 的等比为 2 数据系列，操作方法如下：

（1）单击切换到"开始"选项卡，在单元格 A4 中输入"1"；单击"添加"按钮在弹出的菜单中选择"系列"命令。操作如图 5-27 所示。

图 5-27　快速输入序列数据

（2）在弹出的序列对话框中单击选择序列排列方式，这里选择"列"；单击选择序列类型，这里选择"等比序列"；输入步长值和终止值，这里步长值设为 2，终止值设为 32；设置完成后，单击"确定"按钮，如图 5-28 所示。输入序列数据后的效果如图 5-29 所示。

4. 设置数据有效性

设置数据的有效性可以使用户在输入数据时，根据提示进行正确的输入。在用户输入错误时，能提示或终止用户操作，从而保证数据的正确性、提高数据的录入效率。下面以输入"学员单兵实弹射击考核成绩"为例，说明设置数据有效性的方法。其中，考核成绩为百分制的整数，那么小于 0 和大于 100 的数据都被视为无效数据。

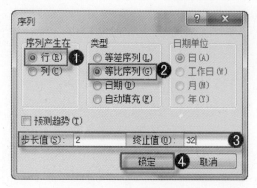

图 5-28 "序列"对话框设置

图 5-29 填充的等比数列

1）设置数据有效性验证

（1）选定需要输入考核成绩的单元格,在"数据"选项卡下的"数据工具"功能组中单击"数据有效性"按钮,在打开的下拉菜单中选择"数据有效性"命令,打开"数据有效性"对话框,如图 5-30 所示。

（2）在"数据有效性"对话框中单击"设置"选项卡,在"允许"下拉列表中选择"整数",在"数据"下拉列表中选择"介于",在"最小值"和"最大值"文本框中分别输入 0 和 100,如图 5-30 所示。

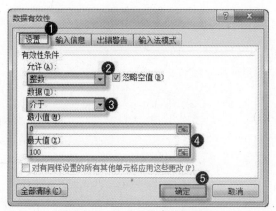

图 5-30 设置数据有效性验证

2）设置提示信息

在"数据有效性"对话框中单击"输入信息"选项卡,在"标题"文本框中输入提示框的标题（这里输入"有效成绩"）;在"输入信息"文本框中输入提示信息（请输入 0~100 之间的数）,单击"确定"按钮,如图 5-31（a）所示。当选定设置了提示信息的单元格,会出现提示信息,如图 5-31(b)所示。

3）设置出错警告

（1）在"数据有效性"对话框中单击"出错警告"选项卡,在"样式"下拉列表中选择警告对话框类型（这里选择"停止"）,在右侧的"标题"文本框中输入警告对话框标题（"有效成绩错"）,在"错误信息"文本框中输入出错原因（"请输入 0~100 之间的数"）,单击"确定"按钮,如图 5-32（a）所示。

（2）如果在设置后的单元格中输入一个超出范围的成绩,会弹出警告对话框,如图 5-32(b)所示。

166

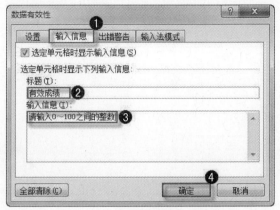

（a）输入提示信息

	A	B	C	D	E	F	G	H	I
1	某连单兵实弹射击考核成绩统计分析表								
2	专业	学号	姓名	性别	第一轮考核成绩	第二轮考核成绩	第三轮考核成绩	总成绩	平均成绩
3	163351	2016073	王文龙	男					
4	163361	2016024	李世龙	男					
5	163371	2016035	刘琪琪	男					
6	163391	2016016	何承启	女	有效成绩				
7	163351	2016008	陈彦屹	男	请输入0～100之间的整数				
8	163351	2016058	宋照实	男					
9	163361	2016026	李向明	女					

（b）提示信息的应用

图 5-31　设置提示信息

（3）单击"重试"按钮，可以更改输入的数据，单击"取消"按钮，则取消该数据的输入。

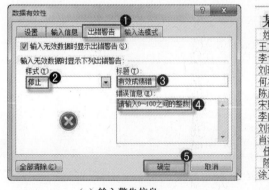

（a）输入警告信息

（b）出错警告的应用

图 5-32　设置出错警告

5.1.6　设置和管理工作表

1. 调整行高和列宽

为了让表格中的数据能够充分地显示出来，有时候需要对表格进行调整。在 Excel 中调整表格的行高和列宽与 Word 中调整表格的操作方法类似。

1）鼠标拖动调整行高和列宽

将鼠标指针指向行标的边框，当鼠标指针变为 ✚ 状时，按住鼠标左键并拖动鼠标即可改变工作表的行高,如图 5-33 (a)所示。同样的方法可以调整列宽如图 5-33 (b)所示。

（a）调整行高

（b）调整行宽

图 5-33 鼠标拖动调整行高和列宽

2）精确设置行高和列宽

这里以调整列宽为例,介绍如何精确调整行高和列宽。

（1）单击切换到"开始"选项卡,选择需要调整列宽的单元格区域,这里选择"姓名"列;单击"单元格"组中的"格式"按钮,在下拉列表中选择"列宽"命令,如图 5-34 所示。

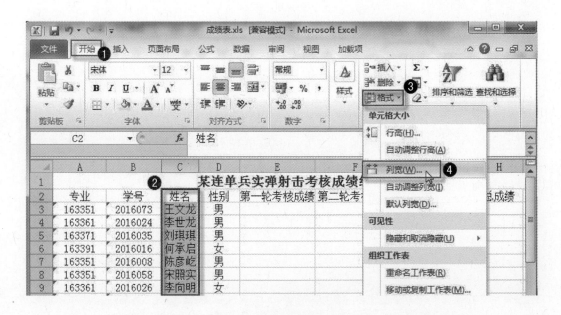

图 5-34 选择"列宽"命令

（2）在弹出"列宽"对话框中,在"列宽"文本框中输入相应的列宽数值,输入完成后,单击"确定"按钮,如图 5-35 所示。

（3）完成设置后,可以看到所选单元格的列宽将按照设置值发生变化,如图 5-36 所示。同样的方法可以精确设置行高。

小贴士:自动调整行高和列宽的步骤如下。

单击"格式"按钮,在下拉列表中,选择"自动调整行高"和"自动调整列宽"选项,Excel 会根据单元格中的内容对行高和列宽进行自动调整,以使单元格适合文字大小。

图 5-35　设置列宽

图 5-36　单元格所在列的列宽按照设置发生改变

2. 设置单元格边框和底纹

为表格设置边框和底纹,不仅可以美化表格,还可以对表格数据进行更加方便的查看。在设置边框和底纹时,首先要选择需要设置边框和底纹的单元格,打开"设置单元格格式"对话框。

1) 设置边框

单击切换到"边框"选项卡,在样式区域选择相应的边框线样式;在颜色区域选择边框线的颜色;在"预置"区域选择边框线的位置;可在边框区域进行更详细的框线的设置,设置完成后,单击"确定"按钮,如图 5-37 所示。

2) 设置底纹

单击切换到"填充"选项卡,接下来选择背景颜色、图案颜色、图案样式等;设置完成后,单击"确定"按钮,如图 5-38 所示。

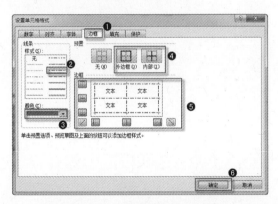

图 5-37　为单元格设置边框图

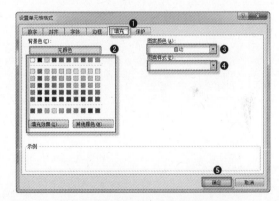

图 5-38　为单元格设置底纹

小贴士:设置单元格底纹的另一种方法如下。

设置单元格边框和底纹时,也可以在选中相应的单元格后,单击"开始"选项卡下方"字体"功能组中的"下框线"和"填充颜色"下拉按钮(图 5-39)选择需要的边框和颜色进行设置即可。

3. 对表格使用样式

在工作表中使用样式,能够保证工作表中的数据具有一致的外观,同时能够节省设置格式的时间,提高工作效率。样式包括数字格式、对齐方式、字体和字号的大小、边框以及底纹等。为了能够快速地实现表格样式的设置,Excel 2010 提供了大量的自动套用表格样式供用户使用。下面主要从设置单元格的样式和设置工作表的样式两个方面来介绍如何使用自动套用格式。

1）设置单元格样式

在工作表中选择相应的单元格,在"开始"选项卡的"样式"组中单击"单元格样式"按钮(图5-40),在弹出的下拉列表中选择相应的样式应用到所选的单元格中即可。

图5-39 通过"字体功能组"设置边框和底纹

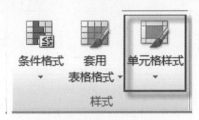

图5-40 设置单元格样式

2）设置表格样式

套用表格样式时,同样是在如图5-40所示的在"开始"选项卡的"样式"组中,这里需要选择单击"套用表格样式"按钮,在弹出的下拉列表中选择相应的表格样式即可。

4. 工作表的页面设置

工作表制作完成后,有时还需要将工作表打印出来,在打印工作表之前一般需要先进行相应的页面设置,并通过打印预览查看效果是否满意,当设置的效果达到所要求的效果后再进行打印。

1）设置纸张大小

由于打印机能使用多种规格的纸张,因此在打印工作表时,需要先确定用多大的纸张来打印工作表。设置纸张大小的方法:单击"页面布局"选项卡,"页面设置"功能组中单击"纸张大小"按钮;在弹出的下拉菜单中,单击选择相应的纸张大小,这里选择A4,如图5-41所示。

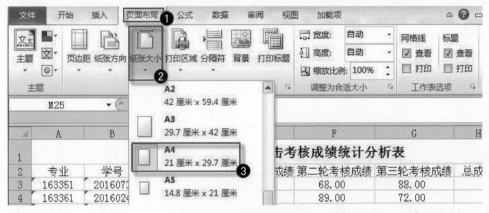

图5-41 设置纸张大小

2）设置页边距

页边距是指打印在纸张上的内容距离纸张上、下、左、右边界的距离。打印工作表时,应根据要打印表格的行、列数以及纸张大小来设置页边距。如果对工作表编辑了页眉和页脚,则还需要设置页眉、页脚的边距。具体操作方法如下:

（1）单击切换到"页面布局"选项卡,单击"页面设置"功能组右下角的对话框启动器,打开页面设置对话框,如图5-42所示。

（2）单击"页边距"选项卡,在"上""下""左""右"4个文本框中设置相应各边距的值;设置完成后,单击"确定"按钮,如图5-43所示。

图 5-42 启动"页面设置"对话框

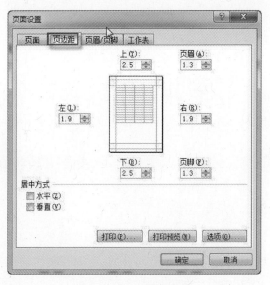

图 5-43 设置页边距

5. 打印工作表

1）设置打印区域

打印时,有时并不需要将整个工作表都打印出来,而只需要打印工作表中的部分单元格区域。此时,就需要对打印区域进行设置,设置打印区域的方法非常简单。首先,在工作表中选择需要打印的工作表区域,然后在"页面布局"选项卡的"页面设置"组中单击"打印区域"按钮,在下拉列表中选择"设置打印区域"选项。此时,所选择的单元格区域会被虚线框环绕,虚线框中即为待打印的区域。

2）打印预览

工作表在正式打印之前,都应先预览一下打印的效果,以便查看是否满意打印效果,如果不满意,则再次对工作表进行编辑修改,直到满意后进行打印即可。预览打印效果的具体方法如图 5-44 所示。

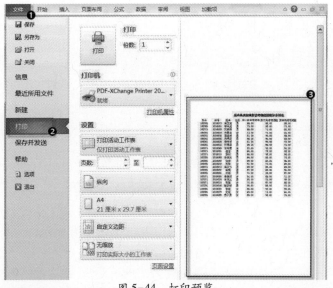

图 5-44 打印预览

171

单击"文件"按钮,在弹出的菜单中,单击"打印"命令,在窗口的右侧将显示预览的工作表内容;单击右下角的"缩放"按钮对工作表进行查看即可。

3)打印工作表

将表格制作完成,并进行相应的设置之后,通过查看预览效果确定准确无误之后,就可以打印工作表了。在图5-44所示的文件选项卡下,单击"打印"命令,在上方的打印区域设置打印的份数,设置完成后,单击"打印"按钮即可打印工作表。

5.2 数据的分析和处理

5.2.1 数据的计算

Excel 2010具有强大的数据计算功能,可以说Excel的核心是数据的计算和管理。在Excel中提供了大量的函数与公式,可以帮助用户对工作表中的数据进行各种统计计算。本部分主要介绍Excel中公式和函数的使用,以使用户能够熟练地应用公式和函数进行相应的数据处理和计算。

1. 输入公式

要在工作表中使用公式,首先需要在单元格中输入公式。公式的输入类似于数据的输入,在单元格中输入公式时以等号"="作为开始,然后输入表达式。可以直接在单元格中输入公式,也可以在编辑栏中输入公式。

公式表达式由运算符和参与运算的操作数组成。操作数可以是常量、单元格地址、名称和函数。而运算符则主要有:

(1)算术运算符(如加(+)、减(−)、乘(∗)、除(/),百分比(%));

(2)比较运算符(如等号(=)、大于号(>)、小于等于号(<=)、不等号(<>)等);

(3)文本运算符"&",用来将文本与文本、文本与单元格的内容、单元格与单元格的内容等连接起来。例如在单元格A1中输入"十月一日",在B2中输入"国庆节",如图5-45(a)所示。在A3中输入公式"=A1&B2"后,则A3中的内容则为"十月一日国庆节",如图5-45(b)所示。

| （a）输入公式 | （b）公式运算结果 |

图5-45 文本运算符示例

(4)引用运算符,主要用于对参与计算的单元格区域的确定,主要有区域运算符冒号":"和联合运算符逗号","。

① ":"冒号区域运算符:产生对包括在两个引用之间的所有单元格的引用,如C2:F5;

② ","联合运算符:用来单独引用一个或多个单元格。

输入公式的方法:在工作表中选择需要创建公式的单元格,在单元格中输入相应的公式,这里输入"=D3+E3+F3−G3",输入完成后按Enter键或单击其他单元格,输入公式的单元格将显示计算结果。

小贴士：输入公式内容时，若要输入单元格引用，可直接用鼠标在工作区中选中要引用的单元格。

2. 复制公式

创建公式之后，需要在其他单元格中使用同样的公式计算时，可以复制公式。复制公式可以通过"填充柄"或"选择性粘贴"命令实现，具体操作方法如下。

1）使用"填充柄"复制公式。

在 Excel 中，当我们想将某个单元格中的公式复制到同列（行）中相邻的单元格时，可以通过拖动"填充柄"来快速完成。具体方法为：选中需要复制的单元格，将鼠标放置在单元格的右下角，当光标呈黑色小十字的时候；按住鼠标左键拖动填充柄到目标位置后释放，即可完成公式的复制操作，如图 5-46 所示。

2）利用"选择性粘贴"复制公式。

复制含有公式的单元格，然后选择目标单元格，单击"粘贴"按钮下方的三角按钮，在展开的列表中选择"选择性粘贴"命令，在打开的对话框中选择"公式"单选按钮，然后单击"确定"按钮，即可完成公式的复制操作，如图 5-47 所示。

图 5-46　使用"填充柄"复制公式

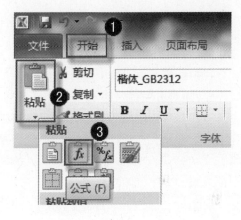

图 5-47　使用"选择性粘贴"复制公式

3. 单元格的引用

引用用于标识工作表上的单元格或单元格区域，并告知 Microsoft Excel 在何处查找公式中所使用的数值或数据。通过引用，可以在一个公式中使用工作表不同区域的数据，或者在多个公式中使用同一个单元格中的数值，或者引用同一个工作簿中其他工作表上的单元格甚至其他工作簿中的数据。单元格的引用主要有相对引用、绝对引用和混合引用三种方式。

1）相对引用

相对引用是指用单元格名称作为其引用的一种方式。其特点是当将相应的计算公式复制或填充到其他单元格时，其中的单元格引用会自动随着移动的位置而变化。例如，如图 5-48（a）中计算每个学员的实弹考核总成绩时。在单元格 H3 中输入公式"＝E3+F3+G3"，确认后，用鼠标拖动该单元格的填充柄至 H7，松开鼠标后，所有学员的实弹考核总成绩均被计算出来。在公式的复制过程中，公式中引用的单元格的行号随着向下移动的位置而自动发生改变。当选定 H7 单元格时，从编辑栏中可以看到自动变化的单元格的引用，如图 5-48（b）所示。

(a) 在单元格中输入公式

(b) 单元格地址自动改变

图 5-48　相对引用示例

2) 绝对引用

公式中的绝对单元格引用(如$A$1)总是在特定位置引用单元格。如果公式所在单元格的位置改变,绝对引用将保持不变。如果多行或多列地复制或填充公式,绝对引用将不作调整。用户通过在相对引用的列标和行号前面分别加上"$"符号将其转换为绝对引用。如果对上例中计算第一个学员实弹考核总成绩的公式改为"=$E$3+$F$3+$G$3",如图5-49(a)所示,则复制完成后,其他总成绩单元格的公式都为"=$E$3+$F$3+$G$3",因此所有学员的总成绩单元格填充的都是第一个学员的总成绩,如图5-49(b)所示。

(a) 在单元格中输入公式

(b) 单元格地址没有改变

图 5-49　绝对引用示例

3）混合引用

混合引用具有绝对列和相对行或绝对行和相对列。绝对引用列采用$A1或$B1等形式,绝对引用行采用A$1或B$1等形式。如果公式所在单元格的位置改变,则相对引用将改变,而绝对引用将不变。如果多行或多列地复制或填充公式,相对引用将自动调整,绝对引用将不作调整。

小贴士:选定包含公式的单元格,在编辑栏选定要更改的引用并按F4键,可在相对引用、绝对引用和混合引用之间切换,当切换到所需要的引用方式时,按Enter键即可。

4. 插入函数

函数实际上是一种比较复杂的公式,是公式的概括,也是用来对单元格进行计算的。Excel包含了很多函数类型,可以直接使用这些函数实现某种功能。函数的使用可以避免用户为了完成功能而花费大量的时间来编写并调试相关的公式,从而提高工作效率。使用函数时,可以手动输入函数,也可以使用"函数向导"插入函数。

1）手动输入函数

手动输入函数时,同输入公式一样,应首先在单元格中输入"="号,进入公式编辑状态,然后依次输入函数名、左括号、参数和右括号,如"=MAX(A1:B5)",输入完成后,单击"编辑栏"中的"输入"按钮或按Enter键,此时在输入函数的单元格中将显示函数的运算结果。

2）使用"函数向导"插入函数

如果不能确定函数的拼写或参数,可以使用"函数向导"插入函数。操作步骤如下:

(1)单击要插入函数的单元格,单击"编辑栏"左侧的"插入函数"按钮 *fx*,或者单击"公式"功能选项卡下"函数库"组中的"插入函数"按钮。

(2)在弹出"插入函数"对话框的"选择函数"列表框中选择合适的函数,如图5-50所示。

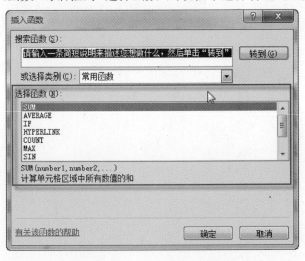

图5-50 "插入函数"对话框

(3)单击"确定"按钮,弹出"函数参数"对话框,如图5-51所示。单击▦按钮,在工作表中拖动鼠标选择需要参与计算的单元格区域。选择好后,再次单击▦按钮,返回"函数参数"对话框,函数参数设置完成后,单击"确定"按钮,完成公式的插入,在对应单元格中返回计算结果。

小贴士:为方便操作,Excel 2010会在"函数参数"对话框中根据插入函数的位置给出一个默认参数。如果不需要更改参数,可以直接单击"确定"按钮插入函数。同时,若要更改函数的

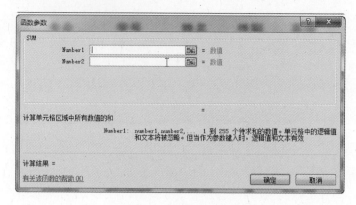

图 5-51　"函数参数"对话框

参数,也可以直接在 Number1 和 Number2 文本框中直接输入即可。

5.2.2　数据的排序

数据的排序是指按照一定的规则对数据列表中的数据进行整理排序,排序为数据的进一步处理提供了方便,同时也能够有效地帮助用户对数据进行分析。Excel 中数据的排序方式有多种,可以按照升序或降序进行排列,也可以按照数据的大小或字母的先后顺序来排序。可以按照一个字段来排序,也可以按照多个字段来排序。

1. 单列排序

如果对工作表中的数据只按一个字段进行排序,那么这种排序方式就是单列排序。单列排序可采用快速排序来实现,具体操作方法:单击需要排序列中的任意单元格(注意,不能选择整个列,否则会出现数据不一致);在"数据"选项卡的"排序和筛选"功能组中,单击"升序"或"降序"按钮,这里选择"降序",如图 5-52 所示。

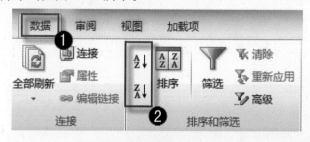

图 5-52　快速排序

2. 多列排序

在进行单列排序时,是使用工作表中的某一个关键字(字段或列)进行排序,如果该列中具有相同的数据且对排序结果有较高的要求,此时就需要按照多个关键字(字段或列)进行排序。具体操作方法如下:

(1)在单元格中选择需要排序的单元格区域,在如图 5-52 所示的"数据"选项卡的"排序和筛选"功能组中,单击"排序"按钮,打开"排序"对话框。

(2)在"主要关键字"下拉列表框中选择排序的主要关键字,单击"添加条件"按钮,在"排序"对话框中添加"次要关键字"项,从其下拉列表框中选择次要关键字。可以单击"删除条件"按钮来删除多余的条件。添加所需条件后,单击"确定"按钮。可以看到工作表中的数据按照关键字优先级进行了排序,如图 5-53 所示。

此时工作表中的数据将按照设置的条件进行排序,即按照"第一轮考核成绩"列的成绩由高到低进行排列,如果"第一轮考核成绩"相同,则再按照"第二轮考核成绩"列的成绩进行由高到低的排列。如果需要更多的排序依据,则继续通过"添加条件"实现即可。

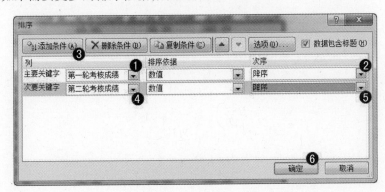

图 5-53 "排序"对话框

3. 自定义排序

在实际工作中,有时需要的并不是以 Excel 中默认的数值、汉字、笔画等排序规则进行排序的,而是根据特殊的使用要求进行一些特殊的排序。那么就可以通过自定义排序来完成。操作步骤如下:

（1）在工作表中选择需要排序的单元格区域,打开排序对话框,选择相应的排序关键字,这里选择"专业",在"次序"下拉列表中选择"自定义序列",如图 5-54 所示。

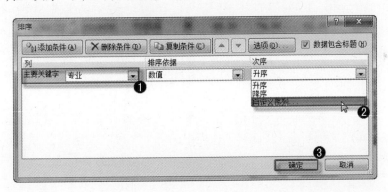

图 5-54 选择"自定义序列"对话框

（2）在打开的"自定义序列"对话框中选择需要的自定义序列选项,这里选择"新序列"选项。在"输入序列"列表中输入新的自定义序列后单击"添加"按钮,新序列将被添加到"自定义序列"列表。创建完成后单击"确定"按钮关闭"自定义序列"对话框,如图 5-55 所示。

（3）创建的新序列将显示在"排序"对话框的"次序"下拉列表中,根据需要进行选择即可。

小贴士:在"排序"对话框中,如果不勾选"数据包含标题"复选框,则标题也会参加排序;如果要对行进行排序,则要在"排序"对话框中单击"选项"按钮,在打开的"排序选项"对话框中选中"按行排序"单选按钮;如果在排序时要区分大小写字母,则要在"排序选项"对话框中勾选"区分大小写"复选框。

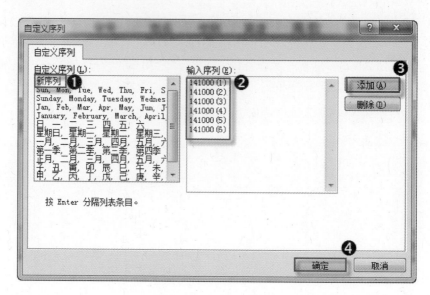

图 5-55 自定义新序列

5.2.3 数据的筛选

Excel 中数据的筛选功能可将符合用户指定条件之外的数据隐藏起来,工作表中只显示符合条件的数据。Excel 2010 提供了强大的数据筛选功能,通过筛选一个或多个数据列,用户可以显示需要的内容,排除其他内容。在筛选数据时,如果一个或多个列中的数值不能满足筛选条件,整行数据都会被隐藏起来。用户可以按数字值或文本值进行筛选,或按单元格颜色筛选那些设置了背景色或文本颜色的单元格。Excel 2010 中的筛选方法有自动筛选和高级筛选两种。

1. 自动筛选

自动筛选就是按照设定的条件对工作表中的数据进行筛选,用于筛选简单的数据。一般情况下,在一个数据列表中的一个列中含有很多相同的值,自动筛选将能够帮助用户在大量的数据记录中快速查找到符合条件的记录。具体操作方法如下:

(1) 打开工作表,选择数据区域中的任意一个单元格,单击切换到"数据"选项卡,在"排序和筛选"功能组中单击"筛选"按钮,此时工作表中的每个字段的右侧都会出现一个下三角按钮 ▼("筛选"下拉按钮),如图 5-56 所示。

	A	B	C	D	E	F	G	H	I
1	某连单兵实弹射击考核成绩统计分析表								
2	专业 ▼	学号 ▼	姓名 ▼	性别 ▼	第一轮考核成绩 ▼	第二轮考核成绩 ▼	第三轮考核成绩 ▼	总成绩 ▼	平均成绩 ▼
3	163391	2016048	彭实举	男	88.00	92.00	95.00	275.00	154.00
4	163371	2016050	曲建跃	女	92.00	94.00	96.00	282.00	157.33
5	163385	2016085	肖海霞	女	92.00	93.00	91.00	276.00	153.33
6	163351	2016033	刘栋	女	90.00	91.00	89.00	270.00	150.00
7	163351	2016093	张鹏	男	83.00	89.00	85.00	257.00	143.67
8	163361	2016079	文豪	女	80.00	89.00	84.00	253.00	142.00
9	163371	2016039	吕正义	男	92.00	91.00	95.00	278.00	154.67
10	163371	2016035	刘琪琪	男	82.00	88.00	90.00	260.00	146.00

图 5-56 筛选器下拉按钮

(2) 单击某列右侧的下拉按钮 ▼,在打开的下拉菜单中选择筛选条件。可以按列表值、按格式(包括单元格颜色和字体颜色)或按条件进行筛选。

① 按列表值筛选:在下拉列表中,底部的列表框会列出该数据列的所有数据,在每个数据前面都有一个复选框。如果复选框被勾选,表示该数据被筛选出来;如果没有被勾选,则表示该数据被隐藏;勾选"全选"复选框,则显示该列的所有数据。如图 5-57 所示,为筛选出的"第一轮考核成绩"为 58、67 和 81 分的学员考核成绩数据记录。

▲	A	B	C	D	E	F
1	某连单兵实弹射击考核成绩统计					
2	专业 ▼	学号 ▼	姓名 ▼	性别 ▼	第一轮考核成绩▼	第二轮考核成绩▼
17	163371	2016035	刘琪琪	男	81.00	88.00
18	163361	2016003	曹毅	女	81.00	84.00
22	163371	2016013	郭超	女	67.00	70.00
25	163391	2016065	涂正大	男	58.00	61.00

　　(a) 设置筛选条件　　　　　　　　　　(b) 筛选结果

图 5-57　按列表值进行筛选

② 按颜色筛选:在下拉列表中选择"按颜色筛选"命令,在弹出的下一级菜单中选择某一种颜色,则该列中所有该颜色的数据被筛选出来。

③ 按条件筛选:对于不同类型(文本、数值、日期)的数据列,在下拉列表中有不同的命令,分别是"文本筛选""数字筛选"或"日期筛选",选择相应的命令,并在下级菜单中选择筛选条件或选择"自定义自动筛选"对话框,在对话框里可以灵活地设置筛选条件。如图 5-58 所示,筛选出考核总成绩在 260 分以上的学员的考核成绩记录。

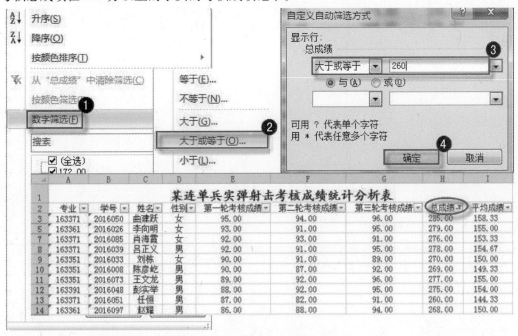

图 5-58　按条件进行自定义筛选

小贴士:Excel通过给筛选下拉按钮加上"漏斗" 标志来说明该列已应用了筛选功能。

2. 高级筛选

在进行工作表筛选时,如果筛选的字段比较多,且筛选的条件比较复杂,则使用自动筛选比较麻烦,并且有些筛选要求无法实现,此时可以使用高级筛选来完成相应的筛选操作。

高级筛选可以将符合条件的数据复制到另一个工作表或当前工作表的其他空白位置上。进行高级筛选时,首先要在工作表中设置一个条件区域,在条件区域中输入筛选条件,然后选中数据清单中的任意单元格,选择"数据"功能选项卡下的"排序和筛选"功能组中的"高级"按钮进行高级筛选。下面以在学员成绩表中筛选出"每一轮考核成绩均在90分以上或总成绩在270分以上的学员成绩记录"为例介绍高级筛选的操作方法。

1) 设置条件区域

条件区域至少为两行,由字段名行和若干条件行组成,可以放置在工作表的任何空白位置。第一行字段名行中的字段名必须与数据记录清单中的列标题在名称上一致。第二行开始是条件行,同一条件行不同单元格的条件为"与"逻辑关系,即其中的所有条件都满足才符合条件;不同条件行单元格中的条件互为"或"逻辑关系,即满足其中一个条件就符合条件。条件区域与数据记录清单之间至少要留一个空白行。如图5-59所示的条件即为:"第一轮、第二轮、第三轮的考核成绩均在90分以上或总成绩在270分以上的学员成绩记录"。

2) 执行高级筛选

条件区域设定好后,就可以对数据清单使用高级筛选了。操作步骤如下:

(1) 单击数据清单中的任意单元格,选择"数据"功能选项卡下"排序和筛选"功能组中的"高级"按钮,打开"高级筛选"对话框,如图5-60所示。

65.00	69.00	76.00	210.00
58.00	61.00	64.00	183.00
25.00	71.00	76.00	172.00
第一轮考核成绩	第二轮考核成绩	第三轮考核成绩	总成绩
>90	>90	>90	
			>270

图5-59 条件区域

图5-60 选择"高级"按钮

(2) 根据实际需要,在"方式"中选择"在原有区域显示筛选结果"或"将筛选结果复制到其他位置"。如果要通过隐藏不符合条件的数据行来筛选数据清单,可选择"在原有区域显示筛选结果",这种方式与自动筛选的数据显示方式相同;如果要通过将符合条件的数据行复制到工作表的其他位置来筛选数据清单,则选择"将筛选结果复制到其他位置",再在"复制到"编辑框中选择待复制到的目标单元格区域,由于不能确定能筛选出多少条记录,可以仅指定目标区域单元格的起始单元格即可。

(3) 在"方式"中选中"将筛选结果复制到其他位置"单选按钮。单击"列表区域"右侧的按钮,选择要进行筛选的数据区域;单击"条件区域"右侧的按钮,选择相应的条件区域;单击"复制到"右侧的,设置放置筛选结果的单元格区域,这里只需要设置起始单元格即可。如果选中了"选择不重复的记录"复选框,则当有多行满足条件时,只会显示和复制唯一的行,而排除重复的行。设置完成后单击"确定"按钮,如图5-61所示。

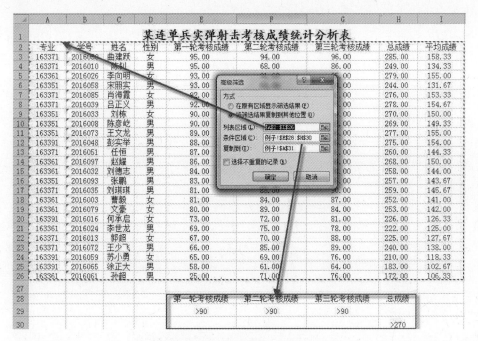

图 5-61 "高级筛选"对话框

单击"确定"按钮,返回工作表,可以看到筛选出了"第一轮、第二轮、第三轮成绩均在 90 分以上或总成绩在 270 分以上的学员成绩记录",如图 5-62 所示。如果要修改筛选数据的条件,可更改条件区域中的值后,再次执行筛选即可。

				第一轮考核成绩	第二轮考核成绩	第三轮考核成绩	总成绩	
				>90	>90	>90		
							>270	
专业	学号	姓名	性别	第一轮考核成绩	第二轮考核成绩	第三轮考核成绩	总成绩	平均成绩
163371	2016050	曲建跃	女	95.00	94.00	96.00	285.00	158.33
163361	2016026	李向明	女	93.00	91.00	95.00	279.00	155.00
163371	2016085	肖海霞	女	92.00	93.00	91.00	276.00	153.33
163371	2016039	吕正义	男	92.00	91.00	95.00	278.00	154.67
163351	2016073	王文龙	男	89.00	92.00	96.00	277.00	155.00
163391	2016048	彭实举	男	88.00	92.00	95.00	275.00	154.00

图 5-62 筛选结果

3. 清除筛选

当我们对筛选的结果进行相关的操作后,需要回到筛选前工作表的数据时,可以清除对相应列的筛选或清除所有筛选。清除筛选的操作步骤如下:

(1)清除对某列的筛选。在多列单元格区域或工作表中清除对某一列的筛选,单击该列标题上的"筛选"按钮,在弹出的列表中选择"从'列标题'中清除筛选"命令,即可清除对该列的筛选。

(2)如果要清除工作表中的所有筛选并重新显示所有行,则单击"数据排序和筛选"功能组中的"清除"按钮。

5.2.4 数据的分类汇总

分类汇总是指根据指定的类别(字段)将数据以指定的方式进行分门别类地统计处理,这样可以快速地将批量数据进行汇总分析,以获得想要统计的数据。

小贴士:在分类汇总前需要确保数据区域中需要进行分类汇总计算的每一列的第一个单元格都具有一个标题,每一列包含相同含义的数据,并且该区域不包含任何空白行或空白列。需要特别注意的是在分类汇总前,需要首先按照分类字段进行排序。

1. 简单分类汇总

1)创建分类汇总

下面以"求每个专业各轮考核成绩的平均分"为例,介绍创建分类汇总的方法。

(1)打开需要进行分类汇总的工作表,将数据清单按照"专业"进行排序,"升序"和"降序"均可,这里选择"升序"。

(2)在工作表中选择任意一个单元格,在"数据"功能选项卡下的"分级显示"功能组中选择"分类汇总"。打开"分类汇总"对话框,在"分类字段"下拉列表中选择"专业",表示按照"专业"进行分类汇总;在"汇总方式"下拉列表中选择汇总方式,这里选择"平均值";在"选定汇总项"列表中选择汇总项,这里选择"第一轮考核成绩""第二轮考核成绩"和"第三轮考核成绩",如图5-63所示。设置完成后,单击"确定"按钮,关闭"高级筛选"对话框,即可得到相应的汇总结果,如图5-64所示。

图5-63 "分类汇总"对话框

2)分级显示分类汇总

图5-64左上方的 1 2 3 按钮可以控制显示或隐藏某一级别的明细数据,通过左侧的 +、- 号也可以实现这一功能。如单击 1 2 3 中的 2,即可显示第2级汇总数据,如图5-65所示。

对于不想显示的汇总数据,可以通过单击工作表左侧分组按钮中的 - 按钮,将指定的明细数据隐藏。当明细数据隐藏后,相应的 - 按钮变为 + 按钮,单击 + 按钮即可将隐藏的数据重新显示,如图5-66所示。

3)删除分类汇总

如果想要数据恢复到分类汇总前的原始状态,可以删除当前的分类汇总。删除分类汇总的

182

方法比较简单,只需要再次打开如图5-63所示的"分类汇总"对话框,单击其中的"全部删除"按钮即可。

	A	B	C	D	E	F	G	H	I
1	某连单兵实弹射击考核成绩统计分析表								
2	专业	学号	姓名	性别	第一轮考核成绩	第二轮考核成绩	第三轮考核成绩	总成绩	平均成绩
3	163351	2016033	刘栋	女	91.00	90.00	89.00	270.00	135.00
4	163351	2016093	张鹏	男	89.00	83.00	85.00	257.00	128.50
5	163351	2016073	王文龙	男	86.00	68.00	88.00	242.00	121.00
6	163351	2016008	陈彦屹	男	81.00	95.00	68.00	244.00	122.00
7	163351	2016058	宋照实	男	68.00	93.00	83.00	244.00	122.00
8	163351 平均值				83.00	85.80	82.60		
9	163361	2016079	文豪	女	89.00	80.00	84.00	253.00	126.50
10	163361	2016032	刘德志	男	86.00	68.00	74.00	228.00	114.00
11	163361	2016026	李向明	男	81.00	93.00	73.00	247.00	123.50
12	163361	2016024	李世龙	男	79.00	89.00	72.00	240.00	120.00
13	163361	2016061	孙超	男	71.00	25.00	67.00	163.00	81.50
14	163361	2016097	赵耀	男	67.00	90.00	90.00	247.00	123.50
15	163361	2016003	曹毅	女	56.00	90.00	95.00	241.00	120.50
16	163361 平均值				75.57	75.86	79.86		
17	163371	2016050	曲建跃	女	94.00	92.00	96.00	282.00	141.00
18	163371	2016085	肖海霞	女	93.00	92.00	91.00	276.00	138.00
19	163371	2016039	吕正义	男	91.00	92.00	95.00	278.00	139.00
20	163371	2016035	刘琪琪	男	88.00	82.00	90.00	260.00	130.00
21	163371	2016013	任恒	男	86.00	79.00	65.00	230.00	115.00
22	163371	2016072	王少飞	男	85.00	66.00	89.00	240.00	120.00
23	163371	2016013	郭超	女	70.00	67.00	88.00	225.00	112.50
24	163371	2016010	陈钊	男	68.00	95.00	86.00	249.00	124.50
25	163371 平均值				84.38	83.13	87.50		
26	163391	2016048	彭实举	男	92.00	88.00	95.00	275.00	137.50
27	163391	2016016	何承启	女	72.00	73.00	81.00	226.00	113.00
28	163391	2016059	苏小勇	女	69.00	95.00	76.00	240.00	120.00
29	163391	2016065	涂正大	男	66.00	88.00	75.00	229.00	114.50
30	163391 平均值				74.75	86.00	81.75		
31	总计平均值				79.92	82.04	83.29		

图5-64 "分类汇总"结果

	A	B	C	D	E	F	G	H	I
1	某连单兵实弹射击考核成绩统计分析表								
2	专业	学号	姓名	性别	第一轮考核成绩	第二轮考核成绩	第三轮考核成绩	总成绩	平均成绩
8	163351 平均值				83.00	85.80	82.60		
16	163361 平均值				75.57	75.86	79.86		
25	163371 平均值				84.38	83.13	87.50		
30	163391 平均值				74.75	86.00	81.75		
31	总计平均值				79.92	82.04	83.29		

图5-65 只显示"第2级"数据

	A	B	C	D	E	F	G	H	I
1	某连单兵实弹射击考核成绩统计分析表								
2	专业	学号	姓名	性别	第一轮考核成绩	第二轮考核成绩	第三轮考核成绩	总成绩	平均成绩
8	163351 平均值				83.00	85.80	82.60		
16	163361 平均值				75.57	75.86	79.86		
25	163371 平均值				84.38	83.13	87.50		
26	163391	2016048	彭实举	男	92.00	88.00	95.00	275.00	137.50
27	163391	2016016	何承启	女	72.00	73.00	81.00	226.00	113.00
28	163391	2016059	苏小勇	女	69.00	95.00	76.00	240.00	120.00
29	163391	2016065	涂正大	男	66.00	88.00	75.00	229.00	114.50
30	163391 平均值				74.75	86.00	81.75		
31	总计平均值				79.92	82.04	83.29		

图5-66 只显示部分明细数据

2. 嵌套分类汇总

对一个字段的数据进行分类汇总后,再对该数据表的另一个字段进行分类汇总,这就构成了分类汇总的嵌套。嵌套分类汇总是一种多级的分类汇总,操作方法与上面所介绍的简单分类汇总基本一致,但需要在"分类汇总"对话框中将"替换分类汇总"复选框勾选掉。下面以"求出各专业各轮考核成绩平均分的基础上,再求出每个专业的各轮考核成绩的最高分"为例介绍嵌套的分类汇总的方法。

（1）打开已经插入分类汇总的工作表如图 5-64 所示，单击数据区域中的任意一个单元格。同样地，在功能区"数据"选项卡的"分级显示"组中单击"分类汇总"按钮，打开"分类汇总"对话框。

（2）在"分类字段"下拉列表中选择"专业"，在"汇总方式"下拉列表中选择"最大值"；在"选定汇总项"列表中同样选择"第一轮考核成绩""第二轮考核成绩"和"第三轮考核成绩"；注意，一定要取消"替换当前分类汇总"复选框的勾选。完成设置后，单击"确定"按钮，关闭"分类汇总"对话框即可，如图 5-67 所示。

图 5-67　嵌套分类汇总的设置

此时工作表中将插入嵌套分类汇总，汇总的结果如图 5-68 所示。

	专业	学号	姓名	性别	第一轮考核成绩	第二轮考核成绩	第三轮考核成绩	总成绩	平均成绩
					某连单兵实弹射击考核成绩统计分析表				
9	163351 平均值				83.00	85.80	82.60		
18	163361 平均值				75.57	75.86	79.86		
27	163371 最大值				94.00	95.00	96.00		
28	163371 平均值				84.38	83.13	87.50		
29	163391	2016048	彭实举	男	92.00	88.00	95.00	275.00	137.50
30	163391	2016016	何承启	女	72.00	73.00	81.00	226.00	113.00
31	163391	2016059	苏小勇	女	69.00	95.00	76.00	240.00	120.00
32	163391	2016065	涂正大	男	66.00	88.00	75.00	229.00	114.50
33	163391 最大值				92.00	95.00	95.00		
34	163391 平均值				74.75	86.00	81.75		
35	总计最大值				94.00	95.00	96.00		
36	总计平均值				79.92	82.04	83.29		

图 5-68　嵌套分类汇总的结果

小贴士：在进行嵌套分类汇总时，在"分类汇总"对话框中不能勾选"替换当前分类汇总"复选框，否则新建的分类汇总会替换掉已存在的分类汇总。

5.3　图表的使用

Excel 电子表格能够帮助用户进行各种数据的计算和统计，但面对大量的数据和计算结果，要对数据的发展趋势和分布情况进行更直观的分析，则需要使用图表。图表有较好的视觉效果，可以通过图表中数据系列的高低或长短来查看数据的差异、预测趋势等。Excel 2010 中图表的类型非常丰富,主要包括柱形图、条形图、折线图、面积图等 11 种类型。在使用时,用户根据自己的需要进行选择即可,当图表中的数据发生变化时,图表中对应的数据也自动变化。

5.3.1 创建图表

创建图表时首先要根据数据的特点决定采用哪种图表类型。同以前的版本相比,Excel 2010 取消了图表向导,只需选择图表类型、图表布局和样式就能在创建图表时得到专业的图表效果。

在 Excel 2010 中可以创建两类图表:一类是嵌入图表;另一类是图表工作表。其中,嵌入式图表是置于工作表中而非独立的图表。图表工作表是放置于工作簿的工作表中的图表。下面就以 5.2.4 节中汇总出的"各专业各轮考核成绩的平均分"为数据源,创建图表,以直观地显示各专业各轮考核成绩的平均分情况。

(1) 选择需要用图表呈现的数据所在的单元格区域(也就是数据源)。如果只选择一个单元格,则 Excel 会自动将紧邻该单元格且包含数据的所有单元格绘制到图表中。这里只选择汇总后的第 2 级数据,然后单击切换到"插入"功能选项卡,如图 5-69 所示。

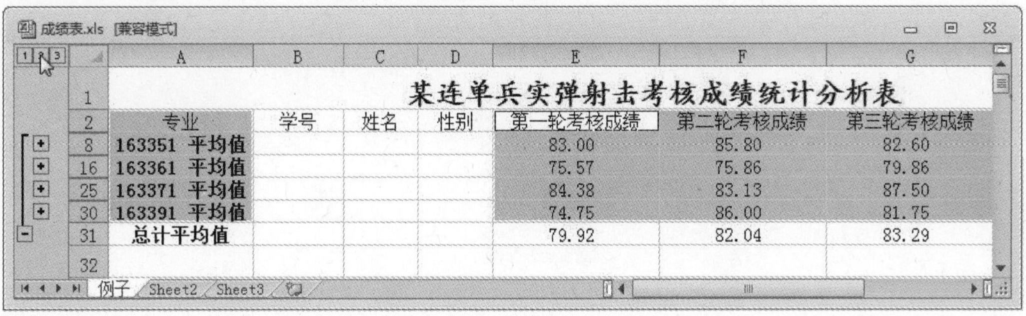

图 5-69　创建图表

(2) 在"图表"功能组中,执行下列操作之一:

① 单击需要的某种图表类型,如柱形图,然后单击其下方的 ▼ 按钮以选择相应的图表子类型;

② 若要查看所有可用的图表类型,请单击 以启动"插入图表"对话框,打开"更改图表类型"对话框,在该对话框中单击相应的箭头以滚动方式浏览图表类型。当鼠标指针停留在任何图表类型或图表子类型上时,屏幕提示将显示图表类型的名称,根据需要进行选择即可。

默认情况下,图表是作为嵌入图表插入到工作表中的。如果要将图表放在单独的图表工作表中,则可以通过执行步骤(4)的操作来更改其位置。这里选择柱形图里的第一种"簇状柱形图",插入图表后的工作表如图 5-70 所示。直接拖动图表可调整其在工作表中的位置。

(3) 单击嵌入图表中的任意位置以将其激活。将显示"图表工具",其中包含"设计""布局"和"格式"命令,如图 5-71 所示。

(4) 在如图 5-71 所示的图表工具栏下,单击"设计"功能选项卡下"位置"功能组中的"移动图表"命令。在打开的"移动图表"对话框的"选择放置图表的位置"下(图 5-72),执行下列操作之一:

① 若要将图表显示在图表工作表中,请选择"新工作表"命令;

② 如果需要替换图表的建议名称,则可以在"新工作表"框中输入新的名称;

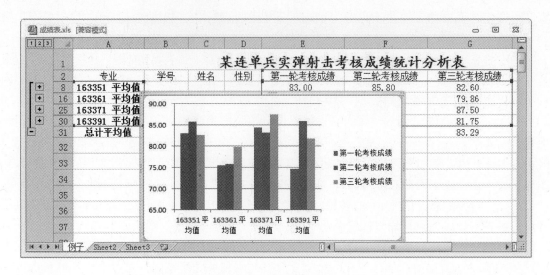

图 5-70　插入图表后的工作表

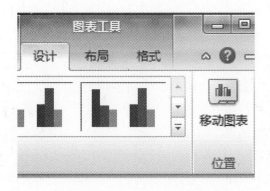

图 5-71　图表工具

③ 若要将图表显示为工作表中的嵌入图表,请单击"对象位于",然后在"对象位于"框中单击工作表。

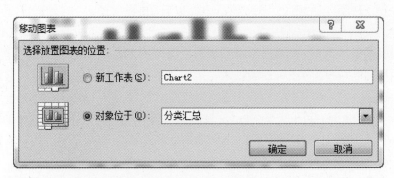

图 5-72　移动图表对话框

　　小贴士: 选定作为图表数据源的单元格区域,按 F11 键,可以快速创建一个使用默认图表类型的图表;如果作为图表数据源的单元格不在连续的区域中,只要选择的区域是矩形,则按住Ctrl 键的同时选择不相邻的单元格区域即可。

5.3.2 编辑图表

创建图表后还可以对图表进行一系列的编辑操作,如更改图表类型、设置图表样式、添加图表标题、添加数据标签等,这些操作都是在图表工具的"设计""布局"和"格式"功能选项卡下进行相应的操作。

1)更改图表的类型

操作方法:选中要更改类型的图表,切换到图表工具的"设计"选项卡下,单击"类型"组中的"更改图表类型"按钮,在打开的"更改图表类型"对话框中选择相应的图表类型即可。

2)更改图表布局

操作方法:选中要更改类型的图表,切换到图表工具的"设计"选项卡下,单击"布局"组中的"快速布局"按钮,在弹出的下拉列表中选择相应的布局即可。

3)添加图表标题

操作方法如下:

(1)选中要添加标题的图表,切换到图表工具的"布局"选项卡下,单击"标签"功能组中的"图表标题"按钮,在弹出的下拉列表中选择"居中覆盖标题"或"图表上方"命令。

(2)在图表中显示的"图表标题"文本框中输入所需的文本。若要插入换行符,请单击要换行的位置,将指针置于该位置,然后按 Enter 键。

(3)如果需要设置文本的格式,请选中文本,然后在"浮动工具栏"上单击需要的格式设置命令。也可以使用功能区("开始"选项卡下的"字体"组)上的格式设置按钮。若要设置整个标题的格式,用户可以右击该标题,选择"设置图表标题格式"命令,然后选择所需的格式设置命令。

4)添加坐标轴标题

操作方法如下:

(1)单击需要添加坐标轴标题的图表的任意位置。切换到图表工具的"布局"选项卡,单击"标签"功能组中的"坐标轴标题"按钮。

(2)若要向主要横(分类)坐标轴添加标题,请选择"主要横坐标轴标题",然后选择所需的命令。如果图表有次要横坐标轴,还可以添加"次要横坐标轴标题"。

(3)如果需要设置文本的格式,请选中文本,然后在"浮动工具栏"上单击所需的格式设置命令。

5)添加数据标签

操作方法如下:

(1)根据数据点类型,单击不同的图表位置来添加数据标签。

① 若要向所有数据系列的所有数据点添加数据标签,则单击图表区;

② 若要向一个数据系列的所有数据点添加数据标签,单击该数据系列中需要标签的任意位置;

③ 若要向一个数据系列中的单个数据点添加数据标签,单击包含要标记的数据点的数据系列,然后单击要标记的数据点。

(2)选择相应的位置后,切换到图表工具的"布局"选项卡,单击"标签"功能组中的"数据标签"按钮,在弹出的下拉菜单中选择相应的命令即可。

5.4 实战训练一:制作"某连单兵实弹射击成绩表"实验

5.4.1 实验目的

(1)掌握工作簿以及工作表的基本操作:创建、保存、重命名以及复制、移动等。
(2)掌握数据的输入和编辑方法。
(3)掌握系列数据的填充方法。
(4)掌握工作表及表中数据的格式化方法。

5.4.2 实验任务

(1)创建并保存工作簿。
(2)工作表的基本操作。
(3)输入工作表的内容。
(4)设置行高、列宽及单元格的边框和底纹。

5.4.3 实验要求

(1)新建一个工作簿,将其命名为"某连单兵实弹射击成绩表",并进行保存和关闭操作。
(2)复制、移动及重命名工作表。
① 在任务 1 所创建的"某连单兵实弹射击成绩表"工作簿中插入新的工作表"Sheet4"并将其移动到"Sheet1"之前。
② 将"Sheet4"复制到"Sheet3"之后。
③ 删除"Sheet4"和"Sheet4(2)"。
④ 将"Sheet1"重命名为"某连单兵实弹射击成绩表"。
(3)输入如图 5-73 所示的实弹射击成绩数据。

1	某连单兵实弹射击考核成绩统计分析表					
2	专业	学号	姓名	第一轮考核成绩	第二轮考核成绩	第三轮考核成绩
3	163351	2016033	刘栋	90.00	89.00	91.00
4	163351	2016093	张鹏	83.00	85.00	89.00
5	163351	2016073	王文龙	68.00	88.00	86.00
6	163351	2016008	陈彦屹	95.00	68.00	81.00
7	163351	2016058	宋照实	93.00	83.00	68.00
8	163361	2016079	文豪	80.00	84.00	89.00
9	163361	2016032	刘德志	68.00	74.00	86.00
10	163361	2016026	李向明	93.00	73.00	81.00
11	163361	2016024	李世龙	89.00	72.00	79.00
12	163361	2016061	孙超	25.00	67.00	71.00
13	163361	2016097	赵耀	86.00	94.00	67.00
14	163361	2016003	曹毅	90.00	95.00	56.00
15	163371	2016050	曲建跃	92.00	96.00	94.00
16	163371	2016085	肖海霞	92.00	91.00	93.00
17	163371	2016039	吕正义	92.00	95.00	91.00
18	163371	2016035	刘琪琪	82.00	90.00	88.00
19	163371	2016051	任恒	79.00	65.00	86.00
20	163371	2016072	王少飞	66.00	89.00	85.00
21	163371	2016013	郭超	67.00	88.00	70.00
22	163371	2016010	陈钊	95.00	86.00	68.00
23	163391	2016048	彭实举	88.00	95.00	92.00
24	163391	2016016	何承启	73.00	81.00	72.00
25	163391	2016059	苏小勇	95.00	76.00	69.00
26	163391	2016065	涂正大	88.00	75.00	66.00

图 5-73　学员成绩表

（4）格式化"某连单兵实弹射击成绩表"。

将 A1:F1 单元格区域合并后居中。

① 将表中"某连单兵实弹射击成绩表"字体格式设置为"楷体""18 号""红色"并"加粗"。

② 调整 A1 的行高以适应文字大小。

③ 设置对齐方式。将 A2:F20 单元格区域的对齐方式设置为"居中"。

④ 设置标题字体格式。将 A2:F2 单元格区域字体内容，设置为"宋体""12 号"，并"加粗"。

⑤ 设置数据格式。将 D3:F20 单元格区域数据格式设置为"数值"类型,保留"两位"小数。

⑥ 设置边框和底纹。将 A1:F20 单元格区域的"外边框"设置为"蓝色""虚线"样式;将单元格 A1 的填充颜色设置为"浅灰色"。

（5）格式化完成后,保存该工作簿文件。格式化后的工作表的效果如图 5-74 所示。

某连单兵实弹射击考核成绩统计分析表					
专业	学号	姓名	第一轮考核成绩	第二轮考核成绩	第三轮考核成绩
163351	2016033	刘栋	90.00	89.00	91.00
163351	2016093	张鹏	83.00	85.00	89.00
163351	2016073	王文龙	68.00	88.00	86.00
163351	2016008	陈彦屹	95.00	68.00	81.00
163351	2016058	宋照实	93.00	83.00	68.00
163361	2016079	文豪	80.00	84.00	89.00
163361	2016032	刘德志	68.00	74.00	86.00
163361	2016026	李向明	93.00	73.00	81.00
163361	2016024	李世龙	89.00	72.00	79.00
163361	2016061	孙超	25.00	67.00	71.00
163361	2016097	赵耀	86.00	94.00	67.00
163361	2016003	曹毅	90.00	95.00	56.00
163371	2016050	曲建跃	92.00	96.00	94.00
163371	2016085	肖海霞	92.00	91.00	93.00
163371	2016039	吕正义	92.00	95.00	91.00
163371	2016035	刘琪琪	82.00	90.00	88.00
163371	2016051	任恒	79.00	65.00	86.00
163371	2016072	王少飞	66.00	89.00	85.00

图 5-74　美化后的学员成绩表

5.4.4　思考题

（1）Excel 工作簿与工作表有怎样的关系?

（2）什么是工作表? 工作表有哪些基本操作?

（3）可以从哪些方面美化工作表?

5.5　实战训练二:统计分析"某连单兵实弹射击成绩表"实验

5.5.1　实验目的

（1）掌握公式的使用方法。

（2）掌握常用函数的使用方法。

（3）理解并掌握相对地址和绝对地址的使用方法。

5.5.2　实验任务

在素材文件："某连单兵实弹射击成绩表.xlsx"（实验5.4制作完成的），完成以下任务：

（1）使用公式计算每个学员的"总成绩"和"平均成绩"。

（2）使用相应的函数计算每一轮射击的"平均成绩""最高成绩"和"最低成绩"。

（3）根据"总成绩"计算学员的名次及等级。

5.5.3　实验要求

打开"某连单兵实弹射击成绩表.xlsx"：

（1）使用公式计算每个学员的总成绩和平均成绩，并将计算结果设为"数值"类型，保留两位小数。

（2）使用相应的函数计算每一轮射击的平均成绩、最高成绩和最低成绩，并将计算结果设为"数值"类型，保留两位小数。

① "平均成绩"使用 AVERAGE 函数计算。

操作提示：单击 D21 单元格，单击"编辑栏"左侧的"插入函数"按钮 f_x，打开"插入函数"对话框，在"常用函数"或"统计函数"类别下选择"AVERAGE"函数，然后设置其相应的参数，设置完成后单击"确定"按钮。然后拖动鼠标，在其他相应的单元格区域复制函数即可。

② "最高成绩"使用 MAX 函数计算。

操作提示：单击 D22 单元格，单击"编辑栏"左侧的"插入函数"按钮 f_x，打开"插入函数"对话框，在"常用函数"或"统计函数"类别下选择"MAX"函数，然后设置其相应的参数，设置完成后单击"确定"按钮。然后拖动鼠标，在其他相应的单元格区域复制函数即可。

③ "最低成绩"使用 MIN 函数计算。

操作提示：单击 D23 单元格，单击"编辑栏"左侧的"插入函数"按钮 f_x，打开"插入函数"对话框，在"常用函数"或"统计函数"类别下选择"MIN"函数，然后设置其相应的参数，设置完成后单击"确定"按钮。然后拖动鼠标，在其他相应的单元格区域复制函数即可。

（3）根据"总成绩"计算每个学员的名次，使用 RANK 函数计算。

操作提示：单击 I3 单元格，单击"编辑栏"左侧的"插入函数"按钮 f_x，打开"插入函数"对话框，在"常用函数"或"统计函数"类别下选择"RANK. EQ"函数，打开"插入函数"对话框，将其第一个参数 Number 设为"I3"，其第二个参数"Ref"设为"$G$3:$G$20"，设置完成后单击"确定"按钮。然后拖动鼠标，在其他相应的单元格区域复制函数即可。

（4）计算学员的成绩等级。

① 使用 IF 函数计算。

② 成绩共分为 4 个等级，分别是优秀（总成绩>=240），良好（总成绩>=210 并且<240），一般（总成绩>=180 并且<210），不合格（总成绩<180）。

操作提示：单击 J3 单元格，在"编辑栏"中输入公式：=IF(G19>=240,"优秀",IF(G19>=210,"良好",IF(G19>=180,"一般","不合格")))。输入完成后按 Enter 键，即可计算出当前单元格的成绩等级。然后拖动鼠标，在其他相应的单元格区域复制函数即可。

5.5.4　思考题

（1）使用公式时，单元格的引用方式有哪几种，如何引用？

（2）公式和函数有什么区别和联系？如何选择？

5.6 实战训练三：管理"某连单兵实弹射击成绩表"实验

5.6.1 实验目的

（1）熟练掌握数据的排序和筛选的方法。
（2）掌握数据的分类汇总。
（3）学会图表的使用。

5.6.2 实验任务

在素材文件："某连单兵实弹射击成绩表.xlsx"（实验5.5制作完成的），完成以下任务：
（1）数据排序练习（单列排序、多列排序）。
（2）数据筛选练习（自动筛选、高级筛选）。
（3）分类汇总练习。
（4）创建及编辑图表。

5.6.3 实验要求

打开"某连单兵实弹射击成绩表.xlsx"：
（1）在"排序"工作表中，对学员成绩按照"总成绩"进行降序排序，如果"总成绩"相同再按照"第三轮考核成绩"升序排序，实现多关键字排序。
（2）在"自动筛选"工作表中，使用自动筛选功能筛选出"总成绩"在240分以上且"第三轮考核成绩"在85~95之间学员成绩数据。
（3）在"高级筛选"工作表中，使用高级筛选功能筛选出"第一轮考核成绩"在85分以上或"第二轮考核成绩"和"第三轮考核成绩"都在85分以上的学员成绩数据。并将筛选结果复制到A25起始的单元格区域中。
（4）在"分类汇总"工作表中，按照"专业"汇总"第一轮考核成绩"和"第三轮考核成绩"的"平均成绩"及"最高成绩"，汇总的结果显示在数据下方。
（5）以"上述4"中按"专业"汇总"第一轮考核成绩"和"第三轮考核成绩"的"平均成绩"及"最高成绩"，为数据源创建"三维簇状柱形图"，将创建的图表置于"图表"工作表中。并为该图表添加数据标签。

5.6.4 思考题

（1）自动筛选和高级筛选有什么区别和联系？如何选择？
（2）分类汇总有什么作用？创建分类汇总时应注意什么？

5.7 综合实战：管理教员基本信息

5.7.1 实验目的

（1）进一步练习工作表的创建、编辑、数据的输入等基本操作。

（2）进一步熟练掌握公式和函数的使用。

（3）进一步掌握数据的排序、筛选和分类汇总。

（4）进一步练习图表的使用。

5.7.2　实验任务

（1）工作表的创建。

（2）数据的输入和有效性设置。

（3）公式和函数的使用。

（4）数据的排序、筛选和分类汇总。

（5）图表的使用。

5.7.3　实验要求

（1）创建如图 5-75 所示的"教员基本信息表"，并将该工作簿命名为"教员基本信息.xlsx"。

图 5-75　教员基本信息表

（2）在"教员基本信息表"中添加"补贴"字段（插入在"水电费"列之后），为补贴设置数据有效性并输入相应的补贴数据。其中，

① 补贴发放标准为：教授 130 元，副教授 110 元，讲师 80 元，助教 50 元。

② 要求单元格能提供下拉菜单，供用户选择输入；当用户输入数据错误时，提供的出错警告样式为"停止"，出错信息为"不是补贴值"。

（3）在工作表中添加"实发工资"列，并使用公式计算每位教员的"实发工资"，公式为"实发工资=基本工资+补贴−水电费"，并将计算结果设置为"数值"，保留一位小数。

（4）复制"教员基本信息表"并将其重命名为"排序"，在"排序"工作表中，对数据按照自定义的职称顺序进行排序，如果"职称"相同则按照"实发工资"的降序进行排序。其中，职称的自定义序列为"教授、副教授、讲师、助教"。

（5）复制"教员基本信息表"并将其重命名为"自定义筛选"，在"自定义筛选"工作表中，使用自动筛选筛选出"实发工资>=2000"的教员的信息。

（6）复制"教员基本信息表"并将其重命名为"高级筛选"，在"高级筛选"工作表中，使用高级筛选功能筛选出"基本工资>=2100"且"实发工资<=3000"的男性教员的信息，并将筛选结果放在 A24 开始的单元格区域中。

（7）复制"教员基本信息表"并将其重命名为"分类汇总"，在"分类汇总"工作表中按照"职称"汇总"实发工资"的平均值。

（8）以上述"任务 7"按"职称"汇总出的"实发工资"为数据源创建簇状圆柱图，将创建的图表作为嵌入图表置于"分类汇总"工作表中，并为其添加图表标题、坐标轴标题及数据标签。创建的图表如图 5-76 所示。

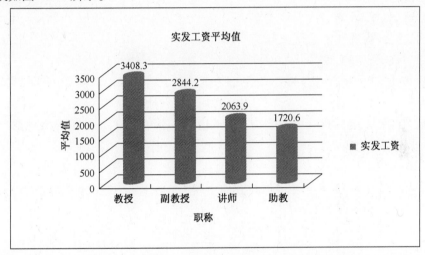

图 5-76　教员实发工资平均值

5.7.4　思考题

设置数据有效性有什么作用？怎样设置数据的有效性？

5.8　习　题

一、选择题

1. Excel 2010 工作簿中，工作簿文件的扩展名是（　　）。

　　A. *.xls　　　　　B. *.xlsx　　　　　C. *.xlt　　　　　D. *.xltx

2. 以下不属于 Excel 中的算术运算符的是（　　）。

　　A."/"　　　　　B."%"　　　　　C."^"　　　　　D."<>"

3. 以下哪个选项不属于"单元格格式"对话框中"数字"选项卡中的内容（　　）。

　　A. 数值　　　　B. 小数　　　　C. 自定义　　　D. 文本

4. 在 Excel 2010 中，如需进行分类汇总，则必须在此之前对数据表中的某个属性进行（　　）。

　　A. 排序　　　　B. 高级筛选　　　C. 条件格式　　D. 自动筛选

5. 在 Excel 2010 中,要在某单元格中输入 1/5,应该输入(　　)。

　　A. "#1/5"　　　　B. "0 1/5"　　　　C. "1/5"　　　　D. "0.2"

6. 在 Excel 2010 中是,按默认设置打印,则打印的区域为(　　)。

　　A. 当前工作表

　　B. 当前工作簿内所有工作表

　　C. 会弹出对话框提示用户需要打印哪个工作

　　D. 当前光标所在的单元格

7. Excel 2010 中,如果只显示清单中年龄小于 20、性别为男、婚姻状况为否的所有记录,可通过以下哪种方法,快捷实现(　　)。

　　A. 通过"分类汇总"实现

　　B. 通过"排序"实现

　　C. 通过高级筛选或自动筛选实现

　　D. 通过逐条查找实现

8. 现 A1 和 B1 中分别有内容 6 和 12,在 C1 中输入公式"=A1&B1",则 C1 中的结果是(　　)。

　　A. 18　　　　　　B. 12　　　　　　C. 72　　　　　　D. 612

9. Excel 2010 中,相邻的单元格内容为 2 和 4,使用填充句柄进行填充,则后续序列为(　　)。

　　A. 6,8,10,12……　　　　　　　　B. 3,6,4,8……

　　C. 8,16,32,64……　　　　　　　D. 2,4,2,4,2,4……

10. Excel 2010 中,如果给某单元格设置的小数位数为 2,则输入 56.5 时显示(　　)。

　　A. 56.5　　　　　B. 56.50　　　　　C. 56.0　　　　　D. 56

11. Excel 2010 中,需在不同工作表中进行数据的移动和复制操作,可按住(　　)。

　　A. Alt 键　　　　B. Shift 键　　　　C. Ctrl 键　　　　D. Tab 键

12. 在 Excel 2010 中,以下单元格的绝对引用方法,正确的是(　　)。

　　A. 8A　　　　　B. A8　　　　　C. $A$8　　　　　D. $A8

13. Excel 2010 中如需将表格的"平均成绩"按分值分为四个等级:优、良、中、差,可通过以下哪一类函数实现(　　)。

　　A. 逻辑函数　　　B. 统计函数　　　C. 账务函数　　　D. 数据库函数

14. 在 Excel 2010 中,如需输入客户的身份证号,在输入数字前,应按以下哪个字符键(　　)。

　　A. "　　　　　　B. '　　　　　　　C. *　　　　　　　D. ~

15. Excel 2010 中,以下哪种操作会破坏设置的单元格数据有效性(　　)。

　　A. 在该单元格中输入无效数据　　　B. 在该单元格中输入公式

　　C. 复制别的单元格内容到该单元格　　D. 改变单元格的字体格式

16. 在 Excel 2010 的单元格引用中,B5:E7 包含(　　)。

　　A. 2 个单元格　　B. 4 个单元格　　C. 12 个单元格　　D. 22 个单元格

17. 在使用高级筛选时,如果在设置的条件区域内输入下图条件,则可筛选出以下哪个选项的结果(　　)。

平均成绩	平均成绩
>70	<90

　　A. 平均成绩大于 70 或者小于 90 的数据　　　B. 平均成绩大于 70 并且小于 90 的数据

C. 平均成绩不大于 70 或者不小于 90 的数据

D. 不能进行正常筛选,提示出错信息

18. Excel 2010 的单元格显示"#REF!",表示该单元格的公式引用的单元格的内容被(　　)。

    A. 错误删除 　　　　　　　　　B. 复制到工作表的其他位置

    C. 移动到工作表的其他位置 　　 D. 从其他单元格(或区域)移动来的内容所覆盖

19. 在 Excel 2010 的单元格中输入公式时,编辑栏上"√"按钮的作用是(　　)。

    A. 取消公式 　　　B. 复位重新输入　C. 确认输入　D. 函数向导

20. Excel 2010 中如需同时选择多个不相邻的工作表,可在单击工作表标签时按住(　　)。

    A. Shift 键 　　　　　B. Alt 键 　　　　　C . Ctrl 键 　　　D. Tab 键

21. Excel 2010 中数值单元格中出现一连串的"###"符号,可通过以下方法解决(　　)。

    A. 重新输入数据 　　　　　　　　B. 删除这些符号

    C. 删除单元格后再按撤销键 　　　D. 调整单元格的宽度

22. Excel 2010 中的以下操作,不能为表格设置边框的是(　　)。

    A. 利用绘图工具绘制边框 　　　　B. 自动套用表格格式的边框

    C. 利用工具栏上的框线按钮 　　　D. 利用"设置单元格格式"对话框

23. 在 Excel 2010 中,运算符 & 表示(　　)。

    A. 逻辑值的与运算 　　　　　　　B. 子字符串的比较运算

    C. 字符型数据的连接 　　　　　　D. 数值型数据的无符号相加

24. 在 Excel 2010 中,若选择含有数值的左右相邻的两个单元格,左键拖动填充柄,则数据将以下面哪种方式填充(　　)。

    A. 左单元格数值 　　　　　　　　B. 右单元格数值

    C. 等差数列 　　　　　　　　　　D. 等比数列

25. 在 Excel 2010 中,如需在单元格内输入日期时,年、月、日间的分隔符应为(　　)。

    A."/"或"-" 　　　B."."或"|" 　　　C."/"或"\" 　D."\"或"-"

26. 关于 Excel 2010 中删除工作表的叙述错误的是(　　)。

    A. 误删了工作表可单击工具栏的"撤销"按钮撤销删除操作

    B. 右击当前工作表标签,再从快捷菜单中选"删除"可删除当前工作表

    C. 执行"开始"→"删除工作表命令"可删除当前工作表

    D. 工作表的删除是永久性删除,不可恢复

二、填空题

1. 电子表格由行列组成的_____构成,行与列交叉形成的格子称为_____,_____是 Excel 中最基本的存储单位,可以存放数值、变量、字符、公式等数据。

2. 系统默认一个工作簿包含_____个工作表,一个工作簿内最多可以有_____个工作表。

3. 在工作簿窗口左边一列的 1、2、3 等阿拉伯数字,表示工作表的_____;工作簿窗口的 A、B、C 等字母,表示工作表的_____。选择一个单元格,单击欲选的单元格,由该单元格即被_____框起来。

4. 公式总是以_____开头。要查看公式的内容,可单击单元格,在打开的_____内显示出该单元格的公式。

5. 公式被复制后,公式中参数的地址发生相应的变化,称为_____;公式被复制后,参数的地址不发生变化,称为_____。相对地址与绝对地址混合使用,称为_____。

6. 如果双击_____的右边框,则该列会自动调整列宽,以容纳该列最宽数据。如果单元格宽度不够,无法以规定格式显示数值时,单元格用_____填满。只要加大单元格宽度,数值即可显示出来。

7. 单元格内数据对齐方式的默认方式为:文字靠_____对齐,数值靠_____对齐。逻辑与错误信息_____对齐。

8. 运算符包括_____、_____、_____、_____,_____的功能是把两个字符连接起来。

9. 函数的一般格式为(<函数名>(<参数表>)),在参数表中各参数间用_____分开,输入函数时前面要首先输入_____。

10. 分类汇总是将工作表中某一列是已经_____的数据进行_____,并在表中插入一行来存放_____。

第6章　实战化条件下的网络安全分析

6.1　网络体系结构

6.1.1　OSI 参考模型

协议是通信双方为了实现通信所制定和采用的约定或对话规则,这些规则明确规定了所交换的数据格式及相关的同步方式。为进行网络数据交换而建立的规则、标准或约定就称为网络协议,它是计算机网络不可缺少的部分。

为了解决计算机网络各种体系结构的互联互通,国际标准化组织(ISO)和国际电报电话咨询委员会(CCITT)于 1977 年联合成立了一个委员会,在当时现有网络的基础上,提出了不基于具体机型、操作系统或公司的网络体系结构,称为开放系统互联(Open System Interconnect,OSI)参考模型。ISO/OSI 参考模型如图 6-1 所示。

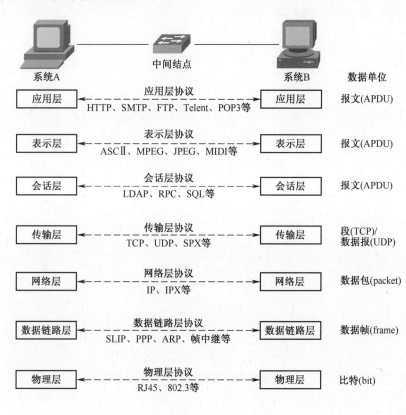

图 6-1　ISO/OSI 参考模型

各层对应的典型实例如下：

应用层——计算机：应用程序，如 FTP,SMTP,HTTP。

表示层——计算机：编码方式，图像编解码、URL 字段传输编码等。

会话层——计算机：建立会话，SESSION 认证、断点续传等。

传输层——计算机：进程和端口。

网络层——网络：路由器、防火墙、多层交换机。

数据链路层——网络：网卡、网桥、交换机。

物理层——网络：中继器、集线器、网线、HUB。

ISO/OSI 参考模型是一种理想化的结构，存在各种问题，例如结构太复杂，有些功能在每一层都重复出现，使得效率比较低下，同时，要完全实现这样的体系结构是非常困难的，现实中也没有哪个厂家完全实现的 OSI 参考模型。

6.1.2 TCP/IP 模型

20 世纪 80 年代以来，随着互联网的不断壮大，传输控制协议/互联网协议（TCP/IP）也随之不断发展，不仅在广域网上被普遍使用，在局域网上 TCP/IP 也已经取代其他协议而成为被普遍采用的协议。如今，TCP/IP 已经成为一种普遍且通用的网络互联标准。

TCP/IP 是以 OSI 参考模型为框架开发出来的，是一种分层协议。图 6-2 显示了 TCP/IP 的层次结构与 OSI 参考模型的对应关系。

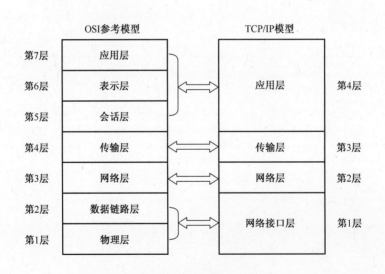

图 6-2　OSI 模型与 TCP/IP 模型的对应关系

从图 6-2 可以看出，TCP/IP 模型的层次结构基本上是按照 OSI 参考模型设计的。TCP/IP 模型将 OSI 参考模型的应用层、表示层和会话层统一整合成为一个单一的应用层，从而使数据格式的表示、会话的建立等功能和应用软件更紧密地结合起来。TCP/IP 模型将 OSI 参考模型的数据链路层和物理层整合成网络接口层，与 OSI 参考模型相比更为实用和简单。

我们虽然在习惯上把 TCP/IP 称为协议，实际上它并不是一个单一的协议，而是一组协议的集合，称为 TCP/IP 协议族。在 TCP/IP 协议族里，每一种协议负责网络数据传输中的一部分工作,为网络中数据的传输提供某一方面的服务。正是由于有了这些工作在各个层次的协议,使整个 TCP/IP 协议族能够有效地协同工作。

TCP/IP 协议族中的典型协议如表 6-1 所列。

表 6-1　TCP/IP 协议族中的典型协议

模型层次	典型协议	功能简介
应用层	HTTP、FTP、POP3	负责处理特定的应用程序细节(远程访问、资源共享)
传输层	TCP、UDP	负责提供端到端通信(数据完整性校验、差错重传、数据的重新排序)
网络层	IP、ICMP	负责将数据包送达正确的目的地(数据包的路由、路由的维护)
网络接口层	Ethernet(以太网)、Token Ring(令牌环)	负责处理与传输介质相关的细节(物理线路和接口、链路层通信)

本书按照 TCP/IP 模型的层次结构对网络互联中的主要协议进行分析。实验的基本思路是使用协议分析工具从网络中截获数据包,对截获的数据包进行分析。通过实验,使学员了解计算机网络中数据传输的基本原理,进一步理解计算机网络协议的层次结构、协议的结构、主要功能和工作原理,以及协议之间是如何相互配合来完成数据通信功能的。

6.2　Wireshark 网络分析工具

Windows 环境下常用的协议分析工具有:Wireshark(2006 年以前称为"Ethereal")、Snifer Pro、Natxray、Iris。为了便于学员学习,本书选用 Wireshark 1.4 汉化版作为协议分析工具。

Wireshark 网络协议分析器是开放源码的、获得广泛应用的网络协议分析器,该工具可以捕捉网络中的数据,并为用户提供关于网络和上层协议的各种信息。它可以运行在 Windows、MAC OS X、Linux 和 UNIX 操作系统上,并能快速执行网络监控、网络故障分析、网络取证、应用程序分析等任务。

6.2.1　Wireshark 主窗口界面

Wireshark 主窗口界面如图 6-3 所示。在图 6-3 中,以编号的形式已将 Wireshark 每部分标出。各部分含义如下:

(1)菜单栏:Wireshark 的标准菜单栏。

(2)工具栏:常用功能快捷图标按钮。

(3)显示过滤区域:减少查看数据的复杂度。

(4)Packet List 窗格:显示每个数据帧的摘要。

(5)Packet Details 窗格:又叫"协议窗格",分析封包的详细信息。

(6)Packet Bytes 窗格:以十六进制和 ASCII 格式显示数据包的细节。

(7)状态栏:专家信息、注释、包数和配置概况。

在工具栏中,每个图标按钮的作用如图 6-4 所示。

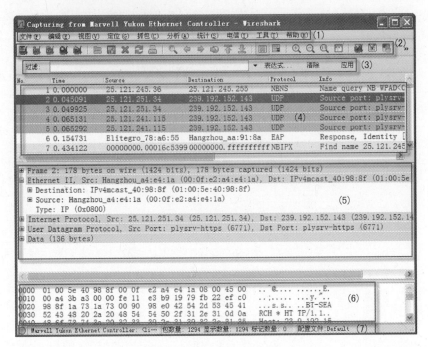

图 6-3　Wireshark 主窗口界面

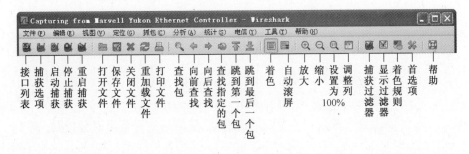

接口列表　捕获选项　启动捕获　停止捕获　重启捕获　打开文件　保存文件　关闭文件　重加载文件　打印文件　查找包　向前查找　向后查找　查找指定的包　跳到第一个包　跳到最后一个包　着色　自动滚屏　放大　缩小　设置为100%　调整列　捕获过滤器　显示过滤器　着色规则　首选项　帮助

图 6-4　Wireshark 工具栏

在显示过滤区,每部分的作用如图 6-5 所示。

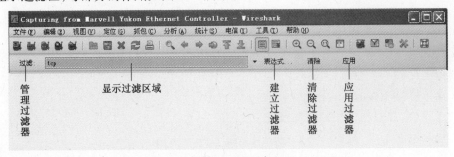

管理过滤器　　显示过滤区域　　建立过滤器　清除过滤器　应用过滤器

图 6-5　显示过滤器区域

6.2.2　Wireshark 的抓包过程

启动 Wireshark 后,需要先从"接口列表"中选择一种需要捕获的网络连接,即网络接口,如图 6-6 所示。然后对接口信息行的"选项"进行设置。

图 6-6　Wireshark 的抓包接口

参数按照需要设定后,单击"开始"按钮,即开始数据包的捕获,并进入图 6-6 所示的界面。单击"停止捕获"按钮,即结束捕获过程,进入 Wireshark 的主界面。

如果用户想抓取某些特定的数据包时,有两种方法可供选择:

(1)先定义好抓包过滤器,结果是只抓到用户设定好的那些类型的数据包。

(2)先把本机收到或者发出的包全部抓下来,再使用显示过滤器,只显示用户想要的那些类型的数据包,这种方式比较常用,建议实验时大家采用。

图 6-7 所示为只捕获 TCP 的数据包的截获示例。

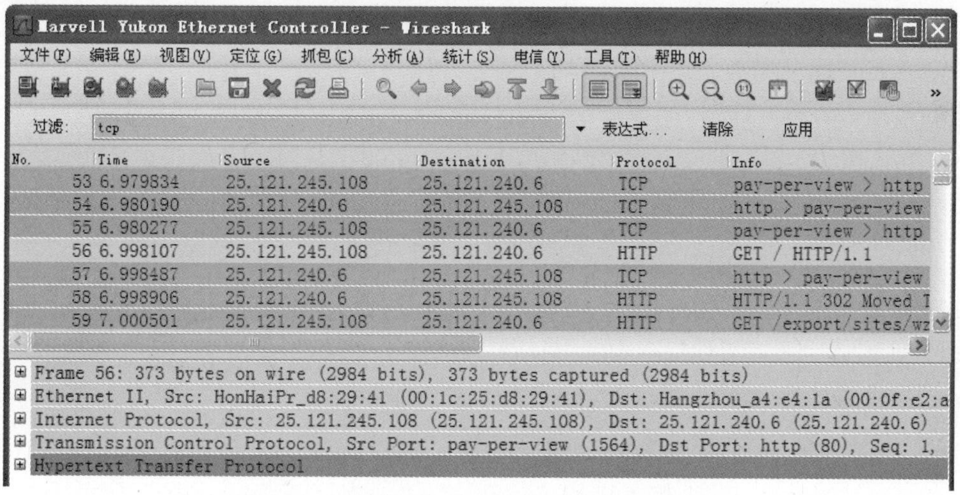

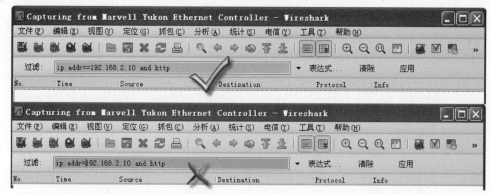

图 6-7　过滤条件为"TCP"时的数据包截获示例

Wireshark 提供了简单而强大的过滤语法,用户可以用它们建立复杂的过滤表达式。例如:你想抓取 IP 地址是 192.168.2.10 的主机所收或发的所有的 HTTP 报文,则显示过滤器(Filter)表达式写为:"ip. addr = = 192.168.2.10 and http",如图 6-8 所示。

图 6-8　过滤语法示例

注意:当在过滤器的输入框显示绿色背景时说明表达式是正确的,显示红色背景时说明表达式是错误的。

Wireshark 详细的过滤语法知识请参考 Wireshark 使用说明文档。

6.2.3　认识数据包

Wireshark 将从网络中捕获到的二进制数据按照不同的协议包结构规范,显示在 Packet Details 面板中。为了帮助学员能够清楚地分析数据,本节将介绍数据包的方法。

在 Wireshark 中关于数据包的叫法有三个术语:帧、包、段。在 Wireshark 中捕获的一个数据包,如图 6-9 所示。

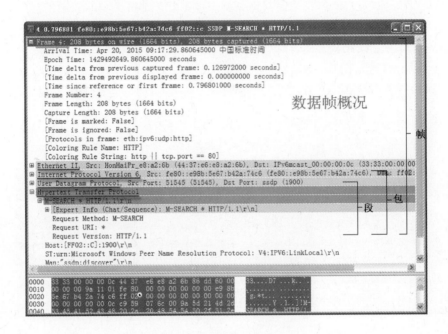

图 6-9　数据包详细信息

数据包信息界面中显示了 5 行信息,默认情况下这些信息是没有被展开的。各行信息分别是:

Frame:物理层的数据帧概况。

Ethernet II:数据链路层以太网帧头部信息。

Internet Protocol Version 4/6:网络层 IP 包头部信息。

User Datagram Protocol:传输层的数据段头部信息,此处是用户数据报协议(UDP)。

(或:Transmission Control Protocol,即传输控制协议(TCP))。

Hypertext Transfer Protocol:应用层信息,此处是超文本传输协议(HTTP)。

依次展开各层信息,展开后的数据内容如下:

1. 物理层的数据帧概况（图 6-10）

```
⊟ Frame 89: 66 bytes on wire (528 bits), 66 bytes captured (528 bits)    #89号帧，线路66字节，实际捕获66字节
    Arrival Time: Apr 20, 2015 11:01:00.841999000 中国标准时间              #捕获日期和时间
    Epoch Time: 1429498860.841999000 seconds
    [Time delta from previous captured frame: 0.027837000 seconds]        #此包与前一包的时间间隔
    [Time delta from previous displayed frame: 0.000000000 seconds]
    [Time since reference or first frame: 8.478492000 seconds]            #此包与第一帧的时间间隔
    Frame Number: 89                                        #帧序号
    Frame Length: 66 bytes (528 bits)                       #帧长度
    Capture Length: 66 bytes (528 bits)                     #捕获长度
    [Frame is marked: False]                            #此帧是否做了标记：否
    [Frame is ignored: False]                           #此帧是否被忽略：否
    [Protocols in frame: eth:ip:tcp]                    #帧内封装的协议层次结构
    [Coloring Rule Name: HTTP]                          #着色标记的协议名称：HTTP
    [Coloring Rule String: http || tcp.port == 80]     #着色规则显示的字符串
```

图 6-10　物理层的数据帧概况

2. 数据链路层以太网帧头部信息（图 6-11）

```
⊟ Ethernet II, Src: HonHaiPr_d8:29:41 (00:1c:25:d8:29:41), Dst: Hangzhou_a4:e4:1a (00:0f:e2:a4:e4:1a)
  ⊟ Destination: Hangzhou_a4:e4:1a (00:0f:e2:a4:e4:1a)                    #目标MAC地址
      Address: Hangzhou_a4:e4:1a (00:0f:e2:a4:e4:1a)
      .... ...0 .... .... .... .... = IG bit: Individual address (unicast)
      .... ..0. .... .... .... .... = LG bit: Globally unique address (factory default)
  ⊟ Source: HonHaiPr_d8:29:41 (00:1c:25:d8:29:41)                        #源MAC地址
      Address: HonHaiPr_d8:29:41 (00:1c:25:d8:29:41)
      .... ...0 .... .... .... .... = IG bit: Individual address (unicast)
      .... ..0. .... .... .... .... = LG bit: Globally unique address (factory default)
    Type: IP (0x0800)
```

图 6-11　数据链路层以太网头部信息

3. 网络层 IP 包头部信息（图 6-12）

```
⊟ Internet Protocol, Src: 25.121.245.108 (25.121.245.108), Dst: 25.121.240.6 (25.121.240.6)
    Version: 4                                                          #互联网协议IPv4
    Header length: 20 bytes                                             #IP包头部长度
  ⊞ Differentiated Services Field: 0x00 (DSCP 0x00: Default; ECN: 0x00)  #差分服务字段
    Total Length: 52                                    #IP包的总长度
    Identification: 0x877f (34687)                      #标志字段
  ⊟ Flags: 0x02 (Don't Fragment)                        #标记字段
    Fragment offset: 0                                  #分段偏移量
    Time to live: 64                                    #生存期TTL
    Protocol: TCP (6)                                   #此包内封装的上层协议为TCP
  ⊞ Header checksum: 0x9adf [correct]                    #头部数据的校验和
    Source: 25.121.245.108 (25.121.245.108)             #源IP
    Destination: 25.121.240.6 (25.121.240.6)            #目标IP
```

图 6-12　网络层 IP 包头部信息

4. 传输层的数据段头部信息（图 6-13）

```
⊟ Transmission Control Protocol, Src Port: caupc-remote (2122), Dst Port: http (80), Seq: 0, Len: 0
    源　端口号: caupc-remote (2122)                          #源端口号
    目的端口号: http (80)                                    #目的端口号
    [Stream index: 22]
    Sequence number: 0    (relative sequence number)      #序列号（相对序列号）
    Header length: 32 bytes                               #头部长度
  ⊟ Flags: 0x02 (SYN)                           #TCP标记字段
      000. .... .... = Reserved: Not set
      ...0 .... .... = Nonce: Not set
      .... 0... .... = Congestion Window Reduced (CWR): Not set
      .... .0.. .... = ECN-Echo: Not set
      .... ..0. .... = Urgent: Not set          #紧急，当URG=1时，表明紧急指针字段有效
      .... ...0 .... = Acknowledgement: Not set  #确认，只有当ACK=1时确认号字段才有效
      .... .... 0... = Push: Not set            #推送，接收TCP时收到PSH=1的报文段，就尽快地交付接收应用进程
      .... .... .0.. = Reset: Not set           #复位，Reset=1表示TCP连接中出现严重差错，必须释放连接后重新连
    ⊞ .... .... ..1. = Syn: Set                  #同步，同步SYN=1表示这是一个连接请求或连接接受报文
      .... .... ...0 = Fin: Not set
    Window size: 65535                            #流量控制的窗口大小
  ⊞ Checksum: 0xd920 [validation disabled]       #TCP数据段的校验和
  ⊞ Options: (12 bytes)
```

图 6-13　传输层数据头部信息（以 TCP 为例）

203

6.3 网络协议

6.3.1 网络层协议——互联网控制消息协议(ICMP)

1. ICMP 报文格式

互联网控制消息协议(Internet Control Message Protocol,ICMP),是 TCP/IP 协议族的一个子协议,属于网络层协议,用于在 IP 主机、路由器之间传递控制消息。控制消息是指网络通不通、主机是否可达、路由是否可用等网络本身的消息。这些控制消息虽然并不传输用户数据,但是对于用户数据的传递起着重要的作用。

ICMP 的报文格式如表 6-2 所列。

表 6-2 ICMP 报文格式

0	7	8	15	16	31
类型(8/0)		代码(0)		校验和	
标识				序列号	
数据区(变长)					

在网络中,ICMP 报文将封装在 IP 数据报中进行传输。由于 ICMP 的报文类型很多,且又有各自的代码,因此,ICMP 并没有一个统一的报文格式供全部 ICMP 信息使用,不同的 ICMP 类别分别有不同的报文字段。

ICMP 报文只在前 4B(字节)有统一的格式,即类型、代码和校验和 3 个字段。接着的 4B 的内容与 ICMP 报文类型有关。表 6-2 描述了 ICMP 的回送请求和应答报文格式,ICMP 报文分为首部和数据区两大部分,其中:

(1) 类型:1B,表示 ICMP 消息的类型,内容参见表 6-3;

(2) 代码:1B,用于进一步区分某种类型的几种不同情况;

(3) 校验和:2B,提供对整个 ICMP 报文的校验和。

表 6-3 ICMP 消息类型及类型码

类型的值	ICMP 消息类型	类型的值	ICMP 消息类型
0	回送(Echo)应答	12	参数出错报告
3	目的站点不可达	13	时间戳(Timestamp)请求
4	源站点抑制(Source Quench)	14	时间戳应答
5	路由重定向(Redirect)	15	信息请求
8	回送请求	16	信息应答
9	路由器询问	17	地址掩码(Address Mask)请求
10	路由器通告	18	地址掩码应答
11	超时报告		

2. 基于 ICMP 的应用程序

目前网络中常用的基于 ICMP 的应用程序主要有 ping 命令和 tracert 命令。

1）ping 命令

ping 命令是调试网络常用的工具之一。它通过发出 ICMP Echo 请求报文并监听其回应来检测网络的连通性。图 6-14 显示了 Wireshark 捕获的 ICMP Echo 请求报文与应答报文。

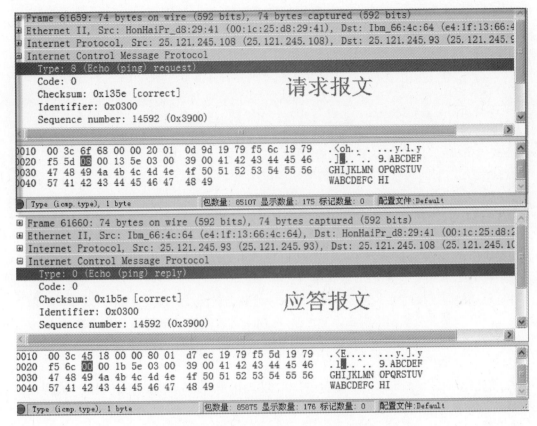

图 6-14　ICMP Echo 请求报文与应答报文

ping 命令只有在安装了 TCP/IP 之后才可以使用,其命令格式如下:

```
ping [-t] [-a] [-n count] [-l size] [-f] [-i TTL] [-v TOS] [-r count] [-s count]
[[-j host-list] |[-k host-list]] [-w timeout] target_name
```

这里对实验中可能用到的参数解释如下:

-t:用户所在主机不断向目标主机发送回送请求报文,直到用户中断。

-n count:指定要 Ping 多少次,具体次数由后面的 count 来指定 ,默认值为 4。

-l size:指定发送到目标主机的数据包的大小 ,默认为 32B,最大值是 65525B。

-w timeout:指定超时间隔,单位为 ms(毫秒)。

target_name:指定要 ping 的远程计算机。

在图 6-14 的请求报文中:

源 IP 为 25.121.245.108。

源 MAC 为 00:1c:25:d8:29:41。

目标 IP 为 25.121.245.93。

目标 MAC 为 e4:1f:13:66:4c:64。

2）tracert 命令

tracert 命令用来获得从本地计算机到目的主机的路径信息。在 MS Windows 中该命令为

"tracert",而 UNIX 系统中为"traceroute"。

tracert 先发送 TTL 为 1 的回显请求报文,并在随后的每次发送过程将 TTL 递增 1,直到目标响应或 TTL 达到最大值,从而确定路由。它所返回的信息要比 ping 命令详细得多,它把用户送出的到某一站点的请求包,所走的全部路由均告诉用户,并且告诉用户通过该路由的 IP 是多少,通过该 IP 的时延是多少。

tracert 命令同样要在安装了 TCP/IP 之后才可以使用,其命令格式为:

```
tracert [-d][-h maximum_hops][-j computer-list][-w timeout]target_name
```
参数含义为:

-d:不解析目标主机的名称。

-h:指定搜索到目标地址的最大跳跃数。

-j:按照主机列表中的地址释放源路由。

-w:指定超时时间间隔,程序默认的时间单位是 ms(毫秒)。

6.3.2 传输层协议——传输控制协议(TCP)

TCP/IP 模型的传输层有两个协议:传输控制协议(Transmission Control Protocal,TCP)和用户数据报协议(User Datagram Protocol,UDP)。根据所使用的协议是 TCP 或 UDP,传输的数据单元分别称为 TCP 报文段或 UDP 数据报。

TCP 提供面向连接的可靠的传输服务。在传输数据之前必须建立连接,数据传送结束后释放连接。UDP 在传输数据前不需要建立连接,远程主机的传输层在收到 UDP 数据报后不需要提供任何确认信息。

1. TCP 报文格式

TCP 提供面向连接的可靠的传输服务。在 TCP/IP 体系中,HTTP、FTP、SMTP 等协议都是使用 TCP 传输方式的。

TCP 报文段格式如表 6-4 所列。

表 6-4 TCP 报文段格式

0								16	31
源端口								目的端口	
序号									
确认序号									
数据偏移	保留	URG	ACK	PSH	RST	SYN	FIN	窗口	
校验和								紧急指针	
选项和填充									
数据部分									

TCP 报文段分为首部和数据两个部分。如表 6-4 所示,TCP 报文段首部的前 20B 是固定的,后面有 $4 \times n$B 是可选项。其中:

(1)源端口和目的端口:各 2B,用于区分源端和目的端的多个应用程序。

(2)序号:4B,指本报文段所发送的数据的第一字节的序号。

(3)确认序号:4B,是期望下次接收的数据的第一字节的编号,表示该编号以前的数据已

206

安全接收。

（4）数据偏移：4bit（位），指数据开始部分距报文段开始的距离，即报文段首部的长度，以32bit 为单位。

（5）标志字段：共有六个标志位：

① 紧急位 URG＝1 时，表明该报文要尽快传送，紧急指针启用。

② 确认位 ACK＝1 时，表头的确认号才有效；ACK＝0，是连接请求报文。

③ 急迫位 PSH＝1 时，表示请求接收端的 TCP 将本报文段立即传送到其应用层，而不是等到整个缓存都填满后才向上传递。

④ 复位位 RST＝1 时，表明出现了严重差错，必须释放连接，然后再重建连接。

⑤ 同步位 SYN＝1 时，表明该报文段是一个连接请求或连接响应报文。

⑥ 终止位 FIN＝1 时，表明要发送的字符串已经发送完毕，并要求释放连接。

（6）窗口：2B，指该报文段发送者的接收窗口的大小，单位为 B（字节）。

（7）校验和：2B，对报文的首部和数据部分进行校验。

（8）紧急指针：2B，指明本报文段中紧急数据的最后一个字节的序号，和紧急位 URG 配合使用。

（9）选项：长度可变，若该字段长度不够4B，由填充补齐。

2. TCP 连接的建立

TCP 连接的建立采用"三次握手"的方法。

一般情况下，双方连接的建立由其中一方发起，如图 6-15（a）所示。

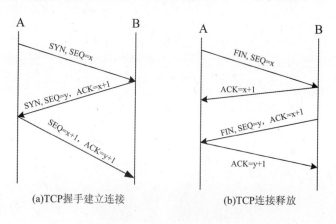

(a)TCP握手建立连接　　　(b)TCP连接释放

图 6-15　TCP 的连接与释放

（1）主机 A 首先向主机 B 发出连接请求报文段，其首部的 SYN 同步位为 1，同时选择一个序号 x。

（2）主机 B 收到此连接请求报文后，若同意建立连接，则向主机 A 发连接响应报文段。在响应报文段中，SYN 同步位为 1，确认序号为 x+1，同时也为自己选择一个序列号 y。

（3）主机 A 收到此确认报文后，也向主机 B 确认，这时，序号为 x+1，确认序号为 y+1。当连接建立后，A、B 主机就可以利用 TCP 进行数据传输了。

以客户机（IP：25. 121. 245. 108）访问 Web 服务器 B（IP：25. 121. 240. 6）为例，TCP 建立连接的连续三个报文信息如图 6-16~图 6-18 所示。

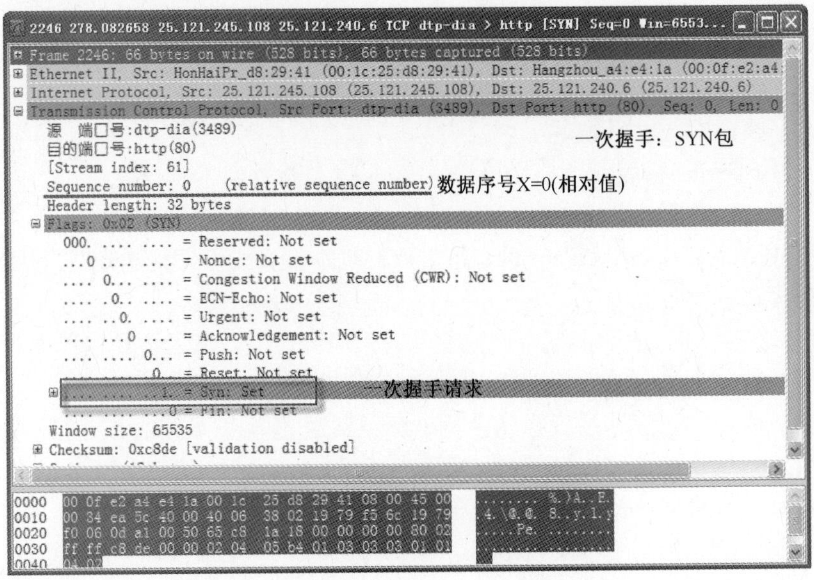

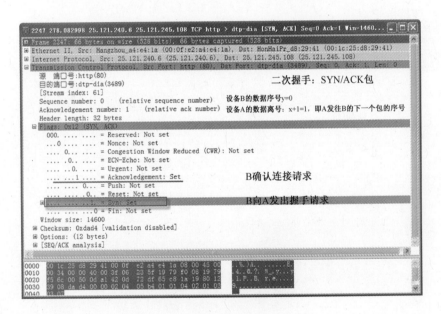

图 6-16　建立 TCP 连接第一次握手信息

图 6-17　建立 TCP 连接第二次握手信息

3. TCP 连接的释放

在数据传输结束后,任何一方都可以发出释放连接的请求,释放连接采用"四次握手"方法。如图 6-15 (b) 所示,假如主机 A 首先向主机 B 提出释放连接的请求,其过程如下:

(1) 主机 A 向主机 B 发送释放连接的报文段,其中,FIN 终止位为 1,序号 x 等于前面已经发送数据的最后一个字节的序号加 1。

(2) 主机 B 对释放连接请求进行确认,其序号等于 x+1。这时从 A 到 B 的连接已经释放,连接处于半关闭状态,以后主机 B 不再接收主机 A 的数据。但主机 B 还可以向主机 A 发送数

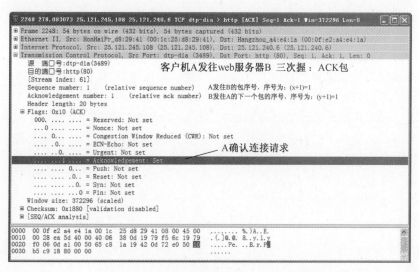

图 6-18　建立 TCP 连接第三次握手信息

据,主机 A 在收到主机 B 的数据时仍然向主机 B 发送确认信息。

(3)当主机 B 不再向主机 A 发送数据时,主机 B 也向主机 A 发释放连接的请求。

(4)同样,主机 A 收到该报文段后也向主机 B 发送确认。

4. TCP 数据传输

TCP 可以通过检验序号和确认号来判断丢失、重复的报文段,从而保证传输的可靠性。TCP 将要传送的报文看成是由一个个字节组成的数据流,对每个字节编一个序号。在连接建立时,双方商定初始序号(即连接请求报文段中的 SEQ 值)。TCP 将每次所传送的第一个字节的序号放在 TCP 首部的序号字段中,接收方的 TCP 对收到每个报文段进行确认,在其确认报文中的确认号字段的值表示其希望接收的下一个报文段的第一个数据字节的序号。

由于 TCP 能提供全双工通信,因此,通信中的每一方不必专门发送确认报文段,而可以在发送数据时,捎带传送确认信息,以此来提高传输效率。

6.3.3　应用层协议——超文本传输协议(HTTP)

超文本传输协议(Hyper Text Transfer Protocol,HTTP)用于万维网服务。

1. HTTP 的工作原理

HTTP 是一个面向事务的客户服务器协议。尽管 HTTP 使用 TCP 作为底层传输协议,但HTTP 是无状态的。也就是说,每个事务都是独立的进行处理。当一个事务开始时,就在万维网客户与服务器之间建立一个 TCP 连接,而当事务结束时就释放这个连接。此外,客户可以使用多个端口和服务器(80 端口)之间建立多个连接。其工作过程包括以下几个阶段:

(1)服务器监听 TCP 端口 80,以便发现是否有浏览器(客户进程)向它发出连接请求;

(2)一旦监听到连接请求,立即建立连接;

(3)浏览器向服务器发出浏览某个页面的请求,服务器接着返回所有请求的页面作为响应;

(4)释放 TCP 连接。

在浏览器和服务器之间的请求和响应的交互,必须遵循 HTTP 规定的格式和规则。

当用户在浏览器的地址栏输入要访问的 HTTP 服务器地址时,浏览器和被访问的 HTTP 服务器的工作过程如下:

(1) 浏览器分析待访问页面的 URL 并向本地 DNS 服务器请求 IP 地址解析;

(2) DNS 服务器解析出该 HTTP 服务器的 IP 地址并将 IP 地址返回给浏览器;

(3) 浏览器与 HTTP 服务器建立 TCP 连接,若连接成功,则进入下一步;

(4) 浏览器向 HTTP 服务器发出请求报文(含 GET 信息),请求访问服务器的指定页面;

(5) 服务器做出响应,将浏览器要访问的页面发送给浏览器,在页面传输过程中,浏览器会打开多个端口,与服务器建立多个连接;

(6) 释放 TCP 连接;

(7) 浏览器收到页面并显示给用户。

2. HTTP 报文格式

HTTP 有两类报文:从客户到服务器的请求报文和从服务器到客户的响应报文。图 6-19 显示了两种报文的结构。

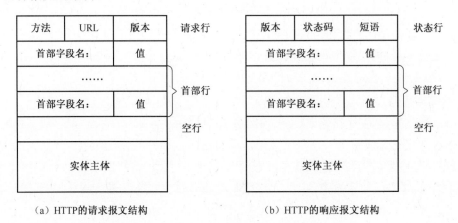

(a) HTTP的请求报文结构　　　　　(b) HTTP的响应报文结构

图 6-19　HTTP 的报文结构

在图 6-19 中,每个字段之间有空格分隔,每行的行尾有回车换行符。各字段的意义如下:

(1) 请求行由三个字段组成:

① 方法字段,最常用的方法为"GET",表示请求读取一个万维网的页面。常用的方法还有"HEAD(指读取页面的首部)"和"POST(请求接受所附加的信息)";

② URL 字段为主机上的文件名,这时因为在建立 TCP 连接时已经有了主机名;

③ 版本字段说明所使用的 HTTP 的版本,一般为"HTTP/1.1"。

(2) 状态行也有三个字段:

① 第一个字段等同请求行的第三字段;

② 第二个字段一般为"200",表示一切正常,状态码共有 41 种,常用的有:301(网站已转移)、400(服务器无法理解请求报文)、404(服务器没有所请求的对象)等;

③ 第三个字段是解释状态码的短语。

(3) 根据具体情况,首部行的行数是可变的。请求首部有 Accept 字段,其值表示浏览器可以接受何种类型的媒体;Accept-language,其值表示浏览器使用的语言;User-agent 表明可用的浏览器类型。响应首部中有 Date、Server、Content-Type、Content-Length 等字段。在请求首部和响应首部中都有 Connection 字段,其值为 Keep-Alive 或 Close,表示服务器在传送完所请求的对象后是保持连接或关闭连接。

（4）若请求报文中使用"GET"方法，首部行后面没有实体主体；当使用"POST"方法时，附加的信息被填写在实体主体部分。在响应报文中，实体主体部分为服务器发送给客户的对象。

图 6-20 和图 6-21 分别是 HTTP 请求报文和响应报文示例。

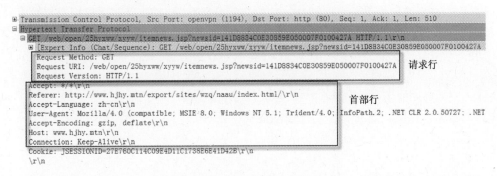

图 6-20　HTTP 请求报文示例

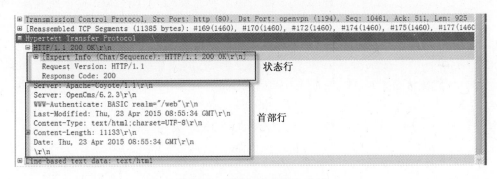

图 6-21　HTTP 响应报文示例

6.4　网　络　安　全

6.4.1　网络安全基础

网络安全是指网络系统的硬件、软件及其系统中的数据受到保护，不因偶然的或者恶意的原因而遭受到破坏、更改、泄露，系统连续可靠正常地运行，网络服务不中断。

网络安全的主要特性有：

（1）保密性。信息不泄露给非授权用户、实体或过程，或供其利用的特性。

（2）完整性。数据未经授权不能进行改变的特性。即信息在存储或传输过程中保持不被修改、不被破坏和丢失的特性。

（3）可用性。可被授权实体访问并按需求使用的特性。即当需要时能存取所需的信息。例如网络环境下拒绝服务、破坏网络和有关系统的正常运行等都属于对可用性的攻击。

（4）可控性。对信息的传播及内容具有控制能力。

（5）可审查性。出现安全问题时提供依据与手段。

威胁网络安全的因素有：信息窃取、密码破译、信息流量分析、假冒、篡改、插入、阻塞、抵赖、计算机病毒等。

以典型的 TCP/IP 模型为例，尽管其在网络方面取得了巨大的成功，但是由于 TCP/IP 在设计之初并没有考虑到安全性问题,因此在协议层次上具有相当大的安全漏洞。

在 TCP/IP 的数据链路层,监听是最常见的攻击手段。目前的局域网基本上都采用以广播为技术基础的以太网,各主机处于同一信任域,传输信息可以相互监听。因此,只要接入以太网上的任意一节点,就可以捕获在这个以太网上发送的所有数据包,从而窃取关键信息,这是以太网所固有的安全隐患。解决这个问题,首先,应当尽可能划分网段,将非授权用户与敏感的网络资源相互隔离,从而防止可能的非法监听。其次,以交换式集线器代替共享式集线器,减少数据监听的设备基数。再次,还可以运用(虚拟局域网 VLAN)技术,把所有服务器和用户节点都放置在各自的 VLAN 内,将以太网通信变为点到点通信,互不干扰。

在网络层,典型的安全问题有:

(1) IP 欺骗:伪造 IP 地址以获得非法权利。

(2) 利用源路由选项,侦听数据。

(3) 对路由协议,如 RIP 等进行攻击。

(4) 利用 ICMP 的 REDIRECT 报文破坏路由机制。

为了尽可能地解决这些安全性问题,互联网的技术管理机构 IETF 提出了一种新版本的 IP 协议——IPv6,通过在 IP 信元头后面的扩展元头中实现安全特征,在鉴别和保密两个方面指定了一系列标准,并强制要求支持这些安全标准。

在传输层,TCP 的实现给黑客留下了攻击空间,它的三次握手建链方式成为实现 SYN FLOODING 拒绝服务攻击方式的原理。2000 年初,黑客对 YAHOO、AMAZON、E-BAY 等商业网站发动的拒绝服务攻击使用的就是 SYN FLOODING 的分布式拒绝攻击(DDOS)方式。除此之外,伪造 TCP/UDP 中的源地址源端口也是一种常见的地址欺骗方式。

在应用层,很多协议缺少严格的加密认证机制,DNS 便是一例。DNS 提供主机名与 IP 地址的映射关系,它从出现以来就缺乏加密认证机制,所以黑客很容易在监听、伪造的基础上进行攻击。其他比较常见的网络软件与网络服务的漏洞有:NFS 的 RPC 调用,匿名 FTP 和远程登录等。

网络安全的解决方案有:构筑防火墙、加密技术、数字签名、数字证书、病毒检查、安装补丁程序等。其中,防火墙作为一种有效的网络安全防御手段,得到了广泛的应用。

6.4.2 防火墙技术

防火墙技术是一种常见的网络安全技术,它采用被动式防御的访问控制技术,通过在网络边界建立起来的网络监控系统来隔离内部网和外部网,阻挡外部网的入侵,防止外部非授权节点访问被保护网络以及内部网络敏感信息的泄漏。

防火墙具有以下作用:

(1) 防止网络攻击。即通过安全策略的限制阻挡非法访问(黑客攻击)。

(2) 强化安全策略。如对内限制网络的滥用(即时聊天工具、P2P 等)。

(3) 监控和审计网络使用。可以监控网络使用状况(带宽、流量)和审计网络使用的合法性。

图 6-22 所示为防火墙的作用示意图。

目前,互联网上的受攻击案件数量直线上升,用户随时都可能遭到各种恶意攻击,造成用户的上网账号被窃取、冒用、银行账号被盗用、电子邮件密码被修改、财务数据被利用、机密档案丢失、隐私曝光等,甚至黑客通过远程控制删除了用户硬盘上所有的资料数据,整个计算机系统架

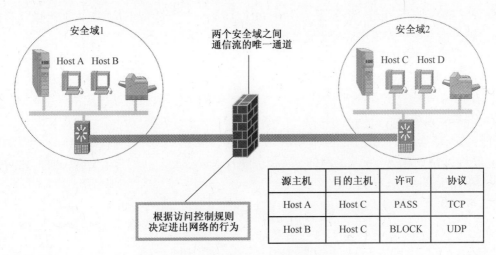

图 6-22　防火墙作用示意图

源主机	目的主机	许可	协议
Host A	Host C	PASS	TCP
Host B	Host C	BLOCK	UDP

构全面崩溃。为了抵御黑客的攻击,建议互联网用户计算机上安装一套个人防火墙软件,以拦截一些来历不明、有害敌意访问或攻击行为。

　　个人防火墙把用户的计算机和公共网络(如互联网)分隔开,它检查到达防火墙两端的所有数据包,无论是进入还是发出,从而决定该拦截这个数据包还是将其放行,是保护个人计算机接入互联网的安全有效措施。

　　常见的个人防火墙有:天网防火墙个人版、瑞星个人防火墙、费尔个人防火墙、江民黑客防火墙和金山网镖等。

6.4.3　天网防火墙个人版

　　天网防火墙个人版(简称天网防火墙)是由天网安全实验室研发制作给个人计算机使用的网络安全程序工具。

　　天网防火墙根据系统管理者设定的安全规则(Security Rules)守护网络,提供强大的访问控制、身份认证、信息过滤功能,可以抵挡网络攻击和入侵,防止信息泄露。天网防火墙把网络分为本地网和互联网,可以针对来自不同网络的信息,来设置不同的安全方案。

1. 设置天网防火墙

　　由于天网防火墙预设了一系列安全规则,如果用户对网络安全要求不高,可以直接使用。但是如果要想让防火墙按照用户的意愿来工作,则必须对防火墙进行设置。

　　1)系统设置

　　单击防火墙程序主界面中的"系统设置"图标,弹出系统设置界面,如图 6-23 所示。

　　在"启动"栏中选中"开机后自启动防火墙",天网防火墙将在操作系统启动的时候自动启动,否则需要手动启动。

　　若单击"重置"按钮,把防火墙的安全规则全部恢复为初始设置,用户对安全规则的修改和加入的规则将会全部被清除掉。

　　"管理权限设置"中的"应用程序权限"栏可以不选,以后程序访问网络时会询问是否同意其访问网络;如果选了该选项之后,所有的应用程序对网络的访问都默认为通行不拦截。

　　"局域网地址设定"栏可以刷新或清空地址。如果用户的机器是在局域网里面使用,一定要设置好这个地址。因为防火墙将使用这个地址来区分局域网或者是互联网的 IP 来源。

设置"报警声音",点击"浏览"按钮,用户可以选择一个声音文件作为天网防火墙预警的声音,以便防火墙发现有人攻击时用声音提醒用户。

选择"日志管理"中的"自动保存日志"则每次退出防火墙时自动保存日志,天网防火墙将会把当日的日志记录自动保存到 SkyNet/FireWall/log 文件下,打开文件夹便可查看当日的日志记录。

2）IP 规则设置

单击防火墙程序主界面中的"IP 规则设置"图标,弹出系统设置界面,如图 6-23 和图 6-24 所示。IP 规则是针对整个系统的网络层数据包监控而设置的。利用自定义 IP 规则,用户可针对个人不同的网络状态,设置自己的 IP 安全规则,使防御手段更周到、更实用。

图 6-23　天网防火墙系统设置界面

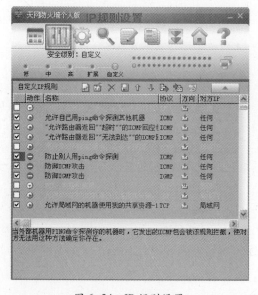

图 6-24　IP 规则设置

214

3）自定义 IP 规则

规则是一系列的比较条件和一个对数据包的动作，就是根据数据包的每一个部分来与设置的条件比较，当符合条件时，就可以确定对该数据包放行或者阻挡。通过合理的设置规则就可以把有害的数据包挡在机器之外。图 6-25 为自定义 IP 规则设置界面。

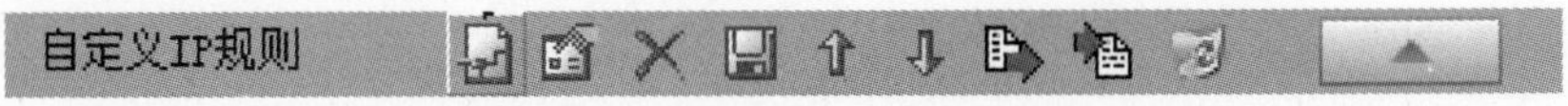

图 6-25　自定义 IP 规则设置界面

用户单击"增加规则"按钮或选择一条规则后单击"修改规则"按钮，就可以自定义 IP 规则，具体步骤如下：

（1）首先输入规则的"名称"和"说明"，以便于查找和阅读。

（2）选择该规则是对进入的数据包还是输出的数据包有效。

（3）"对方 IP 地址"，用于确定选择数据包从哪里来或是去哪里，这里有几点说明：

①"任何地址"指数据包从任何地方来，都适合本规则。

②"局域网网络地址"指数据包来自和发向局域网。

③"指定地址"可以自己输入一个地址。

④"指定的网络地址"可以自己输入一个网络和掩码。

（4）录入该规则所对应的协议，其中：

①"IP"不用填写内容。

②"TCP"要填入本机的端口范围和对方的端口范围，如果只是指定一个端口，那么可以在起始端口处录入该端口，结束处，录入同样的端口。如果不想指定任何端口，只要在起始端口都录入 0。

③"ICMP"规则要填入类型和代码。如果输入 255，表示任何类型和代码都符合本规则。

④"IGMP"不用填写内容。

（5）设定对数据包采取的动作。当一个数据包满足上面的条件时：

①"通行"指让该数据包畅通无阻的进入或出去。

②"拦截"指让该数据包无法进入你的机器。

③"继续下一规则"指不对该数据包作任何处理，由该规则的下一条同协议规则来决定对该数据包的处理。

（6）定义是否记录这次规则的处理和这次规则的处理的数据包的主要内容，并用任务栏中的"天网防火墙"图标是否闪烁来"警告"，或发出声音提示。

例如：利用防火墙自定义 IP 规则防范"冲击波"病毒。方法如图 6-26 所示。因为"冲击波"病毒是利用 Windows 系统开放的 69、135、139、445、4444 端口入侵，封住以上端口即可阻挡"冲击波"病毒的攻击。由于天网防火墙的默认规则已经封住了 135 和 139 两个端口，所以只要再封住 69、445、4444 三个端口即可。图 6-26 为封闭 445 端口的例子，封闭其他两个端口方法类似。

4）安全级别设置

天网防火墙的默认安全级别分为低、中、高三个等级，默认的安全等级为中级，用户可以根据自己的需要调整自己的安全级别，如图 6-27 所示。

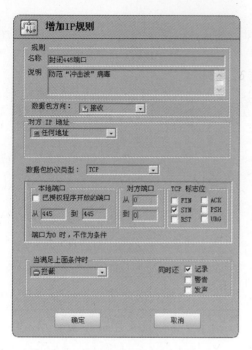

图 6-26　自定义 IP 规则封闭 445 端口

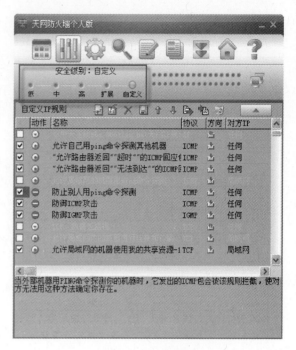

图 6-27　安全级别设定

各等级的安全设置说明如下：

（1）低：所有应用程序初次访问网络时都将询问，已经被认可的程序则按照设置的相应规则运作。计算机将完全信任局域网，允许局域网内部的机器访问自己提供的各种服务（文件、打印机共享服务）；但禁止互联网上的机器访问这些服务。

（2）中：所有应用程序初次访问网络时都将询问，已经被认可的程序则按照设置的相应规则运作。禁止局域网内部和互联网的机器访问自己提供的网络共享服务（文件、打印机共享服务），局域网和互联网上的机器将无法看到本机器。

（3）高：所有应用程序初次访问网络时都将询问，已经被认可的程序则按照设置的相应规则运作。禁止局域网内部和互联网的机器访问自己提供的网络共享服务（文件、打印机共享服务），局域网和互联网上的机器将无法看到本机器。除了是由已经被认可的程序打开的端口，系统会屏蔽掉向外部开放的所有端口。

5）应用程序规则设置

天网防火墙对应用程序数据传输封包进行底层分析拦截，它可以控制应用程序发送和接收数据传输包的类型、通信端口，并且决定拦截还是通过。

在天网防火墙打开的情况下，激活的任何应用程序只要有通信传输数据包发送和接收存在，都会被天网防火墙先截获分析，并弹出窗口，询问用户是"允许"还是"禁止"，如图 6-28所示。

这时用户可以根据需要来决定是否允许该应用程序访问网络。如果不选中"该程序以后按照这次的操作运行"，那么天网防火墙在以后会继续截获该应用程序的数据传输数据包，并且弹出警告窗口。如果选中"该程序以后按照这次的操作运行"选项，该应用程序将自加入到应用程序列表中（图 6-29），用户可以通过应用程序设置来设置更为详尽的数据传输封包过滤方式。

216

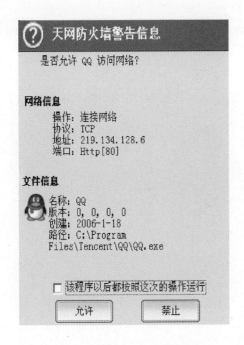

图 6-28　应用程序访问网络的审核　　　　　图 6-29　应用程序访问网络权限设置

2. 使用天网防火墙

1）日志查看和分析

天网防火墙将会把所有不合规则的数据传输封包拦截并且记录下来。单击"日志"按钮可以查看和分析日志记录,每条记录从左到右分别是发送/接受时间、发送 IP 地址、数据传输封包类型、本机通信端口,对方通信端口,标志位,如图 6-30 所示。

说明:不是所有被拦截的数据传输封包都意味着有人在攻击,有些是正常的数据传输封包。但可能由于用户设置的防火墙的 IP 规则的问题,也会被天网防火墙拦截下来并且报警,例如用户设置了禁止别人 Ping 自己的主机,如果有人向其主机发送 Ping 命令,天网防火墙也会把这些发来的 ICMP 数据拦截下来记录在日志上并且报警。

2）网络访问监控

用户不但可以控制应用程序访问权限,还可以监视该应用程序访问网络所使用的数据传输通信协议端口等。通过天网防火墙提供的应用程序网络状态功能,用户能够监视到所有开放端口连接的应用程序及它们使用的数据传输通信协议,任何不明程序的数据传输通信协议端口,例如特洛依木马等,都可以在应用程序网络状态下一览无遗。

单击"监控"按钮查看应用程序的使用情况,一旦发现有非法进程在访问网络,用户可以用天网应用程序网络监控的"结束进程"按钮来禁止非法进程,如图 6-31 所示。

3）断开/接通网络

对于宽带网用户来说,他们的计算机始终连接在网络上,即使用户不需要使用网络,这容易受到黑客的攻击。如果用户在使用计算机时不需要上网,最好单击天网防火墙的"断开/接通网络"按钮,将计算机与网络断开,不让任何人可以访问自己的计算机;需要上网时再单击该按钮接通网络上网,如图 6-32 所示。另外在遇到频繁攻击的时候,这是最有效的应对方法。

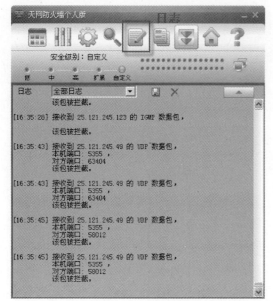

图 6-30 查看日志

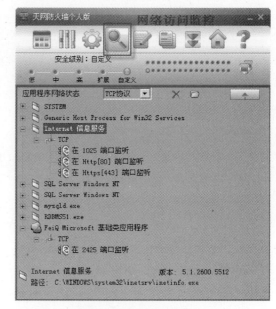

图 6-31 网络访问监控

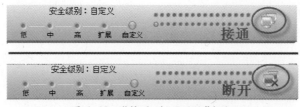

图 6-32 "接通/断开网络"按钮

6.5 实战训练一:ICMP 实验

6.5.1 实验目的

(1)学习协议分析软件 Wireshark 的使用。

(2)掌握 ping 命令和 tracert 命令的使用方法。

(3)了解网络层协议 ICMP 的报文类型及其作用。

6.5.2 实验环境

本实验需在网络环境下实施,基本实验设备包含:2 台计算机、1 台路由器(或交换机)、连接以上设备的网线。实验设备和连接图如图 6-33 所示。

实施方案 2 时,每两名学员为一组分别实施。

6.5.3 实验内容

(1)搭建实验所需的网络环境。

(2)通过运行 Wireshark 软件,捕获 ping 命令和 tracert 命令下的数据包,并完成相应数据的记录。

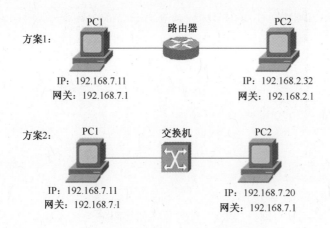

図 6-33   ICMP 分析実験連線図

6.5.4   实验步骤

步骤 1:按照如图 6-33 所示连接好设备。

步骤 2:完成路由器和 PC1、PC2 的相关配置。(注:实验室中任何一台计算机都可以作为模型中的 PC1。如果采用方案 1,则 PC2 由教员课前配置好另一网段机器代理即可;如果采用方案 2,则 PC2 可以选取与 PC1 相邻的机器代替。)

记录好本机(PC1)和目标机(PC2)的 IP、网关。

步骤 3:分别在 PC1 和 PC2 上运行 Wireshark,开始截获报文。为了只截获和实验内容有关的报文,将 Wireshark 的抓包过滤器(Captrue Filter)设置为"No Broadcast and no Multicast"。

步骤 4:在 PC1 上以 PC2 为目标主机,在命令行窗口(开始-运行-cmd)执行 ping 命令。

请写出执行的命令:_____

步骤 5:停止截获报文,将截获的结果保存为 ICMP-1-学号。

分析截获的结果,回答下列问题:

(1)您截获几个 ICMP 报文? 分别属于哪种类型(查 ICMP 消息类型表)?

_____

_____

(2)分析截获的 ICMP 报文,查看表 6-5 中要求的字段值,填入表中。

表 6-5   ICMP 报文分析

报文号	源 IP	目标 IP	ICMP 报文格式			
			类型	代码	标识	序列号

(3) 分析在表 6-5 中哪个字段保证了回送请求报文和回送应答报文的一一对应,仔细体会 ping 命令的作用。

步骤 6:在 PC1 上运行 Wireshark 开始截获报文。

步骤 7:在 PC1 上执行 tracert 命令,向一个本网络中不存在的主机发送数据报,如: tracert 192.168.2.8。

步骤 8:停止截获报文,将截获的结果保存为 ICMP-2-学号。

分析截获的报文,回答下列问题:

(1) 截获了报文中哪几种 ICMP 报文? 其类型码和代码各为多少?

---

(2) 在截获的报文中,超时报告报文的源地址是多少? 这个源地址指定设备和 PC1 有何关系?

6.5.5 思考题

通过对两次截获的 ICMP 报文进行综合分析,仔细体会 ICMP 在网络中的作用。

6.6 实战训练二: TCP 实验

6.6.1 实验目的

(1) 通过实验,熟悉 TCP 的报文格式。
(2) 掌握协议 TCP 建立连接和断开连接的过程与步骤。
(3) 了解基于传输层协议 TCP 进行数据传输的过程。

6.6.2 实验环境

本实验需在网络环境下实施。基本实验设备包含:1 台计算机(客户机)、1 台服务器(也可选择某网站的服务器,实验用户事先应知道该网站的域名或网址)、保证网络畅通的路由或交换设备。TCP 实验连线如图 6-34 所示。

6.6.3 实验内容

(1) 进行基于 TCP 的应用,利用 Wireshark 软件捕获基于 TCP 的数据。
(2) 分析和理解 TCP 创建连接(握手)和断开连接(分手)的过程。
(3) 分析和理解 TCP 的数据传输机制和过程。

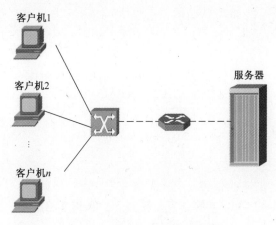

图 6-34   TCP 实验连线示意图

6.6.4   实验步骤

步骤 1：按图 6-34 所示连接好网络,并确保客户机可访问服务器。

步骤 2：在客户机上运行 Wireshark,开始截获报文。设置抓包过滤条件为:tcp。

步骤 3：在客户机上通过网页浏览器访问服务器域名或网址,查看 Wireshark 截获的报文。将截获的结果保存为 TCP-学号,按下列要求分析截获的结果。

① 结合本章 6.4 节介绍 TCP 的内容,分析 TCP 连接建立的"三次握手"过程,找到对应的报文,填写表 6-6(传输方向填写 PC2=>PC1 或 PC2<=PC1)。

表 6-6   TCP 连接建立报文分析

报文号	传输方向	源端口	目的端口	序号	确认序号	同步位 SYN	确认位 ACK

注意：Wireshark 协议树中 TCP 下的"SEQ/ACK analysis"内容（这不是 TCP 报文的真实内容,而是 Wireshark 给我们的提供信息）,找到 TCP 数据传输报文的序号和确认报文。

② 从"TCP-学号"的报文中的第一个 FIN＝1 的 TCP 报文开始分析 TCP 连接释放的"四次握手"过程,填写表 6-7。

表 6-7   TCP 连接释放报文分析

报文号	传输方向	源端口	目的端口	序号	确认序号	终止位 FIN	同步位 SYN	确认位 ACK

6.6.5   思考题

（1）TCP 创建连接和断开连接过程中序列号和确认号之间的关系是什么?

(2) 通过 ping 学校主页,捕获 DNS 数据包(DNS 协议是基于 UDP 传输的),分析 UDP 数据报,找出其与 TCP 报文的区别。

6.7 实战训练三: HTTP 实验

6.7.1 实验目的

(1) 了解 HTTP 的主要内容。
(2) 掌握获取 HTTP 报文的方法。
(3) 理解 HTTP 基本的 GET/回答交互方式及 HTTP 报文格式。

6.7.2 实验环境

要求实验室具备上网环境,无须额外设备连接。
注意:请通过访问可以连接的万维网站点或使用 IIS 建立本地万维网服务器来进行实验。

6.7.3 实验内容

捕获 HTTP 报文并分析。

6.7.4 实验步骤

步骤 1:在个人计算机上运行 Wireshark,开始截获报文,为了只截获和我们要访问的网站相关的数据报,将截获条件设置为"not broadcast and not multicast";
步骤 2:从浏览器上访问 Web 界面,如:http://21.10.8.120。打开网页,待浏览器的状态栏出现"完毕"信息后关闭网页。
步骤 3:停止截获报文,将截获的报文命名为"http-学号"保存。
分析截获的报文,回答以下几个问题:
(1) 综合分析截获的报文,查看有几种 HTTP 报文?

(2) 在截获的 HTTP 报文中,任选一个 HTTP 请求报文和对应的 HTTP 应答报文,仔细分析它们的格式,填写表 6-8 和表 6-9。

表 6-8 HTTP 请求报文格式

方 法		版 本	
URL			
首部字段名	字段值	字段所表达的信息	

表 6-9 HTTP 应答报文格式

版 本		状态码	
短 语			
首部字段名	字段值	字段所表达的信息	

（3）分析在截获的报文中，客户机与服务器建立了几个连接？服务器和客户机分别使用了哪几个端口号？

（4）综合分析截获的报文，理解 HTTP 的工作过程，将结果填入表 6-10 中。

表 6-10 HTTP 工作过程

HTTP 客户机端口号	HTTP 服务器端口号	所包括的报文号	步骤说明

6.7.5 思考题

（1）HTTP 报文结束的标识是什么？
（2）请完整地写出学校主页的 URL。
（3）HTTP 是基于 TCP 还是 UDP 服务的？

6.8 实战训练四：个人防火墙的应用和配置实验

6.8.1 实验目的

（1）了解个人防火墙的基本工作原理。
（2）掌握个人防火墙的安装、配置和使用。
（3）通过配置防火墙规则加深对 TCP/IP 的理解。

6.8.2　实验环境

要求实验室具备上网环境,无须额外设备连接。实验机器的操作系统为 Windows XP 系统,带天网防火墙个人版安装包(建议版本:V3.0)。

6.8.3　实验内容

(1) 了解个人防火墙的基本工作原理。
(2) 安装和运行天网防火墙。
(3) 设置和使用天网防火墙。

6.8.4　实验步骤

(1) 安装天网防火墙。
(2) 运行天网防火墙。
(3) 设置天网防火墙。
(4) 使用天网防火墙。

6.8.5　思考题

(1) 写出个人防火墙的基本工作原理。
(2) 查阅资料,列出至少 3 种病毒的端口入侵方法,并用天网防火墙设置防范方案。

6.9　习　　题

一、选择题

1. 下面哪项协议属于应用层协议?(　　)
   A. TCP 和 UDP　　　　　B. DNS 和 FTP　　　　　C. IP　　　　　D. ARP
2. 当网络 A 上的主机向网络 B 上的主机发送报文时,路由器要检查(　　)地址?
   A. 端口　　　　　　B. IP　　　　　　C. 物理　　　　D. 上述都不是
3. TCP 和 UDP 的相似之处是(　　)。
   A. 面向连接的协议　　　　　　　　　B. 面向非连接的协议
   C. 传输层协议　　　　　　　　　　　D. 网络层协议
4. 应用程序 ping 发出的是(　　)。
   A. TCP 请求报文　　　　　　　　　　B. TCP 应答报文
   C. ICMP 请求报文　　　　　　　　　　D. ICMP 应答报文
5. 网络通信中,数据的解封装过程是(　　)。
   A. 段→包→帧→流→数据　　　　　　B. 流→帧→包→段→数据
   C. 数据→包→段→帧→流　　　　　　D. 数据→段→包→帧→流
6. 以下属于物理层的设备是(　　)。
   A. 中继器　　　　　B. 以太网交换机　　　C. 桥　　　D. 网关
7. 在以太网中,是根据(　　)来区分不同的设备的。

A. LLC 地址   B. MAC 地址   C. IP 地址   D. IPX 地址

8. 当一台主机从一个网络移到另一个网络时,以下说法正确的是( )。

    A. 必须改变它的 IP 地址和 MAC 地址

    B. 必须改变它的 IP 地址,但不需改动 MAC 地址

    C. 必须改变它的 MAC 地址,但不需改动 IP 地址

    D. MAC 地址、IP 地址均不需要改动

9. 路由选择协议位于( )。

    A. 物理层   B. 数据链路层   C. 网络层   D. 应用层

10. 关于防火墙的描述不正确的是( )。

    A. 防火墙不能防止内部攻击

    B. 如果一个公司的信息安全制度不明确,拥有再好的防火墙也没有用

    C. 防火墙可以防止伪装成外部信任主机的 IP 地址欺骗

    D. 防火墙可以防止伪装成内部信任主机的 IP 地址欺骗

11. (多选题)防火墙的主要技术有哪些?( )

    A. 简单包过滤技术   B. 状态检测包过滤技术

    C. 应用代理技术   D. 复合技术

    E. 地址翻译技术

12. (多选题)防火墙有哪些部署方式?( )

    A. 透明模式   B. 路由模式   C. 混合模式   D. 交换模式

13. (多选题)防火墙有哪些缺点和不足?( )

    A. 防火墙不能抵抗最新的未设置策略的攻击漏洞

    B. 防火墙的并发连接数限制容易导致拥塞或溢出

    C. 防火墙对服务器合法开放的端口的攻击大多无法阻止

    D. 防火墙可以阻止内部主动发起连接的攻击

二、填空题

1. OSI 模型有_____、_____、_____、运输层、会话层、表示层和应用层七个层次。

2. 在 TCP/IP 模型的第三层(网络层)中,包括的协议主要有 IP、ICMP、_____及_____。

3. 一般来说,协议由_____、语法和_____三部分组成。

4. 计算机网络在逻辑上可以划分为_____子网和_____子网两个部分。

5. 防火墙主要通过_____、方向控制、_____和_____四种手段来执行安全策略和实现网络控制访问。

6. 在 TCP/IP 网络中,UDP 协议工作在_____层,DNS 协议工作在_____层。

第7章　武器装备管理系统设计

7.1　数据库的发展历程

数据库(Database),意为数据仓库,是按照一定的数据模型进行组织、存储和管理数据的仓库。数据库技术兴起于 20 世纪 60 年代,并伴随着计算机技术的发展而得到日益广泛的应用,例如旅馆预订、银行业务、餐厅订餐等都与数据的管理有关。

到目前为止,数据库的呈现形式有很多,例如存储各种数据的表格、存储海量数据的大型数据库系统等。

7.1.1　数据库技术的产生与发展

数据库技术的产生起源于数据处理的需求。在信息爆炸的时代,人们接触的事物越来越多,视野越来越宽阔,信息量剧增,需要处理的数据也急剧增加。过去信息和数据一般以实际存在的文件、书本等形式存放于文件柜中,现在人们学会了借助于计算机和数据库管理系统对数据进行系统的、虚拟的保存和处理。

从数据库技术出现至今,数据管理共经历了人工管理、文件管理和数据库管理三个阶段。

20 世纪 50 年代之前,对数据的管理主要由程序设计人员完成,即人工管理阶段,包括数据的逻辑结构、读取方式、输入输出等。数据在程序中产生、应用和消失,无法对数据进行独立的管理和应用,也无法应用于其他程序,从而造成了数据管理的繁琐和冗余。

到 20 世纪 60 年代,计算机硬件中出现了可以对数据进行存储的存储设备,如磁盘、硬盘等,数据得以文件的形式存放在存储设备中,即文件管理阶段。不同的用户以及不同的应用程序可共享相同的数据,此时的数据有了一定的独立性和共享性。

20 世纪 60 年代以后,计算机能够处理的数据规模越来越大,对数据的管理要求也越来越高,数据库系统应运而生,即数据库系统阶段。数据库系统能够对数据进行结构化、独立的管理。

在以后的发展中,数据库领域的数据库系统又分为非关系型数据库、关系型数据库以及面向对象数据库三个阶段。

7.1.2　关系数据库的由来

关系原本是数学上的概念,关系型数据库(Relational Database System,RDBS)由美国 IBM 公司研究员 E. F. Codd 于 1970 年提出,1981 年图灵奖即授予了他,以表彰其在关系型数据库领域的伟大成就。关系型数据库以数学理论为基础,采用常用的二维表结构,由二维表的行和列来表达现实中不同的实体间的关系,不同的二维表即表达了不同的关系,一个关系数据库系统中包含若干个二维表,即代表若干个关系模式。表 7-1 给出了一个非常简单的关系模型数据表。

226

表 7-1　学生信息表

学号	姓名	性别	专业	年级
2015001	张双	女	近代历史学	2015
2015002	辛贵达	男	服装设计	2014
2015003	廖一乐	男	园艺管理	2014
2015004	何勤礼	男	广告学	2013

关系数据库是目前为止效率最高的数据库系统,大多数数据库系统也都是关系型数据库,Access 就是基于关系模型的数据库系统。除此之外,还有甲骨文公司的 Oracle、IBM 公司的 DB2、微软的 MS SQL Server、MySQL 公司的 MySQL 等都是典型的关系数据库系统。

7.2　Access 数据库

Microsoft Access 是由微软公司发布的关系数据库管理系统,是微软公司 Microsoft Office 系列软件中的重要组件,也是目前应用最广泛的关系数据库系统之一。

7.2.1　Access 概述

Access 是微软公司开发的 Windows 环境下的关系数据库管理系统,它提供了可视化的界面、灵活的操作方式和完善的开发向导,是典型的新一代桌面数据库管理系统。

Access 最早的版本是 1992 年推出的 1.0 版本,而后随着 Windows 系统的发展变革 Access 也不断地推陈出新。1997 年微软首次对 Access 97 版本进行了汉化,进而发展到了 Access 2000、Access 2003、Access 2007、Access 2010、Access 2013 等多个版本,到最新推出的能够兼容微软最新操作系统的 Access 365,Access 经历了巨大的发展变化,其功能越来越完善,操作越来越简便,通用性和实用性都大幅提升。

(1) Access 是 office 办公套件的组件之一,因而能够与 office 其他组件进行功能集成,实现无缝连接,对于熟悉 Excel、Word 等其他 office 组件的用户学习起来非常简单。

(2) Access 采用可视化界面、向导化操作,适合计算机使用和数据库开发初学者。

(3) Access 是前台数据库程序,无需学习语言即可直接使用,操作简单方便,适合于初级应用开发。

(4) Access 是中小型的数据库管理系统,适合应用于小型的企业和部门进行数据管理。

Access 入门容易、操作简单、易学易用,能够满足一般小型企业和个人的数据管理需要,可以进行数据构建、管理,而且具有窗体、报表和网页功能,因而已经被越来越多的公司、企业、部门等使用。

2000 年,Access 成为全国计算机等级考试二级考试数据库程序设计模块的考试科目之一,已逐渐成为非常受欢迎的数据库管理系统。

7.2.2　Access 2010 简介

Access 2010 是微软公司目前应用较为广泛的一款,与以往的版本相比,Access 2010 具有一些新的特点和优势。

(1) 构建数据库更便捷,Access 2010 中提供了多种现成的模板,使用内置模板用户可以快速构建成一个新的数据库。

（2）可创建更丰富的窗体和报表，用户可轻松使用窗体和报表查看、更改、增加表中的数据。

（3）提供集中管理数据的方式。

1. Access 2010 中的对象

Access 数据库中包含多个数据库对象，分别是表、查询、窗体、报表、页、宏和模块等。每个数据库中可以有多个上述数据库对象，它们都存储在一个以 accdb 为扩展名的数据库文件中，一个 Access 数据库就是一个扩展名为 accdb 的文件。下面将常用的几个对象做一简单介绍。

1）表

表是数据库中用来存储数据的对象，是所有对象中最重要的，它是其他对象的数据源，也是整个数据库的核心。每个数据库中包含若干个表，每个表以行和列的形式组织数据，每行称为一条记录，每列称为一个字段，如图 7-1 所示。

学员信息								
学号	姓名	性别	民族	年龄	籍贯	专业	身高	体重
2015001	梁弘昌	男	汉族	21	河北石家庄	测控技术与仪器	176	80
2015002	黄飞龙	男	满族	21	吉林四平	机械工程	179	72
2015003	薛启开	男	汉族	20	山东泰安	机械工程	182	68
2015004	修利邦	男	蒙族	20	山东日照	通信工程	165	64
2015005	史青青	女	汉族	21	宁夏银川	雷达工程	168	52
2015006	舒洁	女	汉族	19	重庆	雷达工程	163	61
2015007	司雨熙	男	黎族	20	重庆	雷达工程	186	87
2015008	商子林	男	汉族	19	福建三明	兵器工程	187	80
2015009	张章	男	汉族	20	福建福州	兵器工程	175	75
2015010	管吉珠	男	回族	20	上海	兵器工程	169	59
2015011	王开乐	男	维族	20	浙江丽水	导弹工程	173	57
2015012	李向阳	男	汉族	20	山东济南	导弹工程	184	79
2015013	李娜娜	男	汉族	19	河北	飞行器系统与工程	172	71
2015014	王木木	女	回族	18	浙江绍兴	飞行器系统与工程	168	49
2015015	邢家因	男	汉族	19	江苏宿迁	测控技术与仪器	184	86
2015016	谢梦溪	男	汉族	21	江苏泰州	机械工程	172	75

图 7-1 表对象

2）查询

查询主要用来查看、浏览、筛选数据库中的数据，根据一定的条件对数据进行检索以满足用户的需求。通过查询可以回答简单问题、执行运算，并可合并不同表中的数据进行联合分析，进而对数据进行更改和删除等。图 7-2 为某个查询的设计视图和数据表视图，分别显示查询条件的设置以及根据查询得到的结果。

3）窗体

窗体对象为用户提供了访问数据库的图形化界面。窗体对象比较灵活，它的数据源可以是表，也可以是查询。在窗体中可以显示数据表或者查询中的数据，也可在窗体中对表和查询中的数据进行修改。窗体是人机交互的界面，用可视化的形式显示数据，便于用户浏览，窗体一次只显示一条记录的信息。图 7-3 为学员信息窗体。

4）报表

用户在对数据进行分析整理时，有时会希望能将数据以某种形式打印出来，Access 中的报表可以将特定数据以指定的格式进行整理、分析及打印。用户可以在一个数据表或者查询的基础上来创建一个报表，也可以根据多个表或者查询来创建报表。图 7-4 为根据不及格信息查询结果生成的报表。

不及格信息查询
学员信息
*
学号
姓名
性别
民族
年龄
课程成绩
*
学号
是否已修
课程编号
成绩
课程信息
*
课程编号
课程名称
修习类型
考核方式
学分
字段: 姓名 课程名称 成绩 考核方式
表: 学员信息 课程信息 课程成绩 课程信息
排序:
显示:
条件: <"60" "考试"
或:
不及格信息查询
姓名 课程名称 成绩
梁弘昌 高等数学 45
黄飞龙 高等数学 48
薛启开 高等数学 52
修利邦 高等数学 56
史青青 高等数学 59
梁弘昌 大学英语 45
黄飞龙 大学英语 49
薛启开 大学英语 52
修利邦 大学英语 56
史青青 大学英语 59
梁弘昌 计算机程序设计 47
黄飞龙 计算机程序设计 50

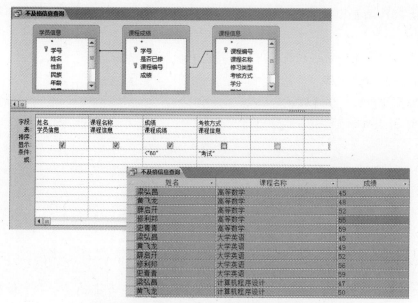

图 7-2 某查询设计视图和数据表视图

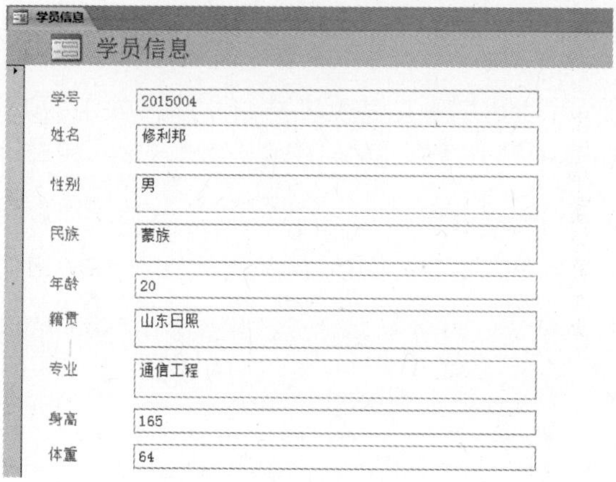

学员信息
学员信息
学号 2015004
姓名 修利邦
性别 男
民族 蒙族
年龄 20
籍贯 山东日照
专业 通信工程
身高 165
体重 64

图 7-3 学员信息窗体

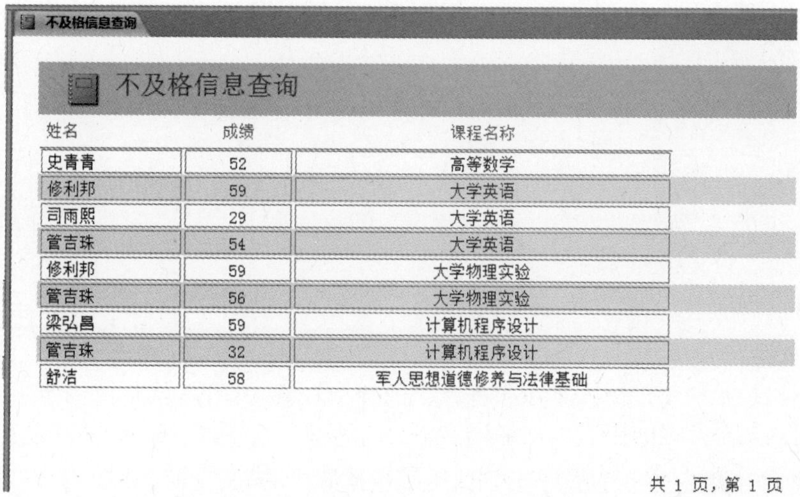

不及格信息查询
不及格信息查询
姓名 成绩 课程名称
史青青 52 高等数学
修利邦 59 大学英语
司雨熙 29 大学英语
管吉珠 54 大学英语
修利邦 59 大学物理实验
管吉珠 56 大学物理实验
梁弘昌 59 计算机程序设计
管吉珠 32 计算机程序设计
舒洁 58 军人思想道德修养与法律基础
共 1 页，第 1 页

图 7-4 不及格信息查询信息生成的报表

2. Access 2010 界面

1）功能区

功能区集成了早期版本中菜单栏和工具栏的功能,将原来需要菜单、工具栏、任务窗格等用户界面组件才能显示的任务或者功能入口统一放在了功能区。一般情况下,功能区主要包括"文件""开始""创建""外部数据"以及"数据库工具",每个选项卡都包含多个相关命令,如图7-5所示为"开始"选项卡。

图7-5 功能区的"开始"选项卡

除了上述的五个基本选项卡外,功能区还会根据当前的活动对象,激活相应的特定功能选项卡。例如如果当前活动对象是数据表,功能区会在右侧增加"字段"和"表"两个表格工具类的专用选项卡。

2）Backstage 视图

Backstage 视图是 Access 2010 的新增功能之一,点击"文件"选项卡即可显示,如图 7-6 所示。在该视图中可以进行数据库的新建、打开、保存、关闭、打印、发布等任务。

图7-6 Backstage 视图

3）导航窗格

导航窗格以归纳分类的形式显示数据库中的各个对象,供用户打开、关闭数据库对象,并对数据库对象进行操作。例如,Access 当前打开"学员信息"数据库,其导航窗格如图7-7所示,导航窗格当前以对象类型进行分类,分别显示了数据库中的表、查询、窗体、报表。

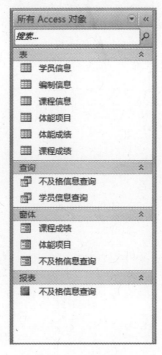

图 7-7　导航窗格

7.3　Access 实验案例

7.3.1　任务需求

为了推进军校学员队人员管理的信息化进程,现以学员队为单位建立"学员信息"数据库。该数据的信息涉及学员基本信息、编制信息、课程信息以及体能考核信息四个方面,要求能对如下信息进行管理:

(1) 学员基础个人信息,包括学号、姓名、性别、年龄、籍贯、专业、身高、体重等。

(2) 课程信息,包括课程的名称、性质、学时、学分、开设时间、学员成绩等。

(3) 体能考核信息,包括体能考核项目名称、学员是否通过、学员考核成绩。

(4) 每个学员需要修习所有的必修课以及部分选修课。

(5) 课程成绩根据考核性质不同而不同,考试课程成绩以具体分数评定,考查课程以 0 和 1 表示通过与否。

(6) 学员的编制信息,包括学员的队别、连别、排别、班别。

7.3.2　根据需求画 E-R 图

在上述任务需求的基础上,需要对用户需求作进一步分析。但是自然语言不能直观地描述用户的需求,因此可以借助 E-R 模型来表示该任务实例中的需求。任务需求中包括了学员、课程、体能项目等可能的实体,用户需求可细化为:

(1) 数据库中包括学员、课程、体能项目、学员编制信息等实体。

（2）学员信息属性包括学号、姓名、性别、民族、年龄、籍贯、专业、身高、体重。

（3）课程属性包括课程编号、课程名称、修习类型、考核方式、学分、学时、开设时间。

（4）体能项目属性包括体能科目编号、体能科目名称。

（5）课程成绩与学员信息、课程有关，需要记录学员学号、课程编号、是否已修以及修习成绩。

（6）体能考核成绩与学员信息、体能项目有关，需要记录学员学号、体能科目编号、成绩、是否通过。

（7）编制信息包括学员的学号、队别、连别、排别、班别。

上述需求对应的 E-R 图如图 7-8 所示。

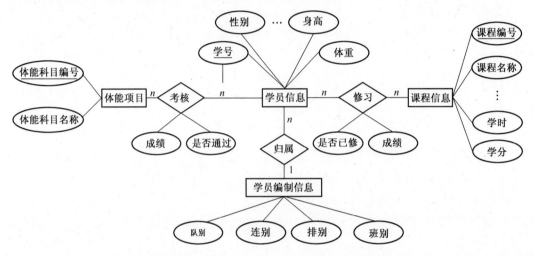

图 7-8　学员信息数据库需求对应 E-R 图

7.3.3　根据 E-R 图设计关系表

完成 E-R 图后，即可据此设计相应的关系表。关系表是由行和列组成的二维表，将图 7-8 中的 E-R 图转换成对应的关系表如表 7-2~表 7-7 所示。

表 7-2　学员信息表

学号	姓名	性别	民族	年龄	籍贯	专业	身高	体重

表 7-3　课程信息表

课程编号	课程名称	修习类型	考核方式	学分	学时	开设时间

表 7-4　课程成绩表

学号	课程编号	是否已修	成绩

表 7-5　体能科目表

体能科目编号	体能科目名称

表 7-6　体能成绩表

学号	体能科目编号	成绩	是否通过

表 7-7　编制信息表

学号	队别	连别	排别	班别

7.4　建立数据库

通过建立 E-R 图和关系表,初步完成了数据库的逻辑模型设计,接下来需要在 Access 数据库管理系统中建立数据库和数据表。

7.4.1　数据库操作

1. 创建数据库

在 Access 2010 中创建数据库有两种模式:创建空数据库和根据现有模板创建数据库。

1) 创建空数据库

（1）打开 Access 选择"文件"选项卡,在 Backstage 视图中选择"新建"命令下的"空数据库"项。

（2）在窗口右侧的"文件名"文本框中键入数据库的名称,并单击右侧的 ⊡ 按钮选择数据库文件存储位置,这里设置为"D:\数据库"目录。

（3）单击"创建"命令即可完成空数据库的创建,如图 7-9 所示。

2) 使用模板创建数据库

Access 2010 提供了很多内置的数据库模板,除此之外,用户也可使用 office.com 上提供的在线模板。使用模板创建数据库更加快捷、更加美观,而且更加科学。

（1）打开 Access 选择"文件"选项卡,在 Backstage 视图中选择"新建"命令下的"样本模板"项。

（2）系统打开"可用模板"窗口,如图 7-10 所示用户可根据需要选择与自身需求相近的数据库模板,在此选择"学生"模板。

图 7-9　创建空数据库

图 7-10　根据模板创建数据库

（3）在窗口右侧设定文件名以及存放位置，单击"创建"命令即可完成数据库创建。

2. 数据库的其他操作

在 Backstage 视图中，除了新建数据库外，还可以对数据库执行打开、关闭、保存、另存为等操作，各项操作都可以根据提示进行。另外上述操作也可通过快速访问栏上的相关按钮来进行。下面介绍数据库的打开操作。

1）打开单个数据库

（1）在 Backstage 视图中单击"打开"命令，弹出"打开"对话框。

（2）选择要打开的数据库文件的位置，并单击"打开"按钮旁的下拉按钮，在列表中选择相应的打开方式点击,即可打开相应的数据库,如图 7-11 所示。

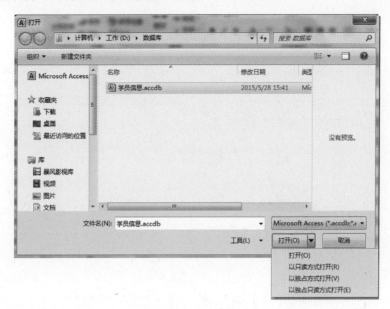

图 7-11　打开数据库

2)同时打开多个数据库

在 Access 环境中只能打开一个数据库,如需打开其他数据库,则第一个数据库就要关闭。如需打开多个数据库,可以再次启动 Access,在其中打开目标数据库,以此类推。不同数据库之间可以轻松实现数据的相互复制、粘贴。

7.4.2　数据表操作

Access 是关系型数据库,使用关系表来存储和操作数据。数据库中的每个关系都体现为一个二维表,因此表是 Access 数据库中最基本也是最重要的对象。下面详细介绍数据表的相关操作。

1. 创建数据表

在 Access 2010 中创建数据表的方法分为通过数据表视图创建、通过设计视图创建、通过模板创建以及通过外部数据创建等,下面重点介绍通过数据表和设计视图创建两种创建数据库的方法。

1)使用数据表视图创建表

空白数据库建立后,默认打开的即是数据表视图,系统默认创建空表"表 1",如图 7-12 所示。根据"学员信息"数据库需求,下面以"学员信息"数据表为例,以"表 1"为基础介绍数据表的建立过程。

图 7-12　默认表"表 1"

（1）双击字段名 ID，单元格进入可编辑状态，输入字段名"学号"，如图 7-13 所示。

图 7-13　键入字段名

（2）此时功能区出现表格工具"字段"和"表"选项卡，选中字段名"学号"，将"字段"选项卡中"格式"组中的数据类型设置为"数字"，"格式"选定为"常规数字"，如图 7-14 所示。

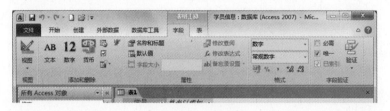

图 7-14　字段设置

（3）单击"单击以添加"右侧的下拉菜单按钮，选择"文本"，默认生成字段名"字段 1"，并处于可编辑状态，将其修改为"姓名"即可添加"姓名"字段，如图 7-15 所示。

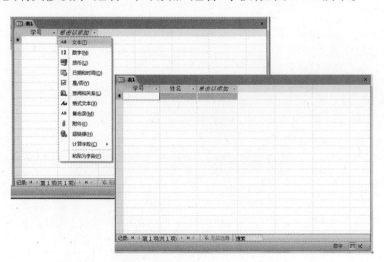

图 7-15　添加新字段"姓名"

（4）以此类推，添加"学员信息"表中的"性别""民族""年龄""籍贯""专业""身高""体

236

重"等字段,并输入相关数据,如图 7-16 所示。

表1									
学号	姓名	性别	民族	年龄	籍贯	专业	身高	体重	单击
2015001	梁弘昌	男	汉族	21	河北石家庄	测控技术与仪器	176	80	
2015002	黄飞龙	男	满族	21	吉林四平	机械工程	179	72	
2015003	薛启开	男	汉族	20	山东泰安	机械工程	182	68	
2015004	修利邦	男	蒙族	20	山东日照	通信工程	165	64	
2015005	史青青	女	汉族	21	宁夏银川	雷达工程	168	52	

图 7-16 添加数据

(5) 右键单击"表1"选项卡,在弹出菜单中选择"保存",弹出"另存为"对话框,键入表名称"学员信息",单击"确定","学员信息"数据表建立完成,如图 7-17 所示。

学员信息									
学号	姓名	性别	民族	年龄	籍贯	专业	身高	体重	单击以添加
2015001	梁弘昌	男	汉族	21	河北石家庄	测控技术与仪器	176	80	
2015002	黄飞龙	男	满族	21	吉林四平	机械工程	179	72	
2015003	薛启开	男	汉族	20	山东泰安	机械工程	182	68	
2015004	修利邦	男	蒙族	20	山东日照	通信工程	165	64	
2015005	史青青	女	汉族	21	宁夏银川	雷达工程	168	52	
2015006	舒洁	女	汉族	19	重庆	雷达工程	163	61	
2015007	司雨熙	男	黎族	20	重庆	雷达工程	186	87	
2015008	商子林	男	汉族	19	福建三明	兵器工程	187	80	
2015009	张壹	男	汉族	20	福建福州	兵器工程	175	75	

图 7-17 "学员信息"数据表

2) 使用设计视图创建表

在数据表视图下建立数据表直观简单,但是无法详细设置各字段属性。下面以"课程信息"数据表为例,介绍在设计视图中如何创建数据表。

(1) 选择"创建"选项卡,单击"表格"组中的"表设计"按钮，自动创建一个名为"表1"的新表,并自动呈现为设计视图,功能区自动添加表格工具"设计"选项卡,如图 7-18 所示。

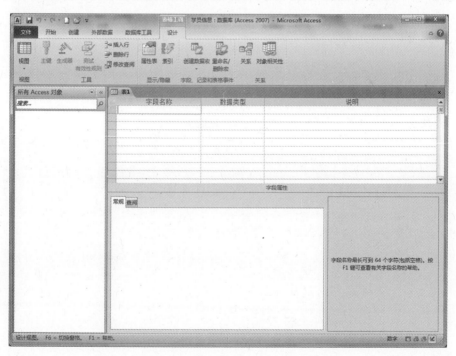

图 7-18 设计视图下新建"表1"

(2) 在第一行"字段名称"单元格键入"课程编号","数据类型"单元格选择"数字",第一个字段设置完毕,如图 7-19 所示。

图 7-19　添加"课程编号"字段

（3）以此类推，在"表1"中依次添加课程名称、修习类型、考核方式、学分、学时、开设时间等字段，并设置相应的数据类型，必要时可添加相应的文字说明，如图7-20所示。

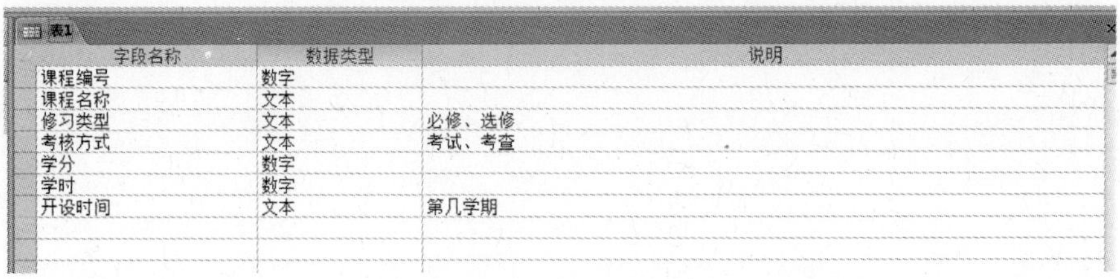

图 7-20　添加其他字段

（4）右键单击"表1"选项卡，在弹出菜单中选择"保存"，弹出"另存为"对话框，键入表名称"课程信息"，单击"确定"，"课程信息"数据表建立完成，如图7-21所示。

图 7-21　"课程信息"表设计完成

（5）右键单击"课程信息"选项卡选择菜单中的"数据表视图"项可切换至数据表视图模式，在此视图添加数据表相关数据，如图7-22所示。

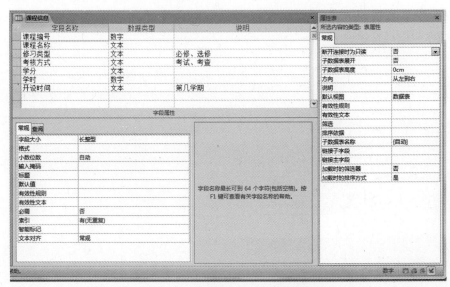

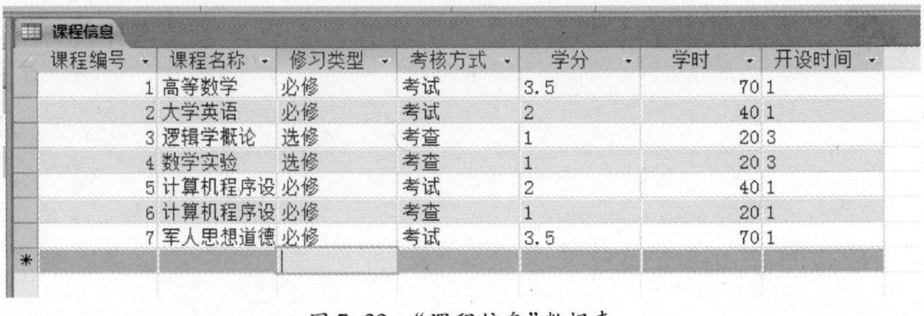

课程编号	课程名称	修习类型	考核方式	学分	学时	开设时间
1	高等数学	必修	考试	3.5	70	1
2	大学英语	必修	考试	2	40	1
3	逻辑学概论	选修	考查	1	20	3
4	数学实验	选修	考查	1	20	3
5	计算机程序设	必修	考试	2	40	1
6	计算机程序设	必修	考查	1	20	1
7	军人思想道德	必修	考试	3.5	70	1

图 7-22　"课程信息"数据表

根据上述方法,建立"学员信息"数据库中的"课程成绩""体能项目信息""体能项目成绩""编制信息"等 4 个表,并添加相关数据,其设计视图和数据表分别如图 7-23 ~ 图 7-26所示。

图 7-23 "课程成绩"数据表

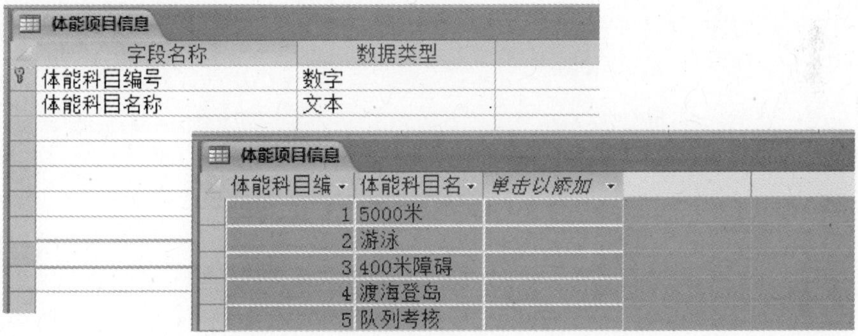

图 7-24 "体能项目信息"数据表

图 7-25 "体能项目成绩"数据表

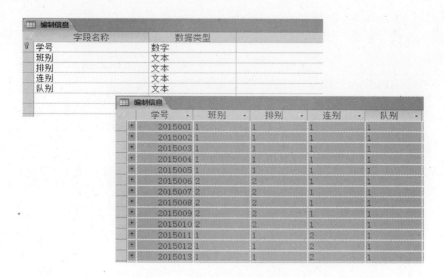

图 7-26 "编制信息"数据表

2. 字段设置

在设计视图中,可以对字段进行相关的设置,包括字段名称、数据类型、说明和字段属性,如图 7-27 所示。

图 7-27 字段设置

(1) 字段名称:字段名称对于每个字段是必须的,不同的字段要有不同的字段名称。

(2) 数据类型:每个字段都需要指定相应的数据类型,系统默认为"文本"类型。

(3) 说明:对字段以及数据类型的相关属性进行说明,不影响数据。

(4) 字段属性:字段属性包括"常规"以及"查阅","常规"选项卡直接通过文本框修改各参数值,"查阅"选项卡为字段对应的控件进行相关设置。

下面重点介绍数据类型的含义以及相关规定。

(1) 文本:文本为各数据段的默认类型,最多包含 255 个字符,用于文本或者文本和数字以及不需要计算的数字等。

(2) 备注:用来进行说明的字段,输入数据为字符形式,最多包含 65525 个字符。

(3) 数字:数值型数据,可以用来进行数学运算。

(4) 日期/时间:用于表示日期和时间格式的字段。

(5) 货币:用于表述货币值的数据,可以包含最多 4 位小数。

(6) 自动编号:数据表中每添加一条新记录,该字段值自动加 1 后填入。

（7）是/否：表示该字段只有"是"和"否"两种可能值。

（8）OLE 对象：包括位图、向量图、文档、声音等可以链接或者嵌入的对象。

（9）超链接：用于存储可以链接的数据，例如网页地址，单击该字段的值时，即可打开链接目标。

（10）计算：用于计算其他字段作为参数的表达式。

（11）查阅向导：根据向导选择另一个表或者另一个字段中的值。

（12）附件：Access 2010 中的新增字段，可以是多个类型的文件，比如 Word 文档、Excel 表格等。

3. 设置主键

主键是表中的一个字段或者多个字段的组合，可以用来唯一标识数据表中的每条记录。主键的值不能为空，也不能重复。一个表不一定必须设置主键，通常在表与表之间建立联系时才需要指定主键。

设置主键的方法有很多，下面对单字段主键和多字段主键分别用不同的方法进行设置。

1）使用"主键"按钮设置单字段主键

在"学员信息"数据表中，"学号"字段能够唯一标识每个学员，因而将其作为"学员信息"数据表的主键，单字段主键设计方法如下：

（1）打开"学员信息"数据表，并将其切换至设计视图。

（2）将光标置于"学号"字段，选择"设计"选项卡"工具"组的"主键"按钮，即可将"学号"字段设置为主键，其字段前以 标识，如图 7-28 所示。

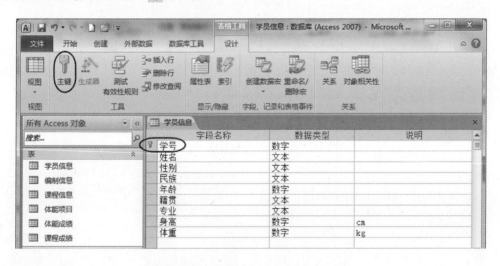

图 7-28 使用"主键"按钮设置主键

2）使用"主键"菜单项设置多字段主键

在"课程成绩"数据表中，需要"学号"和"课程编号"两个字段才能确定每行记录的唯一性，因而将这两个字段的组合作为"课程成绩"数据表的多字段主键。

（1）打开"课程成绩"数据表，将其切换至设计视图。

（2）同时选中"学号"和"课程编号"两行，单击右键在弹出菜单中选择"主键"进行设置，设置成功后，同样每个字段前都以 来标识其为主键，如图 7-29 所示。

图 7-29　使用"主键"菜单项设置主键

根据上述方法为其他各个数据表设置主键,其中"课程信息"数据表主键为"课程编号","体能项目信息"数据表主键为"体能科目编号","体能项目成绩"数据表主键为"学号"和"体能科目编号","编制信息"表主键为"学号"。

4. 设置表之间的关系

在关系型数据库中,不同表之间通过一定的关系联系在一起,而表与表之间的关系就是关系型数据库的根本。Access 中表与表之间有三种类型的关系,分别是一对一关系、一对多关系和多对多关系。

1) 一对一关系

一对一关系是指 A 表中的每条记录只能与 B 表中的唯一一条记录相匹配,而 B 表中每条记录也只能与 A 表中唯一一条记录匹配。一对一关系相对比较少见,一般一对一相关的数据可以存储在一个数据表中。"学员信息"表和"编制信息"表中都存在"学号"字段,并且都能唯一标识每一条记录,即每个表中的主键,因而两个表可以建立一对一的关系。

(1) 选择"数据库工具"选项卡中"关系"组的"关系"按钮,打开空白的关系窗口。

(2) 在关系窗口空白处单击右键,选择弹出菜单中的"显示表",打开"显示表"窗口。

(3) 在"显示表"窗口的"表"选项卡中,依次选择"编制信息"和"学员信息"并点击"添加"按钮,如图 7-30 所示,然后关闭窗口。

(4) 选择"学员信息"表中的"学号"字段,将其拖曳至"编制信息"表中的"学号"字段上,弹出"编辑关系"对话框,如图 7-31 所示,可见关系类型为一对一,单击"创建"完成设置。

图 7-30　"显示表"窗口

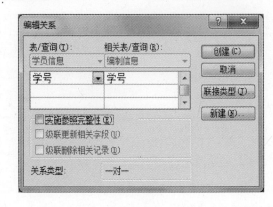

图 7-31　"编辑关系"窗口

(5) 两表的关系连接如图 7-32 所示,"学号"字段由一根连接线相连。分别打开"学员信息"和"编制信息"数据表并切换至数据表视图,其数据自动形成一对一关系,如图 7-33 所示。

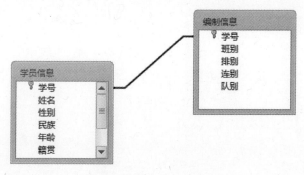

图 7-32　一对一关系

编制信息
学号 ·	班别 ·	排别 ·	连别 ·	队别 ·	单击以添加 ·

	2015001	1		1		1		1		
	姓名 ·	性别 ·	民族 ·	年龄 ·	籍贯 ·	专业 ·	身高 ·	体重 ·	单击以添加
	梁弘昌	男	汉族		21	河北石家庄	测控技术与仪	176	80	
*										
	2015002	1		1		1		1		
	姓名 ·	性别 ·	民族 ·	年龄 ·	籍贯 ·	专业 ·	身高 ·	体重 ·	单击以添加
	黄飞龙	男	满族		21	吉林四平	机械工程	179	72	

学员信息
学号 ·	姓名 ·	性别 ·	民族 ·	年龄 ·	籍贯 ·	专业 ·	身高 ·	体重 ·

	2015001	梁弘昌	男	汉族		21	河北石家庄	测控技术与仪	176	80
	班别 ·	排别 ·	连别 ·	队别 ·	单击以添加 ·					
*	1	1	1	1						
	2015002	黄飞龙	男	满族		21	吉林四平	机械工程	179	72
	班别 ·	排别 ·	连别 ·	队别 ·	单击以添加 ·					
*	1	1	1	1						

图 7-33　一对一关系数据对应

2）一对多和多对多关系

一对多关系是指 A 表中的每条记录可以跟 B 表中的多条记录相对应，而 B 表中的每条记录只能跟 A 表中的一条记录对应，这是关系数据库中最常见的一种关系模式。此时 A 表中的主键也一定存在于 B 表中。例如"学员信息"表与"课程成绩"表是一对多的关系，"课程信息"表与"课程成绩"表也是一对多的关系。

多对多关系是指 A 表中的每条记录可以跟 B 表中的多条记录相对应，而 B 表中的每条记录也可跟 A 表中的多条记录相对应。此时要建立两个表之间的联系，必须存在第三个表作为连接表 C 将 A 表和 B 表联系起来，而 A 表与 C 表以及 B 表与 C 表之间都是一对多的关系，以此来建立起 A 表和 B 表的多对多关系。在本实例中，每个学员可以修习多门课程，每门课程也可由多个学员修习，因而"学员信息"和"课程信息"是多对多的关系。"课程成绩"作为连接表，将"学员信息"和"课程信息"联系起来，"学员信息"和"课程信息"与"课程成绩"都是一对多的关系。

（1）选择"数据库工具"选项卡中"关系"组的"关系"按钮，打开空白的关系窗口。

（2）在关系窗口空白处单击右键，选择弹出菜单中的"显示表"，打开"显示表"窗口。

（3）在"显示表"窗口的"表"选项卡中，选择"课程成绩"以及"课程信息"并点击"添加"按钮，然后关闭窗口。

（4）选择"学员信息"表中的"学号"字段，将其拖曳至"课程成绩"表中的"学号"字段上，将"课程信息"中的"课程编号"拖曳至"课程成绩"中的"课程编号"字段上，分别弹出"编辑关

243

系"对话框如图 7-34 所示,可见关系类型都为一对多,单击"创建"完成设置。

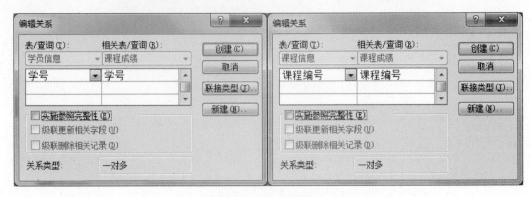

图 7-34 "编辑关系"窗口

(5) 三个表的关系连接如图 7-35 所示,课程与学员相关数据自动相互形成一对多关系,如图 7-36 所示。

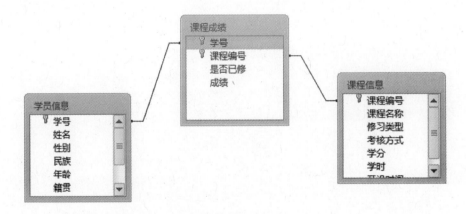

图 7-35 一对多关系

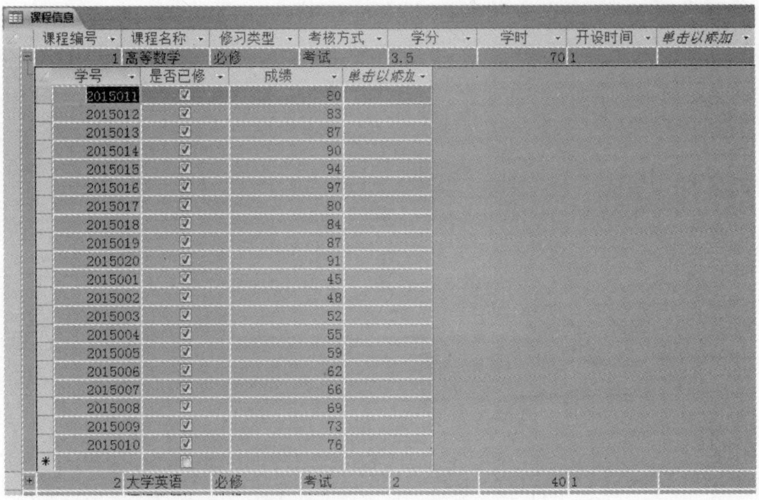

图 7-36 一对多关系数据对应

244

根据上述步骤,依次建立其他各个表之间的关系,完成后如图 7-37 所示。

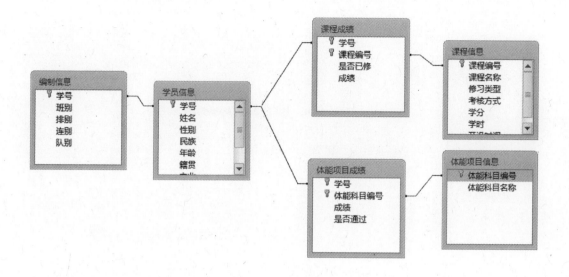

图 7-37 任务实例表关系图

7.5 数据库查询

查询是 Access 2010 的对象之一。查询不但可以从表对象中查找目标数据,而且可以对数据进行更新、添加和删除,并能对数据进行筛选、汇总等数据管理工作。在 Access 2010 中有两种创建查询的方式,分别是查询向导和查询设计。

7.5.1 使用向导查询

查询向导包括简单查询向导、交叉表查询向导、查找重复项查询向导以及查找不匹配项查询向导。下面以任务案例中的两个例子介绍简单查询向导和交叉表查询向导。

1. 简单查询向导

现需要从"学员信息"数据库中查询所有学员的籍贯信息,查询方法和步骤如下:

(1)选择"创建"选项卡中"查询"组的"查询向导"命令,打开"新建查询"对话框,如图 7-38 所示,选择"简单查询向导"后单击"确定"。

(2)在打开的"简单查询向导"对话框中,在"表/查询"下拉列表框中选择"表:学员信息",而后将"可用字段"中的"姓名","籍贯"添加到"选定字段"列表框中,如图 7-39 所示,单击"下一步"。

(3)将本次查询命名为"学员籍贯信息"键入"请为查询指定标题"框中,单击"完成",如图 7-40 所示。

(4)上述查询完成后,打开"学员籍贯信息"查询结果,如图 7-41 所示。

图 7-38 "新建查询"对话框

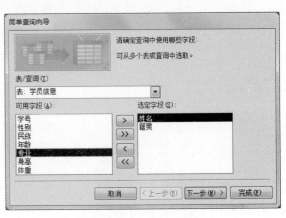

图 7-39 选择表和字段

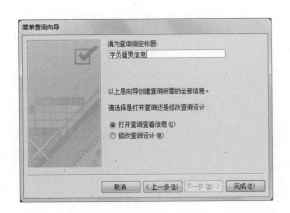

图 7-40 为查询命名

图 7-41 查询结果

2. 交叉表查询向导

交叉表查询是将数据表中的多个字段的数值重新组织,以行和列的形式对数据进行汇总和显示。下面以统计学员中各专业的男女生数量为例,介绍交叉表查询向导。

(1)选择"创建"选项卡中"查询"组的"查询向导"命令,打开"新建查询"对话框,选择"交叉表查询向导"后单击"确定"。

(2)在打开的"交叉表查询向导"对话框选择"表:学员信息",单击"下一步"。

(3)将"可用字段"中的"专业"字段加入"选定字段"作为行标题,如图 7-42 所示,单击"下一步"。

(4)选择"性别"作为列标题,如图 7-43 所示,单击"下一步"。

(5)在打开的对话框中的"字段"列表框中选定"姓名",在"函数"列表框中选定"Count",即计数函数,如图 7-44 所示。

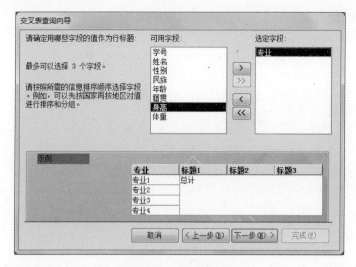

图 7-42 选定行标题

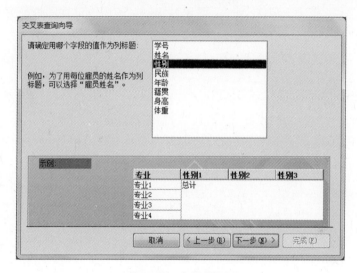

图 7-43 选定列标题

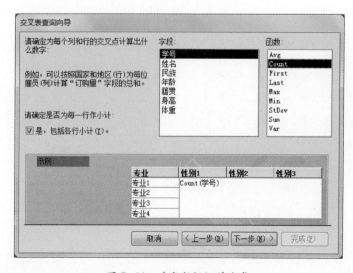

图 7-44 选定数据汇总方式

（6）将本查询命名为"各专业男女生数量"，完成本查询。打开"各专业男女生数量"查询，如图 7-45 所示。

专业	总计 学号	男	女
兵器工程	4	4	
测控技术与仪器	2	2	
导弹工程	3	3	
飞行器系统与工程	2	1	1
机械工程	4	4	
雷达工程	3	1	2
通信工程	2	2	

图 7-45 查询结果

7.5.2 使用设计视图查询

使用设计视图查询功能强大，不但能够根据指定条件进行查询，而且能够在查询的同时完成数据的更新、删除以及数据的追加等。下面通过实例对使用设计视图查询进行介绍。

1. 创建选择查询

选择查询是从一个或者多个表中查找目标数据。下面在"学员信息"表里查找学员的籍贯信息。

（1）选择"创建"选项卡中"查询"组的"查询设计"命令，打开"显示表"对话框，如图 7-46 所示。选择源数据表"学员信息"并单击"添加"后关闭对话框。

（2）"学员信息"表显示在窗口中，窗口下方是查询的设计窗格，如图 7-47 所示。

图 7-46 "显示表"对话框

图 7-47 查询设计视图

（3）在"学员信息"表中，分别双击"姓名"和"籍贯"字段，将其加入下方的查询设计窗格中，如图 7-48 所示。

字段	姓名	籍贯		
表	学员信息	学员信息		
排序				
显示	✓	✓		
条件				
或				

图 7-48 添加字段

（4）选择查询工具对应的"设计"选项卡,选择"结果"组的运行按钮📍,完成上述查询,打开查询结果数据表如图7-49所示。

姓名	籍贯
梁弘昌	河北石家庄
黄飞龙	吉林四平
薛启开	山东泰安
修利邦	山东日照
史青青	宁夏银川
舒洁	重庆
司雨熙	重庆
商子林	福建三明
张章	福建福州
管吉珠	上海
王开乐	浙江丽水
李向阳	山东济南
李娜娜	河北
王木木	浙江绍兴
邢家因	江苏宿迁
谢梦溪	江苏泰州
蒋贵司	黑龙江齐齐哈
成本刚	黑龙江哈尔滨
梁希	辽宁大连
齐联泰	辽宁

图 7-49　查询结果

2. 创建条件查询

当需要根据一定的条件进行数据查询时,可以给查询设定条件表达式,根据条件表达式设定的条件进行查询。下面以查找所有成绩中不及格的学员成绩信息为例,介绍创建条件查询。

（1）选择"创建"选项卡中"查询"组的"查询设计"命令,打开"显示表"对话框,添加"学员信息""课程信息""课程成绩"三个表,如图7-50所示。

图 7-50　添加相关数据表

（2）分别双击"学员信息"表的"姓名""课程信息"表的"课程名称"以及"课程成绩"表的"是否已修"和"成绩"字段,将其添加至查询设计网格,如图7-51所示。

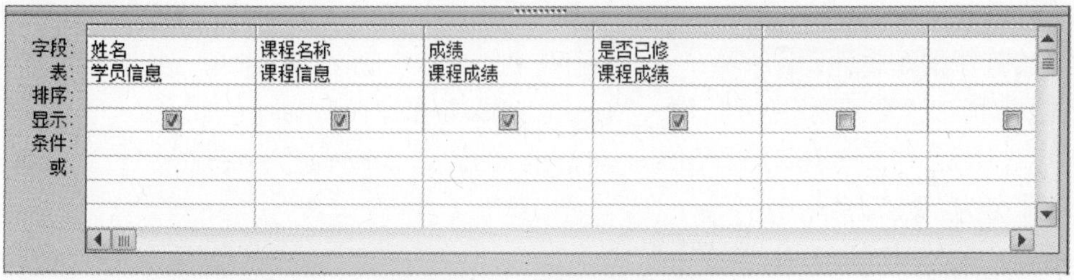

字段:	姓名	课程名称	成绩	是否已修		
表:	学员信息	课程信息	课程成绩	课程成绩		
排序:						
显示:	☑	☑	☑	☑	☐	☐
条件:						
或:						

图 7-51　添加相关字段

(3) 在“是否已修”字段列对应的“条件”单元格加入条件“true”,去掉“显示”单元格的勾选,在“成绩”字段“条件”单元格加入条件表达式“<60”,“排序”单元格选择“升序”,如图 7-52 所示。

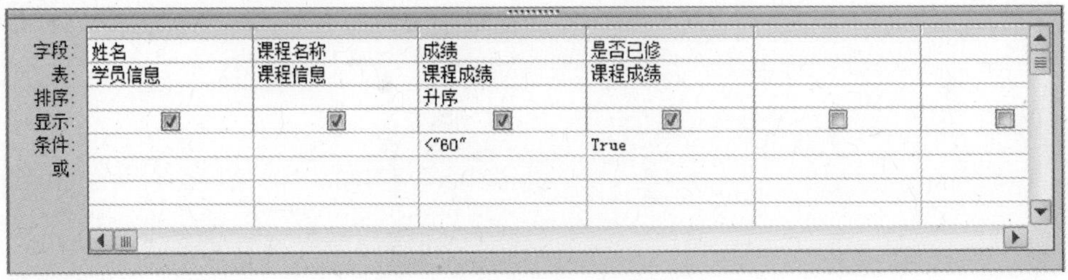

字段:	姓名	课程名称	成绩	是否已修		
表:	学员信息	课程信息	课程成绩	课程成绩		
排序:			升序			
显示:	☑	☑	☑	☑	☐	☐
条件:			<"60"	True		
或:						

图 7-52　设置查询条件

(4) 在查询工具对应的“设计”选项卡中,选择“结果”组的“运行”命令,得到查询结果数据表,将该查询命名为“不及格学员信息”,查询结果如图 7-53 所示。

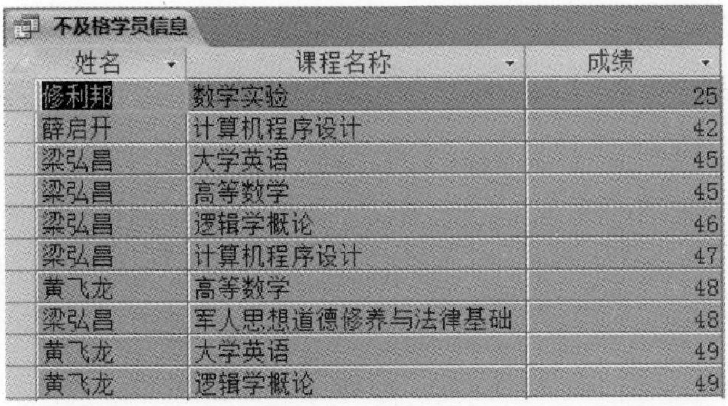

不及格学员信息

姓名	课程名称	成绩
修利邦	数学实验	25
薛启开	计算机程序设计	42
梁弘昌	大学英语	45
梁弘昌	高等数学	45
梁弘昌	逻辑学概论	46
梁弘昌	计算机程序设计	47
黄飞龙	高等数学	48
梁弘昌	军人思想道德修养与法律基础	48
黄飞龙	大学英语	49
黄飞龙	逻辑学概论	49

图 7-53　查询结果

3. 创建更新查询

更新查询可以通过查询批量更改表中的数据。例如在“学员信息”数据库中,假设学员的游泳项目初始状态无成绩,如图 7-54 所示。假设通过最近一次考核,所有学员都通过了游泳项目的考核,现在要将所有学员已通过游泳考核的信息录入数据库中。

(1) 在“创建”选项卡中,选择“查询”组的“查询设计”命令,打开“显示表”对话框,添加“体能项目信息”“体能项目成绩”两个表,如图 7-55 所示。

(2) 查询工具对应的“设计”选项卡中,“查询类型”选中“更新”,如图 7-56 所示。

(3) 分别双击“体能项目成绩”表的“是否通过”字段和“体能项目信息”的“体能项目名称”字段,将其添加到查询设计表格。在“体能科目名称”对应的“条件”单元格键入“游泳”,在“是否通过”对应的“更新到”单元格键入“True”,如图 7-57 所示。

(4) 点击“运行”命令按钮,弹出提示对话框,如图 7-58 所示,单击按钮“是”,完成查询,将本查询命名为“更新游泳成绩”。

图 7-54　游泳项目成绩初始状态

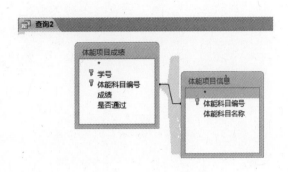

图 7-55　添加相关数据表

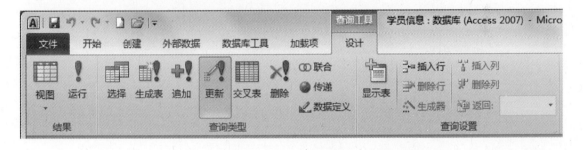

图 7-56　选择查询类型

图 7-57　条件设置

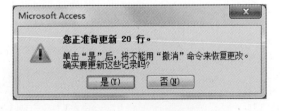

图 7-58　执行查询更新

（5）返回"体能项目信息"表查看相关联的"体能项目成绩"表中游泳项目的"是否通过"字段已全部勾选，如图 7-59 所示。

4. 创建 SQL 查询

SQL（结构化查询语言）是一种数据库查询语言，在前面的查询例子中，如果切换至 SQL 视图，就会看到查询对应的 SQL 语句，图 7-60 所示即为查询各专业男女生数量所对应的 SQL 语句。下面以查询所有汉族学员信息为例，介绍如何使用 SQL 语句进行数据查询。

（1）选择"创建"选项卡中"查询"组的"查询设计"命令，关闭弹出的"显示表"对话框。

（2）右键单击查询名"查询 1"，选择弹出菜单中的"SQL 视图"切换至 SQL 视图。

图 7-59　更新结果

（3）在 SQL 视图的输入区输入 SQL 语句，如图 7-61 所示。

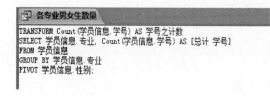

图 7-60　SQL 语句

图 7-61　SQL 视图

（4）单击"运行"按钮![button]，打开本查询的数据表视图，如图 7-62 所示。

学号	姓名	性别	民族	年龄	籍贯	专业	身高	体重
2015001	梁弘昌	男	汉族	21	河北石家庄	测控技术与仪器	176	80
2015003	薛启开	男	汉族	20	山东泰安	机械工程	182	68
2015005	史青青	女	汉族	21	宁夏银川	雷达工程	168	52
2015006	舒洁	女	汉族	19	重庆	雷达工程	163	61
2015008	商子林	男	汉族	19	福建三明	兵器工程	187	80
2015009	张章	男	汉族	20	福建福州	兵器工程	175	75
2015012	李向阳	男	汉族	20	山东济南	导弹工程	184	79
2015013	李娜娜	男	汉族	19	河北	飞行器系统与工程	172	71
2015015	邢家因	男	汉族	19	江苏宿迁	测控技术与仪器	184	86
2015016	谢梦溪	男	汉族	21	江苏泰州	机械工程	172	75
2015017	蒋贵司	男	汉族	20	黑龙江齐齐哈尔	机械工程	168	65
2015018	成本刚	男	汉族	19	黑龙江哈尔滨	通信工程	178	59
2015019	梁希	男	汉族	20	辽宁大连	兵器工程	179	58
2015020	齐联泰	男	汉族	21	辽宁	导弹工程	164	78

图 7-62　查询结果

本实例仅仅用 SQL 语句创建了一个简单的选择查询,有关 SQL 语句的更详细的知识点请阅读相关参考教材。

7.6　实战训练:武器装备管理系统设计实验

肖乐是海军航空兵某部的装备管理负责人,为了便于装备管理,他需要一个“武器装备管理系统”数据库,针对该部的武器装备管理现状,他做了如下说明:该装备管理系统数据库中要记录装备的名称、型号、出厂单位、存放位置、列装时间、服役年限、装备状态等多项信息。装备状态分为新品、堪用、故障、报废。该中队武器装备存放在多个仓库中,每个仓库有专人负责管理。每次装备出入库都需要进行详细登记,譬如出入库时间、使用单位、负责人、事由等。装备均出自各大军工厂,为了保证后续的维护保障,各军工厂均有一名指定的负责人负责该中队的后续保障事宜。

肖乐希望该系统能满足如下功能需求:

(1) 能够查询每件装备的基本信息,如名称、型号、出厂单位、存放位置、列装时间、服役年限、装备状态、是否在位等。

(2) 能够查询每件装备的厂家信息,以便于在装备出现故障时进行联络。

(3) 能够分仓库统计各仓库中的装备信息。

(4) 能够查询装备的出入库信息,譬如装备出入库的单位、负责人以及时间等。

7.6.1　数据库系统设计实验

1. 实验目的

(1) 理解关系类型的基本概念。

(2) 了解设计数据库的基本步骤。

(3) 能够完成简单的数据库概念设计和逻辑设计。

2. 实验内容

(1) 根据任务需求,设计“武器装备管理系统”数据库的 E-R 模型。

(2) 根据 E-R 模型,设计“武器装备管理系统”数据库的关系表结构。

3. 思考题

(1) 数据库技术发展史经历了几个阶段? 每个阶段有什么特点?

(2) 关系数据库有什么特点?

7.6.2　数据库建立实验

1. 实验目的

(1) 了解 Access 的工作界面组成。

(2) 掌握 Access 中数据库的创建方法。

(3) 掌握 Access 中数据表的创建方法。

(4) 掌握表中的数据记录的录入、修改、删除、插入等操作。

(5) 熟练使用表的设计视图对表进行设计和编辑。

2. 实验内容

（1）建立"武器装备管理系统"数据库。

（2）根据数据库的 E-R 模型和逻辑表,建立数据表。

（3）设置数据表的主键,并建立各数据表之间的关系。

（4）在各数据表中录入不少于 10 条的有效数据。

3. 思考题

Access 数据库中包含哪几种对象?

7.6.3 数据库查询实验

1. 实验目的

（1）理解查询的概念,了解查询的种类。

（2）认识查询的数据表视图、设计视图和 SQL 视图,掌握查询结果的查看方法。

（3）掌握各种查询的创建方法。

2. 实验内容

（1）上级突击检查某一特定仓库的装备,肖乐需要给检查组提供一份该仓库的装备列表,并尽可能多地提供每件装备的相关信息,请帮助他列出该清单。

（2）请为上述检查组提供该仓库本月的装备出入库登记记录。

（3）请以仓库为单位统计每个仓库中各个军工厂的装备数量。

（4）接上级通知,服役年限满 3 年的装备要统一联系厂家进行维护保养,请列出满足条件的装备清单并附有出厂单位、负责人、联系电话等相关信息。

（5）根据装备管理规定,需要清理临近服役年限的装备,请列出截止到年底到达服役年限的装备信息清单,包括装备名称、列装时间、服役年限、退役时间、存放位置、装备状态等。

（6）根据装备使用管理规定,需要对装备进行统一清查,请以仓库为单位统计各仓库中的装备清单,以供检查人员核对。

3. 思考题

查询有哪些视图方式? 各有何特点?

7.7 习　题

一、选择题

1. Access 数据库属于(　　)数据库系统。

　　A. 树状　　　　　　B. 逻辑型　　　　　C. 层次型　　　　　D. 关系型

2. 关系数据库系统中的关系是(　　)。

　　A. 一个 accdb 文件　　　　　　　　B. 若干个 accdb 文件

　　C. 一个二维表　　　　　　　　　　D. 若干二维表

3. 单击"工具"菜单/"选项"后在"选项"窗口,选择(　　)选项卡,可以设置"默认数据库文件夹"。

　　A."常规"　　　　　B."视图"　　　　　C."数据表"　　　　　D."高级"

4. 定义表结构时,不用定义(　　)。

A. 字段名　　　　B. 数据库名　　　　C. 字段类型　　　　D. 字段长度

5. Access 中表和数据库的关系是(　　　)。

A. 一个数据库可以包含多个表　　　　B. 一个表只能包含两个数据库

C. 一个表可以包含多个数据库　　　　D. 一个数据库只能包含一个表

6. 数据表中的"行"叫作(　　　)。

A. 字段　　　　B. 数据　　　　C. 记录　　　　D. 数据视图

7. Access 表中的数据类型不包括(　　　)。

A. 文本　　　　B. 备注　　　　C. 通用　　　　D. 日期/时间

8. Access 中,(　　　)可以从一个或多个表中删除一组记录。

A. 选择查询　　　　B. 删除查询　　　　C. 交叉表查询　　　　D. 更新查询

9. SQL 的含义是(　　　)。

A. 结构化查询语言　　　　　　B. 数据定义语言

C. 数据库查询语言　　　　　　D. 数据库操纵与控制语言

10. 以下关于 Access 表的叙述中,正确的是(　　　)。

A. 表一般包含一到两个主题的信息

B. 表的数据表视图只用于显示数据

C. 表设计视图的主要工作是设计表的结构

D. 在表的数据表视图中,不能修改字段名称

二、判断题

1. 数据就是能够进行运算的数字。(　　　)

2. 在 Access 数据库中,数据是以二维表的形式存放。(　　　)

3. 用二维表表示数据及其联系的数据模型称为关系模型。(　　　)

4. 只有单击主窗口的"关闭"按钮,才能退出 Access 2010。(　　　)

5. 要使用数据库必须先打开数据库。(　　　)

6. 在表的设计视图中也可以进行增加、删除、修改记录的操作。(　　　)

7. 文本类型的字段只能用于英文字母和汉字及其组合。(　　　)

8. 一个数据表中可以有多个主关键字。(　　　)

9. 表与表之间的关系包括一对一、一对多两种类型。(　　　)

10. 一个查询的数据只能来自于一个表。(　　　)

三、操作题

1. 创建一个名为"图书"的新表,其结构如下:

字段名称	数据类型
图书 ID	文本
图书名称	文本
出版社	文本
出版时间	日期/时间

2. 将新表"图书"中的"图书 ID"字段设置为主关键字。

3. 添加"作者"字段,字段的数据类型为文本,字段大小为 10。

4. 向"图书"表中录入至少三条记录。

参 考 文 献

［1］陈跃新,等 . 大学计算机基础［M］. 北京:科学出版社,2012.

［2］孙莹光,李玮 . 大学计算机基础实验教程［M］. 2 版 . 北京:清华大学出版社,2013.

［3］安世虎 . 计算机应用基础教程学习与实验指导［M］. 北京:清华大学出版社,2014.

［4］袁盐 . Office2010 办公应用技巧总动员［M］. 北京:清华大学出版社,2011.

［5］姚庆华,等 . Office 2010 完全学习手册［M］. 北京:电子工业出版社,2013.

［6］文杰书院 . Office 2010 电脑办公基础与应用(Windows 7＋Office 2010 版)［M］. 北京:清华大学出版社,2015.

［7］叶丽珠,马焕坚 . 大学计算机基础项目式教程——Windows7＋Office 2010［M］. 北京:北京邮电大学出版社,2013.

［8］卢天喆,赵崎韬,龙厚斌 . 从零开始——Windows 7 中文版基础培训教程［M］. 北京:人民邮电出版社,2011.

［9］王琛 . 精解 Windows 7［M］. 北京:人民邮电出版社,2009.

［10］朱晓燕,刘羽,王彦丽,等 . 计算机网络原理实验分析与实践［M］. 北京:清华大学出版社,2012.

［11］相世强,李绍勇 . Access 2010 中文版入门与提高［M］. 北京:清华大学出版社,2014.

［12］徐日,张晓昆 . Access 2010 数据库应用与实践［M］. 北京:清华大学出版社,2014.